U0216340

厦门大学南强丛书【第七辑】

全球变化下的中国红树林

陈鹭真 杨盛昌 林光辉◎著

厦门大学出版社 XIAMEN UNIVERSITY PRESS｜国家一级出版社 全国百佳图书出版单位

图书在版编目(CIP)数据

全球变化下的中国红树林/陈鹭真,杨盛昌,林光辉著.—厦门:厦门大学出版社,2021.5

(厦门大学南强丛书.第7辑)

ISBN 978-7-5615-8146-9

Ⅰ.①全⋯ Ⅱ.①陈⋯ ②杨⋯ ③林⋯ Ⅲ.①红树林—森林保护—研究—中国 Ⅳ.①S796

中国版本图书馆 CIP 数据核字(2021)第 049174 号

出 版 人	郑文礼
责任编辑	郑 丹
封面设计	李夏凌
技术编辑	许克华

出版发行 厦门大学出版社

社　　　址	厦门市软件园二期望海路 39 号
邮政编码	361008
总　　　机	0592-2181111　0592-2181406(传真)
营销中心	0592-2184458　0592-2181365
网　　　址	http://www.xmupress.com
邮　　　箱	xmup@xmupress.com
印　　　刷	厦门集大印刷有限公司

开本	720 mm×1 000 mm　1/16
印张	17
插页	4
字数	286 千字
版次	2021 年 5 月第 1 版
印次	2021 年 5 月第 1 次印刷
定价	68.00 元

本书如有印装质量问题请直接寄承印厂调换

X0040-1-1

ISBN 978-7-5615-8146-9

定价:68.00元

厦门大学出版社
微信二维码

厦门大学出版社
微博二维码

谨以此书纪念导师林鹏院士

总　序

在人类发展史上,大学作为相对稳定的社会组织存在了数百年并延续至今,一个很重要的原因在于大学不断孕育新思想、新文化,产出新科技、新成果,推动人类文明和社会进步。毋庸置疑,为人类保存知识、传承知识、创造知识是中外大学的重要使命之一。

1921 年,爱国华侨领袖陈嘉庚先生于民族危难之际,怀抱"教育为立国之本"的信念,倾资创办厦门大学。回顾百年发展历程,厦门大学始终坚持"博集东西各国之学术及其精神,以研究一切现象之底蕴与功用",产出了一大批在海内外具有重大影响的精品力作。早在 20 世纪 20 年代,生物系美籍教授莱德对厦门文昌鱼的研究,揭示了无脊椎动物向脊椎动物进化的奥秘,相关成果于 1923 年发表在美国《科学》(*Science*)杂志上,在国际学术界引起轰动。20 世纪 30 年代,郭大力校友与王亚南教授合译的《资本论》中文全译本首次在中国出版,有力地促进了马克思主义在中国的传播。1945 年,萨本栋教授整理了在厦门大学教学的讲义,用英文撰写 *Fundamentals of Alternating-Current Machines*(《交流电机》)一书,引起世界工程学界强烈反响,开了中国科学家编写的自然科学著作被外国高校用为专门教材的先例。20 世纪 70 年代,陈景润校友发表了"1+2"的详细证明,被国际学术界公认为对哥德巴赫猜想研究做出了重大贡献。1987 年,潘懋元教授编写的我国第一部高等教育学教材《高等教育学》,获国家教委高等学校优秀教材一等奖。2006 年胡锦涛总书记访问美国时,将陈支平教授主编的《台湾文献汇刊》作为礼品之一赠送给耶鲁大学。近年来,厦门大学在能源材料化学、生物医学、分子疫苗学、海洋科学、环境生态学等理工医领域,在经济学、管理学、统计学、法学、历史学、中国语言文学、教育学、国际关系及区域问题研究等人文社科领域不断探索,取得了丰硕的成果,出版和发表了一大批有重要影响力的专著和论文。

书籍是人类进步的阶梯,是创新知识和传承文化的重要载体。为了更好地展示和传播研究成果,在 1991 年厦门大学建校 70 周年之际,厦门大学出版了首辑"南强丛书",从申报的 50 多部书稿中遴选出 15 部优秀学术专著出版。选题涉及自然科学和社会科学,其中既有久负盛名的老一辈学者专家呕心沥血的力作,也有后起之秀富有开拓性的佳作,还有已故著名教授的遗作。首辑"南强丛书"在一定程度上体现了厦门大学的科研特色和学术水平,出版之后广受赞誉。此后,逢五、逢十校庆,"南强丛书"又相继出版了五辑。其中万惠霖院士领衔主编、多位院士参与编写的《固体表面物理化学若干研究前沿》一书,入选"三个一百"原创图书出版工程;赵玉芬院士所著的《前生源化学条件下磷对生命物质的催化与调控》一书,获 2018 年度输出版优秀图书奖;曹春平副教授所著的《闽南传统建筑》一书,获第七届中华优秀出版物奖图书奖。此外,还有多部学术著作获得国家出版基金资助。"南强丛书"已成为厦门大学的重要学术阵地和学术品牌。

2021 年,厦门大学将迎来建校 100 周年,也是首辑"南强丛书"出版 30 周年。为此,厦门大学再次遴选一批优秀学术著作作为第七辑"南强丛书"出版。本次入选的学术著作,多为厦门大学优势学科、特色学科经过长期学术积淀的前沿研究成果。丛书作者中既有中科院院士和文科资深教授,也有全国重点学科的学术带头人,还有在学界崭露头角的青年新秀,他们在各自学术领域皆有不俗建树,且备受瞩目。我们相信,这批学术著作的出版,将为厦门大学百年华诞献上一份沉甸甸的厚礼,为学术繁荣添上浓墨重彩的一笔。

"自强!自强!学海何洋洋!"赓两个世纪跨越,逐两个百年梦想,面对世界百年未有之大变局,面对全人类共同面临的问题,面对科学研究的前沿领域,面对国家战略需求和区域经济社会发展需要,厦门大学将乘着新时代的浩荡东风,秉承"养成专门人才、研究高深学术、阐扬世界文化、促进人类进步"的办学宗旨,劈波斩浪,扬帆远航,努力产出更好更多的学术成果,为国家富强、民族复兴和人类文明进步做出新的更大贡献。我们也期待更多学者的高质量高水平研究成果通过"南强丛书"面世,为学校"双一流"建设做出更大的贡献。

是为序。

厦门大学校长 张荣

2020 年 10 月

作者简介

陈鹭真，厦门大学环境与生态学院教授。长期从事红树林生态系统与全球变化的生态学研究，聚焦红树林应对气候变化、海平面上升、生物入侵和人类活动等全球变化因子的响应机制，着力于红树林"蓝碳"碳汇的系统研究。主持和参与十几项国家自然科学基金项目、科技部重点研发项目等国家级和省部级项目。出版《滨海蓝碳——红树林、盐沼、海草床碳储量和碳排放因子评估方法》（陈鹭真等译，2018）、《海口湿地·红树林篇》（陈鹭真等，2019），参编 6 部英文专著；在红树林与全球变化领域发表研究论文 50 余篇。2014 年入选福建省高校新世纪人才（生态学）。任中国生态学会红树林生态专业委员会副秘书长（2013 年至今）、福建省生态学会秘书长（2014 年至今）。

杨盛昌，厦门大学副教授。长期从事红树植物逆境胁迫的生理学和分子生态学研究，涉及红树植物发育、抗逆性、次生代谢物、遗传多样性、红树林病虫害的相关基础及应用研究。主持和参与与红树林湿地生态系统相关的科技部重点研发项目、国家自然科学基金项目、海洋公益性项目等十余项。在国内外期刊上发表论文 60 余篇，编著出版《现代生物学实验》《生物技术概论》和《基因工程》等教材。获 2004 年教育部科学技术进步奖一等奖（第八完成人）、厦门市科学技术进步奖二等奖（第九完成人）。

林光辉，清华大学地球系统科学研究系长聘教授，生态学一级学科带头人。曾获得国家"杰出青年科学基金 B 类"资助、入选中国科学院"百人计划"和福建省"闽江学者"计划。长期从事滨海湿地生态学、全球变化生态学和稳定同位素生态学研究。曾主持科技部 973 项目国家重大研究计划（全球变化研究领域）、国家基金委重点项目、海洋公益性科研专项等多项国家级科研项目。已发表 200 余篇学术论文，其中 SCI 论文 120 余篇；出版专著 3 部，其中《稳定同位素生态学》获第四届中国大学出版社图书奖学术著作一等奖。

序

　　红树林作为热带、亚热带海岸带地区典型的湿地生态系统，是海-陆交互带的海上绿色卫士，守护着海岸带生态安全，维持了近海生物多样性，还是滨海蓝碳的重要储存库，具有极高的生态系统服务价值。工业革命、特别是过去50年来，气候变化和人类活动的强度急剧上升，严重危及包括红树林在内的海岸带生态系统，因而受到各国政府和科学家的高度关注。

　　我国的红树林主要分布于海南、广东、广西、福建、浙江、台湾、香港和澳门等地，处于全球天然分布的红树林之北缘，受气候变化的影响显著；而海岸带剧烈的人类活动更是快速改变了我国红树林生态系统的结构和功能，经历了养殖业发展而导致的毁林、随后的就地保护，以及当前的生态修复等不同的阶段，其面积也表现出先减后增的趋势。目前，作为海洋生态文明建设的重要举措，我国正积极开展红树林保护和生态修复工作，因而亟须对红树林的全球变化应对机制进行梳理和总结，为正在开展的大规模海岸带生态修复和保护工程提供科学依据。

　　厦门大学是我国最早开展红树林研究的院校之一，可追溯至20世纪50年代在生物系任教的何景教授。何景教授主要从事植物分类研究，他从植物分类学和群落生态学的角度率先开展了红树林生态学研究。提起红树林，林鹏院士的名字总是如影随形。林鹏院士曾师从何景教授，他秉承了厦大人自强不息的精神，自20世纪70年代末开始，系统开展了红树林生态学研究，研究足迹遍布海南、广东、广西、福建、浙江和台湾等地，出版专著《中国红树林生态系统》。1980年，林鹏院士在国际会议上宣读中国红树林生态学研究的论文，打破了国际对于"中国除了台湾没有红树林"的认知，也让厦门大学、让中国的红树林及其研究站上了国际舞台。薪火相传，目前厦门大学的红树林研究团队日益壮大，并形成了鲜明的特色。2007年，以红树林生态为研究特色的滨海湿地生态系统教育部重点实验室获批成立，2017年，生态学科被教育部批准为首批"双一流学科"。

本书作者陈鹭真、杨盛昌和林光辉三位教授均曾师从林鹏院士,他们传承开拓,合作撰写了《全球变化下的中国红树林》一书。该书系统总结了在红树林与全球变化领域的最新研究成果,并汇聚了作者主持的多个国家级、省部级科研项目的学术成果,还集成了国内外最新研究进展。该书的主要内容涵括气候变化和人类活动影响下红树林生态系统的过程和机制,探讨了极端天气、海平面上升、CO_2倍增、病虫害以及人为干扰等对红树林生态系统的影响;该书还从红树林的蓝碳碳汇功能入手,提出我国海岸带红树林生态系统可持续发展的新见解;该书还立足于机理探讨和实验证据,向我们描绘了全球气候变化下的红树林生态系统未来可能的变化,对我国红树林的保护、修复和持续利用均有重要的参考价值。

因应我国海洋生态文明建设和红树林保护的迫切需求,又值联合国启动"海洋科学支撑可持续发展十年规划"及"生态系统修复十年规划"两大规划之际,本书的出版可谓恰逢其时,意义重大。本书的出版还适逢厦大百年华诞之际,实为三位杰出学者献给母校的一份厚礼,彰显厦大人不断求索、生生不息之精神。

中国科学院院士

2021 年 2 月

前　言

当今世界,全球变化深刻地影响着地球生态系统的服务功能和人类基本福祉,不仅是科学研究的热点,也是各国政府和大众共同关注的议题。红树林是我国南方滨海湿地的主要类型。健康的红树林为沿海地区居民提供赖以生存和发展的资源,支持健康的元素循环,维持极高的生物多样性,调节区域气候和水平衡,防风消浪和维持海岸带生态安全,提供科教文化和生态旅游的功能,具有很高的生态系统服务价值。

然而,全球红树林面临着气候变化和人类活动的共同影响。海岸带地区是人类活动最活跃的区域。我国过去四十年的沿海经济发展中,大约有55%的红树林丧失并转变为鱼塘虾池。全球化进程给红树林的保护和发展带来了极大的挑战。未来,保护红树林与海岸带发展仍然是全球共同面对的挑战。作为我国海洋生态文明建设的重要举措之一,大规模的红树林保护和修复工程已经展开。2019年,自然资源部和国家林草局印发了《红树林保护修复专项行动计划(2020—2025年)》,并提出"到2025年营造和修复红树林18,800公顷"的目标。面对这一目标,急需一套理论来指导大规模的保护和修复工程,保障修复工作的顺利进行。

为应对全球变暖带来的一系列挑战,科研人员、环境管理者和决策者正在积极探寻不同的方法来缓解全球变暖。2011年,联合国教科文组织、政府间海洋学委员会、联合国发展计划组织、国际海事组织以及联合国粮农组织等机构联合发布了《海洋及沿海地区可持续发展蓝图》报告,提出了保护海洋生态系统、建立全球性蓝碳市场的目标。近几年,基于大量红树林碳储量和碳汇机制的研究,以红树林蓝碳为试点的碳贸易和碳中和项目逐渐兴起,并有望成为缓解气候变暖的全球新战略之一,也将成为海岸带地区平衡人与自然用地之争、沿海地区自然保护和经济发展的可持续发展模式。未来,发展红树林蓝碳会成为我国未来"碳达峰""碳中和"战略的一种新思路。就目前而言,它已经给红树林的全球气候变化响应研究带来新的契机,未来也必将为红树林保护和修复注入新的机遇。

红树林与气候变化关系的研究在全球范围内已开展了三十多年,我国也有诸多红树林方面的研究,研究水平位居世界前列。然而,我国尚未有一部专著能梳理和总结全球变化与红树林生态系统的机制和过程,并从理论上服务和指导正在开展的大规模海岸带生态修复和保护工程。鉴于此,我们撰写了《全球变化下的中国红树林》一书。本书共分十章,围绕全球变化和红树林生态系统功能的自然科学领域议题,系统阐述了气候变化、海平面上升、风暴潮、入侵生物、有害生物和人类活动等对红树林影响的过程和机制,整理了目前应用在该研究领域的控制实验方案,提出了红树林蓝碳可作为应对全球变化、固碳减排的可持续发展模式。

厦门大学的红树林生态学研究可以追溯至20世纪50年代。林鹏院士被誉为"中国红树林之父"。目前,厦门大学的红树林研究团队逐渐发展壮大,并在生态学领域形成了鲜明的特色。近五年全球发表红树林学术论文最多的5家单位中,厦门大学位居第二。作为林老师的学生,我们从事红树林与全球变化研究已有二三十年;从中国红树林走出去,足迹已涉及美国、日本、孟加拉国和东南亚等地。在此过程中,我们对该领域的国内外前沿进行了梳理,并将掌握的第一手研究资料汇集其中,以期为广大读者提供参考。

本书由陈鹭真、杨盛昌、林光辉共同撰写。陈鹭真完成了本书第1~5章及第6(部分)、8(部分)、9、10章的初稿撰写并负责全书的统稿工作,杨盛昌完成了第6(部分)、7、8(部分)章的初稿撰写,林光辉完成了全书的审阅和章节修改工作。本书的部分研究成果来自不同年代作者团队的科研工作。胡娜胥、熊依依、张家林、舒楠、顾肖璇、彭聪姣、伍思攀、郭强、杨梦雅、刘琦、林秋莲、童姝瑾、洪怡萍、乔沛阳、张韵、陈毓冰等同学参与了制图、文字校对和格式规范等工作。在此,为他们的辛劳付出表示由衷的感谢。

本书能列入厦门大学南强丛书,要感谢学校、学院领导和同仁给予的信任和支持。特别感谢中国科学院院士戴民汉为本书作序。感谢吕永龙、王文卿、范航清、廖宝文、杨伟锋、张宜辉等在本书出版过程中给予支持和帮助的同仁和朋友们。

同时,感谢国家自然科学基金项目(42076176,31770579,41476071)和科技部重点研发计划(2017YFC0506103,2017FY100703,2019YFA0606604)对本书及所涉及研究的资助。

由于作者水平有限,本书不免有疏漏和错误之处,敬请批评指正。

著者于厦大

2021 年 3 月

目　录

第1章　红树林生态系统

红树林(Mangroves)是指生长在热带、亚热带海岸潮间带的木本植物群落(林鹏,1997)。红树林是海岸带区域重要的湿地类型之一。它们通常生长在港湾、河口的淤泥质滩涂上,也可以生长在砂质海岸、潟湖或者岛屿。随着潮汐的涨落,红树林冠层时而被海水浸淹,时而露出水面,形成"海上森林"的独特景观。红树林生态系统具有高生产力,兼具重要的社会、经济和生态价值,在防风消浪、造陆护堤和维护海岸生态平衡等方面都发挥着重要作用。近年来,红树林还被认为是全球海岸带"蓝碳"(Blue Carbon)碳汇的主要贡献者,具有缓解大气 CO_2 浓度升高、减缓气候变化进程的重要作用(Duarte et al.,2005;Nellemann et al.,2009;Donato et al.,2011)。

1.1　红树林概述

1.1.1　全球红树林的分布

红树林主要分布在南、北回归线之间的热带区域。由于洋流的作用,它们也可以分布到更高纬度地区。根据 Giri 等(2011)的遥感估算,全球红树林总面积约为 1,380 万公顷,占全球陆地面积的 0.1%。红树林分布在全球 118 个国家或地区,其中 75% 分布在印度尼西亚、澳大利亚和巴西等 15 个热带国家(表 1-1)。东南亚地区的红树林总面积约占全球红树林总面积的一半,非洲和南美洲的红树林占全球红树林总面积的 15%,而北美洲和中美洲的红树林占全球总面积的 13%。

表 1-1　全球红树林面积排名前 15 名的国家(数据来源:Giri et al.,2011)

序号	国家	面积(ha)	占全球红树林总面积的比例(%)	所在地区
1	印度尼西亚	3,112,989	22.6	亚洲
2	澳大利亚	977,975	7.1	大洋洲
3	巴西	962,683	7.0	南美洲
4	墨西哥	741,917	5.4	北美洲、中美洲
5	尼日利亚	653,669	4.7	非洲
6	马来西亚	505,386	3.7	亚洲
7	缅甸	494,584	3.6	亚洲
8	巴布亚新几内亚	480,121	3.5	大洋洲
9	孟加拉国	436,570	3.2	亚洲
10	古巴	421,538	3.1	中美洲、北美洲
11	印度	368,276	2.7	亚洲
12	几内亚比绍	338,652	2.5	非洲
13	莫桑比克	318,851	2.3	非洲
14	马达加斯加	278,078	2.0	非洲
15	菲律宾	263,137	1.9	亚洲

　　全球范围内,红树林的分布受到气温和海水温度的共同作用,从赤道到南北回归线,红树林面积逐渐减少(图 1-1,Giri et al.,2011)。海水温度是影响红树林沿纬度分布的重要因子。一般情况下,冬季海水温度 20℃是红树林天然分布的临界点(Walsh,1974;Duke et al.,1998)。当一些区域受到暖流的影响,红树林会向高纬度地区分布。在太平洋西岸,由于受到黑潮暖流(Kuroshio Current)的影响,红树林可以分布到北纬 31°30′的日本九州岛。在南半球,由于东澳暖流(East Australia Current)将温暖的海水带到温带区域,红树林可以分布到南纬 38°55′的澳大利亚维多利亚州的科列澳(Spalding,2010)。表1-2列出全球各大洲红树林天然分布的最高纬度区。

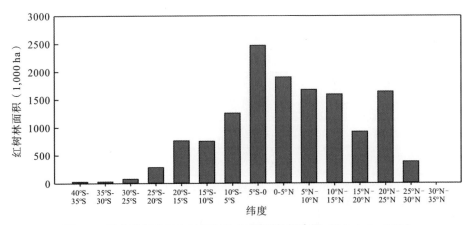

图 1-1 随纬度变化的全球红树林分布图(数据来源:Giri et al.,2011)

表 1-2 全球各大洲红树林天然分布的纬度极限(数据来源:Spalding,2010;Saintilan et al.,2014)

区域	地点	纬度	物种
亚洲东部	日本九州鹿儿岛市 Kiire	31°30′N	秋茄 *Kandelia obovata*
大洋洲	澳大利亚维多利亚州 Corner Inlet	38°54′25″S	白骨壤 *Avicennia marina*
北美洲(大陆)	美国佛罗里达州 St Augustine	29°57′59″N	亮叶白骨壤 *Avicennia germinans*
北美洲(岛屿)	百慕大	32°20′N	亮叶白骨壤 *Avicennia germinans*
南美洲	巴西 Santo Antonia 潟湖和 Ararangua 河	28°53′S	拉关木 *Laguncularia racemosa*
非洲	南非东伦敦 Gqunube 河口	32°59′S	白骨壤 *Avicennia marina*

1.1.2 中国红树林的分布

我国红树林天然分布在福建、广东、广西、海南、台湾、香港和澳门等地,南起海南三亚的榆林港(18°09′N),北至福建福鼎的沙埕港(27°20′N)。1957 年,秋茄被成功引种到浙江乐清(28°25′N),使其分布的纬度提高了 1°。目前,福建福鼎是我国红树林天然分布的北界,而浙江乐清是人工引种的北界。近年来,各地不断尝试红树植物的北移引种,上海南汇也可看到引种的红树植物群落。目前,我国红树林的总面积为 1.9 万~3.4 万公顷(数据来源于实地调查和遥感分析)。表 1-3 汇总了近年来国内外学者、林业部门对各省区红树林调

查和研究的数据。根据国家林业局(2015)的报道,我国现有红树林面积约
3.4万公顷,占全球红树林总面积的0.25%。

表 1-3　我国历次调查和研究中各省红树林的面积

地区	面积(公顷)			
	国家林业局(2002)	国家林业局(2015)	Chen(2017)	Hu(2018)
海南	3,930	4,736.10	3,667	3,702
广西	8,375	8,780.73	6,849	7,089
广东	9,084	19,751.23	8,136	7,311
福建	615	1,184.02	675	499
浙江	21	20.11	8	6.12
台湾	—	—	410	170
香港	—	—	544	435
澳门	—	—	13	7
全国	22,025	34,472.19	20,303	19,219.12

注:国家林业局(2002)的数据来自国家林业局调查数据;Hu(2018)的数据来自 Hu et al.
(2018);Chen(2017)的数据来自 Chen B et al.(2017);国家林业局(2015)的数据来自全国第二
次湿地调查(2009—2013)。

1.1.3　红树植物的物种组成

红树林是由海洋高等植物中的木本植物组成的群落。这些木本植物隶属
于不同的科属。红树植物的鉴别标准则由于各地学者对它们定义的理解或地
区本身的认识不同而不统一。例如,Tomlinson(2016)将全球红树植物分为主
要物种(Major Components,9属35种)和少数物种(Minor Components,11属
约19种)。

在我国,一般根据林鹏教授提出的红树林区植物类型及其鉴别标准,对生
长在红树林区的植物进行界定(林鹏,傅勤,1995)。那些专一性地生长在潮间
带的木本植物,被称为红树植物(Mangrove)或真红树植物(True Mangrove 或
Exclusive Mangrove)。除了卤蕨属(Acrostichum)为草本、老鼠簕属
(Acanthus)为亚灌木外,红树植物全部是乔木和灌木类植物。那些能生长在
潮间带并成为优势种,也能在陆地非盐渍土上生长的具两栖特性的木本植物,

被称为半红树植物（Mangrove Associate[*]）。红树植物和半红树植物的最主要区别在于它们在潮间带生境的生长：前者是专一性地、后者是两栖性地。这两类植物在潮间带的生境中共同组成了红树林这样的木本植物群落。另外，在红树林中或林缘偶尔出现但不成为优势种的木本植物，以及林下的草本植物、藤本植物和附生植物均被列入红树林伴生植物。此外，一些也出现在红树林中或者林缘但划分上属于海草和盐沼植物的种类，则不列入红树林伴生植物。在红树林周边，还有一些生长在岸边陆地的非盐渍土中的植物，形成海岸植被，一般被当作陆生植物。

这里需要指出的是，红树植物、红树林、红树林生态系统和红树林湿地等几个概念常常被混淆。红树植物特指植物物种；红树林泛指植物群落（由不同的物种组成）；红树林生态系统（Mangrove Ecosystem）是由生产者（红树植物、半红树植物、红树林伴生植物和浮游植物）、消费者（兽类、鸟类、爬行类、两栖类、鱼类、昆虫、底栖动物、浮游动物等）、分解者（微生物）和无机环境共同构成的有机系统；而红树林湿地（Mangrove Wetland）是指有一定面积红树林存在的滨海湿地，包括红树林、光滩、潮沟和低潮时水深不超过 6 m 的水域。

1.1.4 全球红树植物的种类

全球红树林有两个分布中心。一个是以东亚和大洋洲为主的东方类群（又称印度洋—西太平洋区，Indo West Pacific，IWP 地区），另一个是以大西洋两岸为主的西方类群（又称大西洋—东太平洋区，Atlantic East Pacific，AEP 地区）。这两个区域的红树植物种类组成有很大的差别。全球红树植物的种类约为 69 种（另有杂交种 11 种，共 80 种），分别隶属于 19 科。其中，东方类群的红树植物种类、数量丰富，多达 54 种（另有杂交种 9 种，共 63 种），而西方类群红树植物种类数量较少，仅 17 种（另有杂交种 2 种，共 19 种），如表 1-4 所示。根据 Duke（2017）的记录，全球红树植物物种及其分布如表 1-5 所示。在 IWP 地区的印度-马来半岛是全球红树植物物种多样性最丰富的地区。

---

* 在林鹏和傅勤（1995）的鉴别标准中，半红树植物译为 Semi-mangrove。根据国际惯例，
   本书采用 Mangrove Associate。

表1-4　红树林分布的东方类群和西方类群及物种数量(数据来源:Duke,2017)

	东方类群(IWP)	西方类群(AEP)	全球
科	17	9	18
属	24	11	32
红树植物的物种数	54	17	69
杂交种数	9	2	11
总物种数	63	19	80

表1-5　全球红树植物物种(数据来源:Duke,2017)

科名	种名	中文名	东方类群	西方类群	备注
凤尾蕨科 Pteridaceae *	*Acrostichum aureum*	卤蕨	+	+	蕨类植物
	Acrostichum speciosum	尖叶卤蕨	+		蕨类植物
	Acrostichum danaeifolium			+	蕨类植物
爵床科 Acanthaceae	*Acanthus ebracteatus*	小花老鼠簕	+		
	Acanthus ilicifolius	老鼠簕	+		
马鞭草科 Verbenaceae (或 Avicenniaceae)	*Avicennia alba*	白海榄雌	+		
	Avicennia bicolor	二色白骨壤		+	
	Avicennia germinans	亮叶白骨壤		+	
	Avicennia integra		+		
	Avicennia marina	白骨壤	+		
	Avicennia officinalis	药用白骨壤	+		
	Avicennia rumphiana		+		与 *A. lanata* 合并
	Avicennia schaueriana			+	
棕榈科 Arecaceae	*Nypa fruticans*	水椰	+	○	
紫葳科 Bignoniaceae	*Dolichandrone spathacea*	海滨猫尾木	+		
	Tabebuia palustris	沼泽风铃木		+	
木棉科 Bombaceae	*Camptostemon philippinense*	菲律宾弯蕊木	+		又称菲岛曲蕊
	Camptostemon schultzii	史氏弯蕊木	+		又称史氏曲蕊

---

* 原先划入卤蕨科(Acrostichaceae),现重新归入凤尾蕨科(Pteridaceae)(Duke,2017)。

续表

科名	种名	中文名	东方类群	西方类群	备注
使君子科 Combretaceae	*Lumnitzera littorea*	红榄李	＋		
	Lumnitzera racemosa	榄李	＋	○	
	Lumnitzera×rosea	玫瑰色榄李	＋		
	Laguncularia racemosa	拉关木	○	＋	
	Conocarpus erectus	直立锥果木	○	＋	
柿树科 Ebenaceae	*Diospyros littorea*		＋		
大戟科 Euphorbiaceae	*Excoecaria agallocha*	海漆	＋		
玉蕊科 Lecythidaceae	*Barringtonia racemosa*	玉蕊	＋		
豆科 Leguminosae	*Cynometra iripa*	喃喃果	＋		皱荚红树
	Mora oleifera	摩拉		＋	鳕苏木、菠萝格
	Muellera moniliformis			＋	
千屈菜科 Lythraceae	*Crenea patentinervis*			＋	
	Pemphis acidula	水芫花	＋		
锦葵科 Malvaceae	*Brownlowia tersa*		＋		杯萼椴属植物
	Heritiera fomes	小叶银叶树	＋		
	Heritiera littoralis	银叶树	＋		
	Pavonia paludicola			＋	粉葵属植物
	Pavonia rhizophorae			＋	
楝科 Meliaceae	*Xylocarpus granatum*	木果楝	＋		
	Xylocarpus moluccensis		＋		
紫金牛科 Myrsinaceae	*Aegiceras corniculatum*	桐花树	＋		又称蜡烛果
	Aegiceras floridum	多花蜡烛果	＋		
桃金娘科 Mytraceae	*Osbornia octodonta*	奥斯木	＋		
假红树科 Pellicieraceae	*Pelliciera rhizophorae*			＋	
蓝雪科 Plumbaginaceae	*Aegialitis annulata*	阿吉木	＋		
	Aegialitis rotundifolia	圆叶阿吉木	＋		

续表

科名	种名	中文名	东方类群	西方类群	备注
红树科 Rhizophoraceae	*Bruguiera cylindrica*	柱果木榄	+		
	Bruguiera exaristata		+		
	Bruguiera gymnorhiza	木榄	+	○	
	Bruguiera hainesii	海氏木榄	+		
	Bruguiera parviflora	小花木榄	+		
	Bruguiera sexangula	海莲	+		
	Bruguiera × rhynchopetala	尖瓣海莲	+		
	Ceriops australis	澳洲角果木	+		
	Ceriops decandra	十雄角果木	+		
	Ceriops pseudodecandra		+		
	Ceriops tagal	角果木	+		
	Ceriops zippeliana		+		
	Kandelia candel	尖叶秋茄	+		
	Kandelia obovata	秋茄	+		
	Rhizophora × annamalayana		+		
	Rhizophora apiculata	红树	+		
	Rhizophora × brevistyla			+	
	Rhizophora × harrisonii	哈氏红树		+	
	Rhizophora × lamarckii	拉氏红树	+		
	Rhizophora mangle	美洲大红树	○	+	
	Rhizophora mucronata	红茄苳	+		
	Rhizophora racemosa	总状序红树		+	
	Rhizophora samoensis		+	+	
	Rhizophora × selala		+		
	Rhizophora stylosa	红海榄	+		
	Rhizophora × tomlinsonii		+		

续表

科名	种名	中文名	东方类群	西方类群	备注
茜草科 Rubiaceae	*Scyphiphora hydrophy-lacea*	瓶花木	+		
海桑科 Sonneratiaceae	*Sonneratia alba*	杯萼海桑	+		
	Sonneratia apetala	无瓣海桑	+		
	Sonneratia caseolaris	海桑	+		
	Sonneratia griffithi				
	Sonneratia×gulngai	拟海桑			
	Sonneratia×hainanensis	海南海桑	+		
	Sonneratia lanceolata				
	Sonneratia ovata	卵叶海桑	+		
	Sonneratia×urama		+		

注:"+"表示分布,"○"表示引种成功。

1.1.5　中国红树植物的种类

我国的红树林多分布在亚热带区域,红树植物多以比较耐低温的物种为主,如白骨壤、秋茄、桐花树。这些物种的植株较为矮小,有一定的抗寒能力。在福建福鼎,秋茄的树高一般为 2~3 m。广东、广西和海南的红树林面积大,种类多。海南是我国红树植物的分布中心,红树植物物种丰富、群落类型多样。由于年均温高,热带地区常见的红树植物物种,如海莲、水椰、瓶花木、红榄李和红树等,在海南均有天然分布。

我国有红树植物 13 科 15 属 27 种,半红树植物有 9 科 11 属 11 种,是世界上同纬度地区红树植物物种最丰富的区域之一(表 1-6)。红树植物种类数呈现出由南向北物种数逐渐减少的趋势:在海南文昌有 23 种,而在北界福鼎,仅秋茄一种分布。

20 世纪 80 年代以来,部分保护区开展了红树林的引种工作,将一些在中国没有天然分布的外来红树植物引种到保护区的引种园内,进行栽培和扩种。1985 年至今,大约有 6 种外来红树植物被引种到海南东寨港红树林自然保护区,包括从孟加拉国引进的无瓣海桑,从墨西哥引进的阿吉木、美洲大红树、拉关木等。其中,无瓣海桑和拉关木被广泛应用在我国南方各省的红树林造林工程中。由于耐淹水、耐盐和生长迅速的特性,这两个物种还被应用于一些困难立地条件下的红树林修复工程。目前,无瓣海桑已经成为我国红树林造林的主要物种,造林面积占我国人工红树林的 50% 以上(Chen L et al.,2009a)。

此外,一些杂交种和杂交个体也陆续被报道。2016 年,在海南儋州发现了拉氏红树。这是拉氏红树在我国的新分布(罗柳青等,2017)。2018 年,在海南东寨港红树林保护区内发现了无瓣海桑和杯萼海桑的天然杂交个体,钟氏海桑(Sonneratia × zhongcairongii)(Zhong et al.,2020)。

表 1-6　我国红树植物种类及分布(修订自杨盛昌等,2017)

科名	物种	海南	广东	广西	台湾	香港	澳门	福建	浙江
真红树植物									
凤尾蕨科 Pteridaceae	卤蕨 Acrostichum aureum	+	+	+	+	+	+	—	
	尖叶卤蕨 Acrostichum speciosum	+							
爵床科 Acanthaceae	小花老鼠簕 Acanthus ebracteatus	+	+	+					
	老鼠簕 Acanthus ilicifolius	+	+			+	+	+	+
马鞭草科 Verbenaceae(或 Avicenniaceae)	白骨壤 Avicennia marina	+	+	+	+	+	+	+	
棕榈科 Arecaceae	水椰 Nypa fruticans	+							
使君子科 Combretaceae	红榄李 Lumnitzera littorea	+							
	榄李 Lumnitzera racemosa	+	+	+	+	+	+	○	
	拉关木 Laguncularia racemosa	○	○					○	
大戟科 Euphorbiaceae	海漆 Excoecaria agallocha	+	+	+	+	+		—	
楝科 Meliaceae	木果楝 Xylocarpus granatum	+							
紫金牛科 Myrsinaceae	桐花树 Aegiceras corniculatum	+	+			+	+	+	

续表

科名	物种	海南	广东	广西	台湾	香港	澳门	福建	浙江
红树科 Rhizophoraceae	木榄 Bruguiera gymnorhiza	+	+	+	—	+		+	
	海莲 Bruguiera sexangula	+	○					○	
	尖瓣海莲 Bruguiera × rhynchopetala	+	○					○	
	角果木 Ceriops tagal	+	—	—	—				
	秋茄 Kandelia obovata	+	+	+	+	+	+	+	○
	红树 Rhizophora apiculata	+							
	红海榄 Rhizophora stylosa	+	+	+	+	—		○	
	拉氏红树 Rhizophora × lamarckii	+							
茜草科 Rubiaceae	瓶花木 Scyphiphora hydrophylacea	+							
海桑科 Sonneratiaceae	杯萼海桑 Sonneratia alba	+							
	海桑 Sonneratia caseolaris	+	○						
	海南海桑 Sonneratia hainanensis	+							
	卵叶海桑 Sonneratia ovata	+							
	拟海桑 Sonneratia × gulngai	+							
	无瓣海桑 Sonneratia apetala	○	○	○		○		○	
	钟氏海桑 Sonneratia × zhongcairongii	+							
半红树植物									
莲叶桐科 Hernandiaceae	莲叶桐 Hernandia sonora	+							
豆科 Leguminosae	水黄皮 Pongamia pinnata	+	+	+	+	+			
锦葵科 Malvaceae	银叶树 Heritiera littoralis*	+	+	+	+	+		○	
	黄槿 Hibiscus tiliaceus	+	+	+	+	+		+	
	杨叶肖槿 Thespesia populnea	+	+	+	+	+			
玉蕊科 Lecythidaceae	玉蕊 Barringtonia racemosa	+				+		○	
千屈菜科 Lythraceae	水芫花 Pemphis acidula	+				+			
夹竹桃科 Apocynaceae	海檬果 Cerbera manghas	+	+	+	+	+	+	○	

---

* 银叶树原先划入梧桐科（Sterouliaceae），后重新划入锦葵科（Malvaceae）。

续表

科名	物种	海南	广东	广西	台湾	香港	澳门	福建	浙江
马鞭草科 Verbenaceae	苦郎树 *Clerodendrum inerme*	+	+	+	+	+	+	+	
	钝叶臭黄荆 *Premna obtusifolia*	+	+	+	+				
紫葳科 Bignoniaceae	海滨猫尾木 *Dolichandrone spathacea*	+	+						
菊科 Compositae	阔苞菊 *Pluchea indica*	+	+	+	+	+	+	+	

注:"+"表示分布,"—"表示灭绝,"○"表示引种成功;仅统计在我国分布较广泛的外来种。在我国,玉蕊、银叶树、水芫花被归入半红树植物。

1.2 红树林的生境特征

红树林发育于热带、亚热带海岸潮间带的生境。它们分布的海岸一般具有风浪小、坡度平缓和底质细腻等特点,但也能生长在不同地貌的生境中。生境高温、高湿和高盐,对植物而言是典型的逆境胁迫。

1.2.1 气候

红树林是起源于热带的喜热性植物。Walsh(1974)认为红树林适合生长于最冷月均温高于 20 ℃,且季节温差不超过 5 ℃的热带性温度地区。冬季海水温度 20 ℃是红树林分布的临界点(Duke et al.,1998)。

在红树林的分布中心,例如赤道附近的东南亚地区,红树植物的种类最多,群落高大,可达 30 m,林中附生植物和藤本植物多。随着纬度的升高,我国海南文昌的红树群落结构仍十分复杂,但是高大的乔木种类减少,群落平均高度约 15 m。再往北的福建漳江口红树林,优势种是秋茄、白骨壤和桐花树,群落平均高度为 7～8 m,物种数急剧下降;而在福建福鼎,仅秋茄一种分布。可见,随着纬度的升高,温度降低,红树植物的种类减少,群落结构趋于简单,生产力下降,只有抗寒性物种才能成活。在红树林生长的热带、亚热带区域,高温、强光和烈日是其分布区的主要环境特征。夏季的气旋、台风或飓风都可造成红树林的机械损伤。

1.2.2 地貌

根据 Woodroffe(1992)的分类,可以将有红树林分布的潮间带划分为 6 种主要的地貌类型,包括:以河流作用为主的海岸(河口、三角洲)、以潮汐作用为主的海岸(宽阔的漏斗形海湾)、以波浪作用为主的海岸(潟湖、河口浅滩、岛屿)、高波能-高河流流量复合型海岸(潟湖外的沙坝)、溺谷湾型海岸(港湾)和碳酸盐海岸(珊瑚礁、广阔洋面上的岛屿、沙坝)。在 Lugo 和 Snedaker(1974)的工作中,他们将分布在不同地貌类型中的红树林划分为以下 6 种群落类型(图 1-2):过度冲刷型红树林、边缘型红树林、河口型红树林、盆地型红树林、高地型红树林和矮红树林。这种划分方式比较直观,对全球主要的红树林广泛适用。

图 1-2　6 种常见地貌类型的红树植物群落(仿 Lugo 和 Snedaker,1974)

1. 过度冲刷型红树林(Overwash Mangrove Forests)

过度冲刷型红树林一般分布在经常被潮汐淹没或过度冲刷的岛屿上(图1-2a)。潮汐冲刷导致有机质大量流失,沉积物中有机质含量低,有的区域受到珊瑚礁的影响,碳酸盐含量高。通常,这些岛屿是大片陆地的狭长延伸区。岛屿上的红树林以红树属的植物为主,但也有其他非常耐盐的红树植物种类,例如白骨壤属的植物。

2. 边缘型红树林(Fringe Mangrove Forests)

边缘型红树林是典型的红树林(图1-2b),一般分布在潮汐作用下的宽阔漏斗形海湾或溺谷型海岸。边缘型红树林直接暴露在潮汐和海浪中,同时也暴露在具有高能量的风暴和强风中。生长在此的红树林每天都被潮水冲刷,不能像河口区的红树林那样吸收足够的营养物质。通常,边缘型红树林可形成明显的分带,由海到陆的植被分布为:红树属或海桑属在前沿,其次是白骨壤属和木榄属的植物,再到最靠陆缘的半红树植物。

3. 河口型红树林(Riverine Mangrove Forests)

河口型红树林一般位于以河流作用为主的河口和三角洲,以及洪泛区和潮汐影响的溪流堤岸,受到河流和每日潮汐的共同作用(图1-2c)。巨大的河流流量和输砂量使该区域形成三角洲,并不断向海推进。红树植物群落可从海岸向内陆延伸数千米。这里的沉积物来源多,包括来自陆地和海洋的有机物。由于干、湿季节交替导致淡水输入量的差异,沉积物盐度存在较大的变化。

该类型是最常见的红树植物群落类型。这里的环境非常适合它们生长,大部分红树植物种类都能在河口型红树林中找到。由于有机质丰富,风浪的影响小,该类型也是最高大的红树植物群落类型,在一些热带区域,树高可达35 m。

4. 盆地型红树林(Basin Mangrove Forests)

盆地型红树林一般分布在沿海或河流区域的洼地中(图1-2d)。这些洼地可收集降水和溪流的淡水,并受到潮汐影响,但每日潮汐对河流区域洼地的影响比较小。盆地型红树林中的水是停滞的,或者仅非常缓慢地流动。水体和沉积物有一定的盐度。在沿海的洼地中,红树属植物较为常见;而在河流区的洼地中常见白骨壤属植物,平均树高大约15 m。

5. 高地型红树林(Hammock Mangrove Forests)

高地型红树林与盆地型红树林相似。不同之处在于,高地型比盆地型的地表高程更高(图1-2e)。高地型红树林往往是单独成片的,但仍然受到潮汐的影响,水位变化存在显著的季节差异。在枯水期,盆地与开阔海域之间的水位差导致地下水流向开阔海域,盆地内的水位像池塘一样缓慢下降,因而高地型红树林的沉积物盐度较高。从湿季到旱季,由于距离地下水较远,径流速度较快,水位下降的速度略快于盆地型红树林。由于营养成分少、盐分高,因而高地型红树林发育不良,常见优势种是红树属和白骨壤属的植物。

6. 矮红树林(Scrub or Dwarf Mangrove Forests)

一类典型的矮红树林常特指生长在南佛罗里达半岛和佛罗里达群岛的树高低于1.5 m的红树林(图1-2f)。可能由于岩石基质上可利用的营养物质较少,造成植株矮小。这些矮红树基本是美洲大红树。此外,在一些亚热带区域、红树林纬向分布的高纬度地区,也可以发现低矮的红树林,它们也是典型的矮红树林。更冷的气候、更短的日照和更少的光照使得红树林难以生长。这些区域的矮红树林是边缘型红树林,常常出现在较冷的气候带或贫营养的沉积物中。例如,在我国福建福鼎,冬季气温可能降到0 ℃,秋茄群落约1～2 m高;澳大利亚南部的白骨壤形成矮红树林,冬季可能被雪覆盖。

这些群落类型之间也可能互相融合。

1.2.3　水文

潮汐的周期性淹水是红树林发育的重要条件。在我国红树林分布区,主要有全日潮、正规半日潮和不正规半日潮等潮汐类型。红树林生长于平均海平面以上的潮间带上(张乔民等,1997)。在我国亚热带区域,红树林与潮间带盐沼存在分布区的重叠;在热带地区,红树林分布区的向海一侧,常有海草床分布。它们在潮间带的分布区和潮汐特征如图1-3所示。

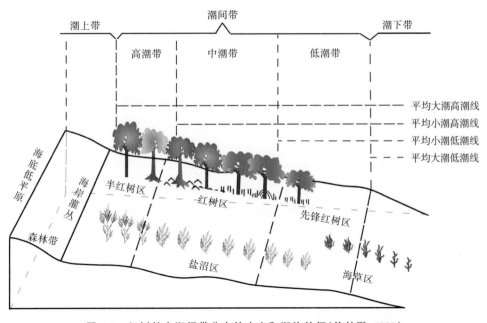

图 1-3　红树林在潮间带分布的水文和潮汐特征(仿林鹏,1997)

1.2.4　土壤

红树林可以生长在泥质、砂质和基岩等海岸线上,以淤泥质滩涂最为常见。在淤泥质滩涂,由于潮汐的作用,土壤缺氧,形成沼泽化土壤,也称为沉积物。缺氧环境下,土壤中的硫以硫化氢(H_2S)的形式存在而释放出臭鸡蛋气味。H_2S还原土壤中的含铁化合物,形成各种水合硫化亚铁,使土壤呈现黑色。红树林土壤受到潮汐的影响含盐量高。此外,它也是酸性硫酸盐土,含硫、含铁量高。

由于长期厌氧,土壤表面的枯枝落叶和土壤中死亡的根系分解缓慢,因此土壤有机质含量高。有的地区红树林土壤可形成含碳量丰富的泥炭。例如,在伯利兹的一处红树林中,泥炭的深度达 7～10 m(McKee et al.,2007)。在海南文昌等地的红树林土壤可形成 1～2 m 的泥炭层。这些区域均属河口区群落,树龄较大、自然发育为高潮位成熟林。目前,我国大部分红树林均为堤前红树林(在过去历次围填海过程中剩余在堤外的前缘红树林或先锋群落),有些区域甚至是在光滩上通过人工吹砂填土而种植红树的区域,成林时间短,水动力过强,土壤中的有机质含量极低。

1.3 植物、植被和生态系统

由于热带地区温度高、光线强,土壤缺氧,并受到波浪冲击,红树植物形成了与之相适应的生物学和形态学特征;并形成典型的植被分布特征和生态系统特征。

1.3.1 植物的适应特征

1. 树形和叶序等结构特征

植物的物理结构和生理特性可影响光合作用。树木的营养生长取决于许多因素,包括叶片有效光合面积及对环境变化的反应。这些适应可反映在树冠的形状(树形)和叶序等结构特征上。树形和叶序对于红树植物在海岸带的波浪冲击中定植、在强光下保持光合固碳和生长是极为重要的。大多数红树植物是阳生树种,如红树属的植物,其叶片大多分布在冠层外围;叶序也表现为互不遮挡的对生类型(图 1-4),可最大限度地减少自遮阴,从而获得最多的光照。红树属植物还能从离地一定高度的树干上分生出支柱根;也会在支柱根上分生出新的分枝轴,分枝轴进而转化为树干轴并形成新的冠层,独木成林,以抵抗风浪冲击(图 1-5)。在生长的早期阶段,红树的分枝轴很容易转化为树干轴,并可能出现连续分枝。

2. 地上根系

红树植物由于长期适应于潮汐淹水的生境,发育出发达的地上根系。这是它们适应于潮间带潮汐冲击和淹水生境的典型结构(Tomlinson,2016)。

红树科红树属的植物,如红海榄,在其离地 1～2 m 的主茎上向地性生长出气生根,随着这些气生根扎入土壤中,新的气生根又从它们的分枝处长出并

图 1-4　红树植物互不遮挡的叶序

（a. 红树；b. 白骨壤属 *Avicennia rumphiana*；c. 小花木榄）

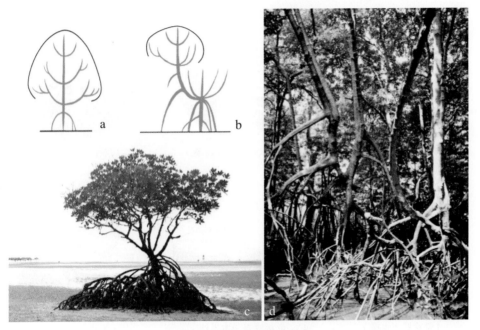

图 1-5　红树属植物的支柱根

（a、c. 红树属的分枝结构；b、d. 从树冠发育出的分枝结构）

扎入土壤中，进而形成了铆状的支柱根（Stilt Roots），将植物牢牢固定在滩涂上。新形成的支柱根往往有比较厚的皮层，皮层结构松弛并出现很多孔隙。气生根表面常有粗糙的皮孔。

　　有些红树植物的茎基部（地下部分）横向生长出缆根（Cable Roots），并在缆根上背地性生长出突出地表的气生根，即呼吸根（Pneumatophores）。白骨壤属植物具有指状呼吸根，海桑属植物具有笋状呼吸根，拉关木则形成短而细的呼吸根。

红树科木榄属的红树植物存在一类木质化、不规则形状的膝状根（Knee Roots）。它们是由从基部横向生长的缆根弯曲而突出地表形成的。一条缆根上常有几个大小不同的突起，形成几个膝状根。膝状根木质化程度高，皮层较厚，表面也有皮孔。

秋茄和银叶树的树干基部往外生长出板状根（Plank Roots）。板状根可以将植株固定在淤泥质滩涂上。板状根的表面还有许多皮孔，构成气体通路。

另外一些红树植物，如海漆具有错综复杂的表面根（Surface Roots）。它们是从地表树干基部横向长出的根系，也可帮助植株稳固生长和运输气体。

这些根系在发育和结构上存在差异，其结构示意如图 1-6 所示。

a.支柱根（红海榄）

b.笋状呼吸根（海桑）

c.指状呼吸根（白骨壤）

d.膝状根（木榄）

e.板状根（木果楝）

f.板状根（银叶树）

图 1-6　红树植物地上根系的结构图

3. 皮孔和皮层通气组织等气体交换系统

红树植物植株内存在发达的气体交换系统。皮孔（Lenticel）是红树植物树皮的特殊结构，是体内气体交换系统通向外界的门户。通过皮孔，空气中的氧气源源不断地进入根和茎的栓质层中。皮孔常分布在茎干和气生根的表面。有的皮孔细而密，如桐花树（图 1-7）；有的皮孔大并可以观察到栓质层，如海莲。在许多红树植物地上根系的皮孔周围，可见剥落的组织，它们和皮孔共同构成了内部组织与外界环境进行气体交换的门户。Scholander 等(1955)是早期研究红树林呼吸根气体交换的学者。他们利用气压计的原理测定了白骨壤呼吸根中的气体交换。皮孔在气生根上的分布也很有规律:白骨壤每个气生根上大约有 25 个皮孔,而在气生根与地下水平根系的交界处,皮孔多于 25 个。皮孔不仅有利于氧气的进入,也有利于挥发性物质如乙醇和乙烯的排出。

图 1-7　桐花树茎干基部的皮孔

茎和根的皮层中存在发达的通气组织(如栓质层中的空腔),参与气体的输送。有了发达的气体交换系统后,地上的空气就能被源源不断运送到根系,缓解地下部分的缺氧。通常根系皮层中的气室数量最多,气室体积最大,占根系体积的 40%～50%。从根系切片上看,白骨壤气生根和缆根的通气组织分别占其横截面积的 69%～80% 和 81%～85%(陈鹭真,2005)。

4. 旱生结构

红树植物的生境水分充裕,但水的盐度过高限制了植物的水分利用。热带的强光和高温促进了植物的蒸腾作用。因此,植物的叶片常出现旱生结构。红树植物的叶片多为全缘且叶脉不明显,甚至出现深陷于表皮的气孔,以减少水分流失。有些植物叶片表面形成皮质或蜡质,可以有效反射光和热,防止午间直射光的灼伤。有些植物叶片变厚或肉质化、全缘,以达到保水的目的。有些植物叶片形成厚的角质或绒毛,可反射强光。

5. 胎生

一些红树植物的果实成熟后,种子不休眠而直接在母体上萌发,幼苗从母体吸收能量和营养,这就是植物的胎生现象(Vivipary)。胎生现象在秋茄、木榄、海莲、红海榄等红树科植物中常见。这些植物的萌发胚轴逐渐突出果皮形成筷子状或笔状的胎生苗(又称胚轴),而此时萌发了的胚轴还挂在母树上。这种胎生现象被称为"显胎生"（True Vivipary）（图 1-8）。有一些种子虽然也在母体上萌发，但萌发后的胚轴短小、未突破果皮，被称为"隐胎生"（Cryptovivipary），如桐花树和白骨壤。

萌发过程中，胎生苗能获得母体提供的养分，且大大缩短了种子离开母体后独立存活的时间，为后代脱离母体后适应潮间带的风浪冲击和逆境做准备。胎生苗成熟后离母体，就能快速地存活和生长。除了显胎生和隐胎生，还有一些非胎生的红树植物，如瓶花木属、海桑属和木果楝属的植物（表 1-8）。

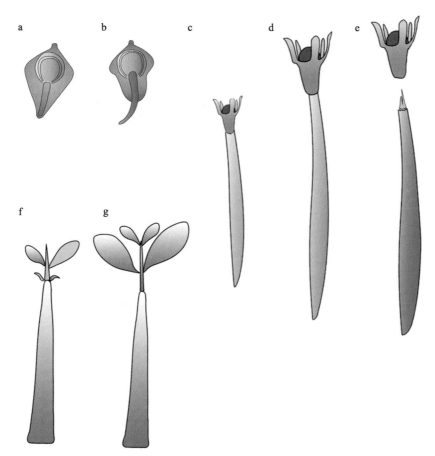

图 1-8 秋茄的胎生胚轴发育示意图

（a. 种子萌发、胚轴未突出果皮；b. 胚轴突出果皮；c、d. 胚轴长大；e. 胚轴成熟，离开母体；f、g. 胚轴插入土壤中，植株生长）

表 1-7　我国常见红树植物的繁殖方式

胎生/非胎生/非胎生	属名	繁殖体类型
显胎生	红树属 *Rhizophora*	单一种子的胚轴
	秋茄属 *Kandelia*	
	木榄属 *Bruguiera*	
	角果木属 *Ceriops*	
隐胎生	桐花树属 *Aegiceras*	单一种子的隐胎生果实
	白骨壤属 *Avicennia*	
	榄李属 *Lumnitzera*	
	拉关木属 *Laguncularia*	
	水椰属 *Nypa*	聚合果、隐胎生果实
非胎生	海漆属 *Excoecaria*	多种子的果实
	海桑属 *Sonneratia*	
	木果楝属 *Xylocarpus*	
	瓶花木属 *Scyphiphora*	单一种子的果实

6. 繁殖体漂浮

　　红树植物能利用洋流和潮汐传播后代、扩大种群。大部分红树植物的果实、种子和胚轴的密度低于海水密度,可以随海水漂流。显胎生红树植物的胚轴有厚的角质层,往往能漂流数月,实现远距离传播。秋茄和木榄的胚轴密度分配并不均匀,胚轴下端密度大,这样保证了芽朝上漂浮。一些大的繁殖体漂浮时间可以达到 40 d。当这些繁殖体漂浮到适宜的生境中,就可以迅速定植生长并形成新的种群。

　　在诸多红树植物中,桐花树的隐胎生胚轴密度($1.23\ \mathrm{g \cdot cm^{-3}}$)始终高于海水密度,传播能力极差,其种皮会迅速吸水胀破、种子萌发。水椰、银叶树和木果楝的果实具有纤维质厚壁,能很好地漂浮。非胎生的海桑属植物,其浆果的漂浮时间不长,但果实开裂后,木质化的种皮也可以帮助种子漂流很长时间。繁殖体不同的漂浮能力,是种群扩散的基础。

7. 富含单宁

　　一般而言,红树植物树皮和木材中富含单宁,具抗虫防腐的作用。单宁,又称多酚,是植物组织中的一类次生产物。当剥开树皮后,植物体内的单宁氧化形成红色的醌类或者复杂的酚类物质。这就是红树植物木材呈现红色的原因。不同红树植物的单宁组成和含量有差别,因此木材呈现不同的红色。这也是它们被称为"红"树林的原因。

单宁的含量影响植物的适口性,单宁含量高使得植物叶片更苦涩,可防止昆虫啃食。大多数红树植物,特别是红树科植物,如红海榄、秋茄、海莲、角果木等,叶片中较高的单宁含量增加了它们对草食动物的抗性;而白骨壤属植物中的单宁含量较低,最容易受到虫害侵袭。红树植物茎干汁液中的单宁也被直接用作工业副产品,例如用于染渔网,可起到防腐的作用;它还用于制革工业。

8. 避盐机制

红树植物具有盐生植物的避盐能力。它们适应于潮间带的高盐生境,可以从高盐水体中吸收淡水。秋茄、木榄和海莲的根系有非常高效的过滤系统,可选择性地将水中的大部分盐分过滤到体外,被称为拒盐植物。白骨壤和桐花树的拒盐能力低,吸收到体内的多余盐分,被茎、叶上发育出的专门分泌盐分的盐腺或盐囊泡(Salt Glands)排出体外,因此,在它们的叶片上常可见白色的盐结晶。这类植物被称为泌盐植物。稀盐植物通过吸收大量水分和加速生长,稀释细胞内的盐分,将盐分积累在茎叶的肉质化组织中,进而维持植物体内恒定的盐浓度。在高盐环境下,稀盐植物常常形成肉质化的叶片,如海桑。另外,红树植物还可将过多的盐分转运到老叶上,并通过老叶的掉落,将体内的盐分排出。Ball(1988)指出,严格控制盐分吸收和节水是红树植物成功"定居"潮间带的关键。不同红树植物根据其特殊的盐分适应而占据潮间带不同的生态位。

1.3.2 植物群落的带状分布

红树植物群落常呈现与海岸线平行的带状分布特征,又称为分带现象(Zonation)。Watson(1928)是最早关注红树林带状分布的学者。根据半日潮每月潮汐淹水的次数,他在马来半岛红树林的调研中对不同红树植物种类的淹水等级进行了界定(表1-8)。Watson制定的淹水等级是全球最早、最经典的红树植物潮汐淹水等级,引领了近一个世纪的红树植物潮汐淹水适应和海平面上升响应的研究(Friess,2016)。

表 1-8　马来半岛红树植物淹水等级（仿 Watson，1928；Friess，2016）

淹水等级	淹没类型	物种	每月淹没次数
1	所有高潮淹没	*Rhizophora mucronata*（仅分布在河口型红树林）	56～62
2	中等高潮淹没	*Avicennia alba*，*Avicennia intermedia*[1]，*Avicennia lanata*，*Rhizophora mucronata*（仅分布在河口型红树林），*Sonneratia griffithii*[2]	45～59
3	正常高潮淹没	*Acrostichum aureum*，*Aegicerass majus*[3]，*Avicennia intermedia*[1]，*Avicennia lanata*，*Avicennia officinalis*，*Bruguiera gymnorhiza*，*Bruguiera eriopetala*[4]，*Bruguiera parviflora*，*Carapa obovata*[5]，*Ceriops candolleana*[6]，*Rhizophora conjugata*[7]，*Rhizophora mucronata*，*Nipah fruticans*，*Scyphiphora hydrophyllacea*[8]，*Sonneratia alba*，*Sonneratia griffithii*	20～45
4	大潮淹没	*Acrostichum aureum*，*Aegiceras majus*[3]，*Avicennia officinalis*，*Brownlowia lanceolata*[10]，*Bruguiera eriopetala*[4]，*Bruguiera caryophylloides*[11]，*Bruguiera gymnorhiza*，*Bruguiera parviflora*，*Carapa obovata*[5]，*Carapa moluccensis*[12]，*Cerbera lactaria*[13]，*Ceriops candolleana*[6]，*Derris uliginosa*[14]，*Excoecaria agallocha*，*Kandelia rheedii*[15]，*Lumnitzera coccinea*[16]，*Lumnitzera racemosa*，*Nipah fruticans*，*Rhizophora conjugata*[7]，*Scyphiphora hydrophyllacea*[8]，*Sonneratia alba*，*Sonneratia acida*[17]，*Thespesia populnea*	2～20

续表

淹水等级	淹没类型	物种	每月淹没次数
5	反常潮或分点潮淹没	*Acrostichum aureum*，*Bruguiera gymnorhiza*，*Brownlowia riedelii*[18]，*Rhizophora conjugata*[7]，*Carapa moluccensis*[12]，*Carapa obovata*[5]，*Cerbera lactaria*[13]，*Cerbera odollam*，*Cycas rumphii*，*Deamonorops leptopus*，*Derris uliginosa*[14]，*Excoecaria agallocha*，*Heritiera littoralis*，*Hibiscus tiliaceus*[19]，*Intsia retusa*[20]，*Lumnitzera coccinea*[16]，*Lumnitzera racemosa*，*Oncosperma filamentosa*，*Nipah fruticans*，*Pluchea indica*，*Podocarpus polystachyus*，*Sonneratia acida*[17]	2

注:依据 1927 年马来西亚雪兰莪州巴生港正规半日潮的潮汐特征划分。

[1] 可能是 *Avicennia marina* var. *intermedia*；[2] 分类错误,应为 *Sonneratia alba*（Chapman 1976）；[3] 可能是 *Aegiceras corniculatum*；[4] 现命名为 *Bruguiera sexangula*；[5] 现命名为 *Xylocarpus granatum*；[6] 现命名为 *Ceriops tagal*；[7] 现命名为 *Bruguiera gymnorhiza*；[8] 现命名为 *Scyphiphora hydrophylacea*；[9] 分类错误,应为 *Sonneratia ovata*（Chapman 1976）；[10] 现命名为 *Brownlowia tersa*；[11] 现命名为 *Bruguiera cylindrica*；[12] 现命名为 *Xylocarpus moluccensis*；[13] 现命名为 *Cerbera manghas* 或 *Cerbera odollam*；[14] 现命名为 *Derris trifoliata*；[15] 分类错误,应为 *Kandelia candel*；[16] 现命名为 *Lumnitzera littorea*；[17] 现命名为 *Sonneratia caseolaris*；[18] 现命名为 *Brownlowia argentata*；[19] 现命名为 *Talipariti tiliaceum*；[20] 现命名为 *Intsia bijuga*。

我国红树林多分布于河口区域,受到潮汐的作用明显,因此带状分布很显著(林鹏,1981)。在海南文昌清澜港、广东雷州半岛、福建南部沿海,红树林呈现不同带状分布特征(图 1-9)。在清澜港(图 1-9c),由海向陆,红树林可以分布到低潮带的后缘,潮汐淹水时间长,淹水深度较深,只有先锋物种白骨壤、桐花树、海桑能生长。中潮带是红树林的繁茂区域,分布有红树、红海榄、海莲、桐花树、秋茄等树种,植被覆盖度大,林冠整齐。高潮带和特大高潮带潮汐淹水时间短,或只在风暴潮才受到潮汐影响,是红树林向陆地森林过渡的地带,主要分布有木榄、海莲、海漆、银叶树和一些伴生树种。

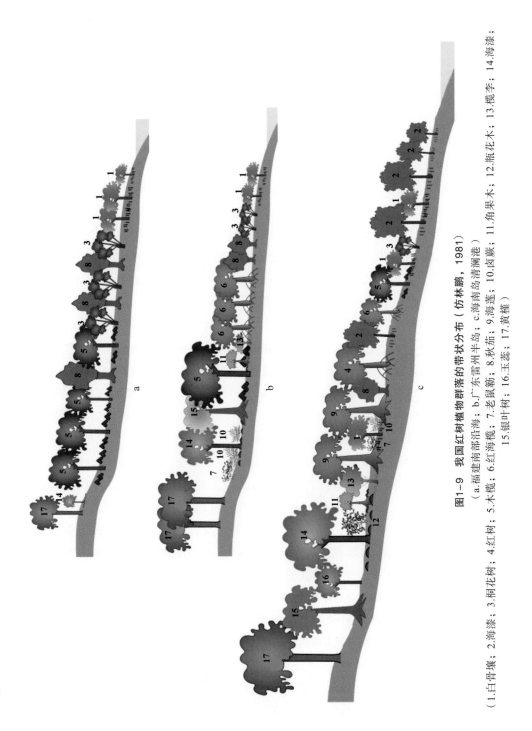

图1-9　我国红树植物群落的带状分布（仿林鹏，1981）

（a.福建南部沿海；b.广东雷州半岛；c.海南岛清澜港）

（1.白骨壤；2.海漆；3.桐花树；4.红树；5.木榄；6.红海榄；7.老鼠簕；8.秋茄；9.海莲；10.卤蕨；11.角果木；12.瓶花木；13.榄李；14.海漆；15.银叶树；16.玉蕊；17.黄槿）

1.3.3 红树林生态系统及其功能

红树林生态系统中的生产者是由红树植物，以及半红树植物、伴生物种和水体中的浮游植物共同构成的。相比于陆地的热带森林，红树林生态系统中的高等植物种类少，群落结构较为简单。这与它们所处的热带、高盐和潮汐淹水生境有关。在红树林中，种类繁多的兽类、鸟类、爬行类、两栖类、鱼类、昆虫、底栖动物和浮游动物等共同组成的消费者。生产者、消费者和分解者微生物群落，共同组成了结构复杂、物种多样、生产力高的生态系统。红树林是生物多样性的热点区域。例如，Sandilyan 和 Kathiresan（2012）报告了在印度红树林中记录的总共 4,011 种细菌、真菌、藻类、植物和动物，其中包括 39 种植物。在我国红树林中，约有 2,305 种动植物，其中有 25 种红树植物（王文卿和王瑁，2007）。在福建漳江口红树林，有红树植物 6 种，野生动物共 4 纲 23 目 63 科 218 种（不包括昆虫），其中，哺乳纲 4 目 9 科 14 种、鸟纲 15 目 38 科 154 种、爬行纲 3 目 11 科 37 种、两栖纲 1 目 5 科 13 种；水生生物种类 563 种、微生物 45 种（林鹏等，2001）。红树林还是许多野生动物的栖息地。在孟加拉国和印度交界处的孙德尔本斯红树林，栖息着孟加拉虎（*Panthera tigris*）、斑鹿（*Axis axis*）（图 1-10）和沼泽鳄（*Crocodylus palustris*）；在马来西亚婆罗洲红树林，栖息着植食性动物长鼻猴（*Nasalis larvatus*）（图 1-11）；在我国深圳和海口的红树林中，每年都会有黑脸琵鹭（*Platalea minor*）（图 1-12）在这里过冬。

红树林还为诸多海洋动物提供栖息和觅食的理想生境，也是全球水鸟迁徙的补给站和繁殖地，为重要的或濒危的海洋生物提供栖息地。红树植物的凋落叶在水体和底泥中分解时，形成的碎屑和可溶性有机物为浮游生物和底栖动物提供了丰富的饵料。对于一些珊瑚礁鱼类，红树林是它们的摄食地和育婴场，而招潮蟹、相手蟹和弹涂鱼等则长期居住在红树林生境中。红树林为肉食性的鱼类和鸟类提供丰富的食物，形成了碎屑食物链、捕食食物链等多样的食物关系。因此，红树林也被称为"水鸟的天堂"和"物种的宝库"。

作为热带、亚热带沿海的特殊森林资源，红树林具有巨大的经济、生态和社会效益。红树林能够防风护岸，调节微气候，减缓海岸侵蚀，提供重要的生态系统服务（Costanza et al.，2014）。在热带地区，夏季风暴潮频发，红树林形成了抵御风暴潮的天然屏障，可以有效减缓风速，保护沿岸的村庄。在 2004 年的印度洋海啸中，一些有红树林保护的海岸线受到海啸的破坏远小于没有红树林的区域。在我国东南沿海，红树林可以抵御台风的影响，因而被称为

图 1-10 孟加拉国孙德尔本斯红树林中的斑鹿（林清贤摄）

图 1-11 马来西亚婆罗洲红树林中的长鼻猴（陈鹭真摄）

图 1-12 我国红树林中的黑脸琵鹭（林清贤摄）

"海岸卫士"。

作为湿地生态系统,红树林还能过滤陆地径流和净化内陆带来的有机物质等污染物,调节滨海区域的水质和养分循环,成为天然的净化器。近年来,研究发现红树林是热带地区高效的碳汇。通过光合作用和沉积物捕获,红树林生态系统中埋藏了大量的有机碳。因此,红树林成为滨海蓝碳生态系统之一。

然而,全球变化(气候变化和人类活动)已深刻地影响红树林生态系统的服务功能和人类的基本福祉。我国红树林处于全球红树林天然分布区的北缘,受气候变化和海岸带人类活动的共同影响,成为研究红树林生态系统与全球变化关系的典型区域。

以下章节将系统阐述气候变化、海平面上升、风暴潮、入侵植物、有害生物和人类活动对红树林的影响和机制,梳理目前应用在该研究领域的控制试验方案,提出适宜我国的红树林可持续发展模式。

第 2 章　气候变化对红树林的影响

　　气候变化是近几十年来各国政府和大众共同关注的议题,也是生态学家普遍关注的热点。2013 年,政府间气候变化专门委员会(IPCC)发布了第五次评估报告,指出:气候变暖是毋庸置疑的;人类活动是导致气候变化的主要原因。目前,人类活动导致的气候变化越来越多地被认知。工业革命以来,水蒸气、二氧化碳(CO_2)、甲烷(CH_4)、氧化亚氮(N_2O)、臭氧及卤代温室气体的排放,致使全球气温不断升高。自 1880 年至 2012 年,全球平均气温上升了 0.85 ℃(IPCC,2013)。根据 CMIP5(Coupled Model Inter Comparison Project Phase 5)模式,未来全球平均气温将以每 10 年增加 0.13±0.03 ℃的趋势上升,预计 100 年后将上升 2 ℃(IPCC,2013)。美国国家航空航天局(NASA)戈达德太空研究所(GISS)估测,全球地表气温相对于 1951—1980 年平均温度仍在持续上升,其中,最热的 20 年中有 19 年都发生在 2001 年之后(除 1998 年外),而 2016 年是有记录以来最热的一年(图 2-1)。

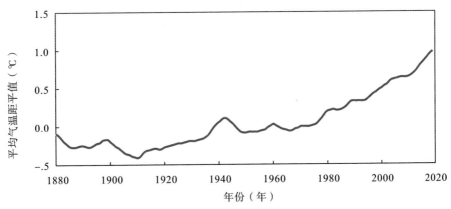

图 2-1　全球地表气温相对于 1951—1980 年平均温度的距平值(数据来源:NASA/GISS)

　　我国近百年的气候也发生了明显变化,变化趋势与全球气候变化的总趋势基本一致(丁一汇等,2006)。根据《中国气候变化蓝皮书(2020)》记录,

2015—2019 年是有完整气象观测记录以来最暖的 5 年;20 世纪 80 年代以来,每个连续 10 年都比前一个 10 年更暖和。2019 年,亚洲陆地表面平均气温比常年均值(1981—2010 年气候基准期)偏高 0.87 ℃,是 20 世纪初以来气温的第二高值。

气候变化显著提高了温度的时空异质性。Timmerman(1999)通过模拟研究发现:温室效应使热带太平洋区域进入厄尔尼诺状态(即变得更温暖),导致温度年际变化增大、气候异常和极端低温频发。气候变暖还引发海水变暖、冰雪量减少和海平面上升,并导致海岸侵蚀后退、极端气候事件及灾害事件频繁发生。2015 年巴黎气候大会指出:到本世纪末,把全球平均气温升高控制在 2 ℃ 之内(较工业化前),并为把增温控制在 1.5 ℃ 之内而努力。2018 年 10 月,IPCC 发布了《"关于全球升温高于工业化前水平 1.5 ℃ 的影响"特别报告》并指出:将全球变暖控制在 1.5 ℃ 而非 2 ℃ 或者更高,可以避免一系列气候变化影响,会惠及人类和自然生态系统。例如,到 2100 年,若将全球升温控制在 1.5 ℃ 而非 2 ℃,全球海平面上升的幅度将降低,海平面上升将减少 10 cm,珊瑚礁将从消失殆尽下降到保留 10%~30%。因此,IPCC 呼吁国际社会共同努力,将全球升温控制在 1.5 ℃ 以内。

在全球变化的大背景下,气候变暖和极端气候事件对红树林的影响日益显著。在一些地区甚至出现红树林死亡的极端现象。我国红树林位于全球红树林天然分布区的北缘,受到变暖、低温等极端天气的影响极为显著,甚至产生了负面效应。

2.1　全球变暖的影响

全球各地的气温升高不均匀,其中高纬度地区增温幅度大于低纬度地区,夏季增温高于冬季(IPCC,2013)。温度与生物的生长发育、地理分布、气温周期及干物质积累等密切相关。红树植物大多数为嗜热种,对温度极为敏感。在红树林分布的热带地区,虽然增温幅度小,但增温使表层海水温度上升,可能会超过红树植物耐受限度从而影响其生长与扩散,改变红树林的生态系统功能。

2.1.1　气候变暖促进红树林向高纬度分布

全球变暖对红树林存在积极的影响。气温升高可能改变林分结构和物候,增加原有红树林区的生物多样性,并影响红树林的分布范围(Gilman et al.,2008;Alongi,2015)。根据预测:温度升高 1 ℃,陆地物种的耐受限度向两极转移 125 km,或在山地垂直高度上升 150 m(黎磊,陈家宽,2014)。

目前,国内外有不少由气候变暖导致红树林分布区向两极移动的案例。亮叶白骨壤是北美洲最耐寒的红树植物,天然分布在北美洲红树林的北界,如佛罗里达北部的圣奥古斯丁、墨西哥湾北部的密西西比河口和得克萨斯州海岸等地。近年来它们不断北移,并入侵到以互花米草(*Spartina alterniflora*)为主的盐沼群落(Perry et al.,2009)。在得克萨斯州的海岸带,与盐沼相邻的生境中亮叶白骨壤幼苗存活率更高,但盐沼又会限制亮叶白骨壤幼苗的生长(Guo et al.,2013)。2015 年,Cavanaugh 等(2015)结合室内植物抗寒力试验及过去 28 年的卫星图像和气候模型,预测在未来 50 年内,北美的红树林将以每年 2.2～3.2 km 的速度向北移动。根据在 IPCC(2013)的气候变化 RCP8.5(Representative Concentration Pathway 5)情景,2060 年美国佛罗里达地区的亮叶白骨壤将以每年 3.2 km 的速度扩张到 31.33°N 的区域(约为 31.20°N～31.50°N);美洲大红树将以每年 2.2 km 的速度北移至 30.71°N 的区域(约为 30.55°N～31.35°N);拉关木将以每年 2.4 km 的速度,从目前分布的北缘 29.73°N 北移至 30.71°N 的区域(约为 30.55°N～31.35°N)(Cavanaugh et al.,2015)。Osland 等(2017a)通过历史照片观测到,美国路易斯安那州最南部海岸(位于墨西哥湾北部的密西西比河河口的福雄港,Port Fourchon)的亮叶白骨壤群落面积受到增温影响存在扩张现象,但冬季也容易受到霜冻,其分布区存在显著的季节变化。在北美、澳大利亚和南非等区域,均观测到自然状态下红树植物分布区向两极移动的现象(Saintilan et al.,2014;Dangremond,Feller,2016)。然而,Hickey 等(2017)认为红树林的面积只是在高纬度地区有所增加,但在全球尺度下并未表现出纬度上的扩张。

我国红树林天然分布在热带、亚热带的海岸潮间带,是全球变化的敏感区域。不同区域自然分布的红树植物群落的物种多样性随纬度增高而递减。对嗜热种类而言,低温是限制红树林向两极扩展的主要因子。基于我国红树林分布的现状和全球变暖的趋势,陈小勇和林鹏在 1999 年率先预测了未来气温升高 2 ℃后,我国红树林的地理分布区可能在纬度上平均北扩 2.5°;我国最耐寒的红树植物秋茄的天然分布北界将从福建福鼎扩展至浙江嵊县附近,秋茄的引种北界可达杭州湾;白骨壤和桐花树将北移至浙江温州,未来浙江省可能有3个红树物种(表2-1)(陈小勇,林鹏,1999)。从目前记录到的引种成活情况看,秋茄和桐花树已经能在浙江温州地区开花结果。

表 2-1　温度升高 2 ℃后红树植物可能的分布北界(修改自陈小勇,林鹏,1999)

种类	年均温(℃)	当前天然分布北界	预计分布北界
秋茄	18.5	福鼎	嵊县
白骨壤	19.5	福清	温州
桐花树	20.5	泉州	温州
老鼠簕	21.0	龙海	宁德
木榄	21.1	云霄	宁德
海漆	21.1	云霄	宁德
红海榄	22.4	深圳、台南	晋江
角果木	22.4	北海	晋江
榄李	22.4	北海	晋江
卤蕨	22.4	北海	晋江
小花老鼠簕	23.2	湛江	汕头
银叶树	23.2	湛江	汕头
海莲	23.8	海口	汕尾
尖瓣海莲	23.8	海口	汕尾
水椰	23.8	海口	汕尾
尖叶卤蕨	23.8	海口	汕尾
瓶花木	23.8	文昌	汕尾
红树	23.9	文昌	汕尾
海桑	23.8	文昌	汕尾
杯萼海桑	23.9	文昌	汕尾
卵叶海桑	23.9	文昌	汕尾
海南海桑	23.9	文昌	汕尾
拟海桑	23.9	文昌	汕尾
木果楝	23.9	文昌	汕尾
红榄李	24.7	陵水	茂名

我国海岸带由于经历了 20 世纪的围海造田和围塘养殖,生境破碎化严重,红树林分布区的天然北移受到空间的限制。但是,人工引种的努力大大促进了物种分布区的北移。早在 1957 年,浙江省通过人工引种,将秋茄成功种植到温州乐清的潮滩上,使我国红树林的分布区由其天然的北界福建福鼎向北推移 1 个纬度。在引种过程中,抗寒锻炼能提高红树植物北移的成活率(沈瑞池,1988)。

20 世纪 80 年代,我国红树林学者相继开展了一系列红树植物北移引种的研究。杨盛昌(1990)、卢昌义等(1994)从海南采集木榄、红海榄、海莲、尖瓣海莲、角果木和正红树的成熟胚轴,在室外盆栽至苗高为 10～20 cm 后再移植至福建九龙江红树林引种园。林鹏等(1994)把一些较为耐寒的种类(白骨壤和桐花树)从九龙江口移植到莆田、宁德、福鼎和温州等地。综合以上研究,林鹏(1997)发现:桐花树可以引种到福鼎和宁德,且其繁殖体能在宁德萌发和生长;白骨壤北移后较难成活;秋茄能在温州生长,但无法自然更新;木榄在九龙江口能自然萌发、生长并繁育后代;红海榄、海莲、尖瓣海莲虽能在九龙江口生长,但冬季的低温使其成活率低于 40%;角果木和正红树在引种后经历第一个冬季时就全部死亡。

2000 年以后,一些抗寒性较好的红树植物被不断引种到浙江温州,后续以温州地区为中心不断尝试北移。例如,秋茄、无瓣海桑、桐花树、海漆等被成功引种到温州,安全越冬(郑坚等,2010)。其中,无瓣海桑已在温州开花结果,但在 2013 年冬天的极端低温中全部死亡。直至 2020 年,温州的桐花树均可以开花结果、安全越冬。目前,在浙江南部已经存活的秋茄林约 380 ha,树高为 0.3～3.1 m;分布在温岭、玉环、乐清、苍南等地的秋茄林已郁闭成林,总面积为 33.3 ha(陈秋夏等,2019)。大量的北移引种研究认为气温 10 ℃是我国红树植物的生物学临界温度,冬季的极端低温是红树植物生长的限制因子(陈鹭真等,2017)。

2.1.2　增温促进红树植物的生长

温度升高会使植物生长季延长,从而有助于高纬度地区的植物提高生产力,但呼吸作用和有机质分解速率的增强也可能使生态系统的总生物量变小。总体上,全球变暖有利于红树植物生长发育(Field,1995),增温将促进红树植物光合速率,加快其生长速率(Alongi,2002)。对于热带起源的物种,在温度较高的低纬度地区,增温有利于其生长。罗忠奎等(2007)发现低纬度地区的红树植物有更大的胸径和更高的树高。无瓣海桑幼苗在气温 30 ℃时株高和基径的增量都比 20℃时高(陈鹭真等，2012)，其中在 27.6～28.6 ℃时生长最好(郑德璋等，1999)。当平均气温为 25 ℃时，大多数红树植物出芽生长最快，红海榄叶片生长速率随温度从 16 ℃到 26 ℃缓慢上升(Saenger,Moverley,1985)。

对于一些抗寒性较强的物种，当它分布在低纬度地区时，超过一定界限的高温可能对其生长不利。例如，桐花树在 25 ℃时叶片生长速率最高，白骨壤在气温 19 ℃和 25 ℃时都显示出很高的叶片生长速率，但气温高于 25 ℃会影响桐花树和白骨壤叶的形成(Saenger,Moverley,1985)。秋茄是北半球最耐寒的红树植物，但在低纬度地区(如我国海南)分布面积小，整体长势较差，植株高度低，且基本无纯林，这是由于低纬度地区秋茄的生长会受夏季高温的抑制(史小芳，2012)。

在气温 10～30 ℃之间，植物的光合速率随温度升高而升高(许大全，2013)。气温从 10 ℃上升到 30 ℃时，红树植物叶片净光合速率会缓慢上升，并在 28～32 ℃达到顶点(图 2-2)。气温 30 ℃处理 4 天，秋茄净光合速率可以达到 16 $\mu mol \cdot m^{-2} \cdot s^{-1}$，白骨壤可达 17 $\mu mol \cdot m^{-2} \cdot s^{-1}$(Kao et al.,2004)。当温度从 33 ℃继续上升到 35 ℃时，红树植物净光合效率开始下降(Ball,Sobrado,1999)；当气温上升到 38 ℃时，红树植物净光合速率会受抑制，直至 40 ℃时净光合速率降为零(McMillian,1971)。总体上，净光合速率与温度的相关关系为缓慢上升至最适温度，之后以较快的速率下降，形成了不对称的钟罩形曲线(图 2-2)。

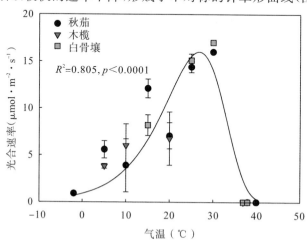

图 2-2　不同温度处理下红树植物的净光合速率

(数据来源：杨盛昌等，1999；Kao et al.,2004；郑春芳等，2013)

另外,夏季高温环境下,秋茄幼苗成熟叶片光合能力下降,净光合速率受到抑制(邓燕瑜,2013)。低纬度地区秋茄叶片的最大电子传递速率显著低于高纬度地区,这可能是因为夏季的高温破坏叶绿体和细胞质结构(许大全,2013),降低电子传递速率和 Rubisco 酶(核酮糖-1,5-二磷酸羧化酶)活性,进而限制了光合作用。所以,夏季温度大幅升高对分布在低纬度地区且对温度敏感的红树植物而言,并不一定能促进其生长发育,反而可能对其生长和光合作用造成不利影响。

一般情况下,植物组织能承受的高温损伤温度在 40～55 ℃之间,且高温敏感性与生长阶段有关,分生组织和幼苗对高温比成熟组织更敏感。此外,植物会通过一些机制来避免高温损伤,如改变叶片角度来减弱入射光强度。亮叶白骨壤叶背披毛以增强叶片反射特性来降低叶片温度和减少蒸发散热(Krauss et al.,2008)。

2.1.3　增温促进红树植物的繁殖

增温能缓解冬季低温对亚热带区域红树植物生长的抑制,促进其扩张;但在低纬度地区,增温对于红树植物分布和繁殖的影响较为复杂,需要进一步探究。温度的小幅变动会改变红树植物开花结果的时间,但大幅变动则可能造成致死威胁。例如,亮叶白骨壤幼苗暴露在 43 ℃下 10 min 不会致死,但暴露在39～40 ℃的高温下 48 h 后,尚未长出茎的繁殖体就会死亡(McMillan,1971)。对于热带起源的无瓣海桑,25～35 ℃有利于其种子萌发,但温度超过一定限度会对其种子萌发造成不利影响(李云等,1998a)。因此,增温也会对红树林产生不利影响,包括抑制繁殖体定植和成活(闫中正等,2004)。

植物的繁殖性状除了取决于内部遗传特征外,还受气候生境特征等外部因素的影响。在群落水平上,植物果实的平均质量随着纬度和海拔的升高而降低。Hong 等(2021)发现无瓣海桑的单棵树果实数量与纬度存在显著的负相关关系,低纬度地区无瓣海桑果实数量高于高纬度地区(图 2-3),进而单棵树产生的理论后代数更多(表 2-2);不同纬度的气温、极端低温和降雨对无瓣海桑结果率和萌发率等都存在显著影响。

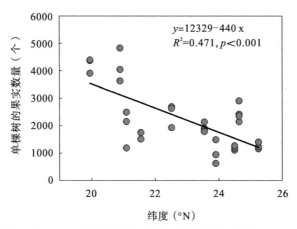

图 2-3　不同纬度的成年无瓣海桑群落单株果实数量(数据来源:Hong et al.,2021)

表 2-2　不同纬度单棵同龄无瓣海桑植株的理论后代数量(数据来源:Hong et al.,2021)

地点	单棵树的果实数(个)	每个果实的种子数(粒)	果实萌发率(%)	理论后代数(棵)
海口	4,221	112	81.0	382,787
雷州	4,165	107	87.8	391,285
深圳	2,413	89	83.3	178,893
漳浦	1,016	108	90.8	99,666
厦门	2,305	79	95.3	173,573

　　长期定位监测还发现了由气候变暖导致的红树植物群落物候期的变化。卢昌义等(1988)对九龙江口成熟秋茄群落的各部分凋落物开展逐月测定,连续记录了秋茄群落总凋落物产量的动态特征。潘文等(2020)对该区域 37 年前后的秋茄群落繁殖体(花和胚轴)的月凋落动态进行比较发现:秋茄群落的花凋落高峰由 1982 年的 8 月提前到 2018 年和 2019 年的 7 月,平均提前 0.86 天/年;2018 年和 2019 年秋茄群落的集中落果期延长 3 个月,盛果期提前 1 个月,平均提前 0.86 天/年(图 2-4)。

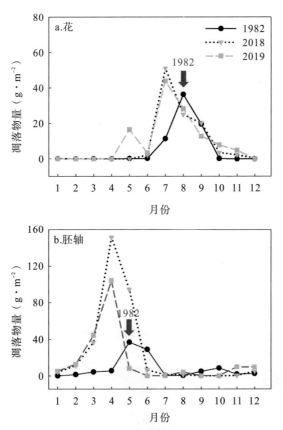

图 2-4　九龙江口成熟秋茄群落在 1982 年和 2018 年、2019 年的繁殖体凋落物变化
（数据来源：潘文等，2021）

2.1.4　增温影响下的红树林碳交换

气候变暖会促进植物生长及其相应的自养呼吸，导致生态系统的呼吸增强。Yang 等（2018）利用温室系统开展红树林幼苗增温试验，发现增温 3 ℃显著增加了白骨壤和木榄幼苗凋落物的分解速率和干物质损失量。目前关于红树林湿地碳通量的研究证明了土壤温度与 CO_2 排放量（或土壤呼吸）存在正相关关系（田丹，2012；Lovelock，2008；Poungparn et al.，2009）。一般认为，土壤 5 cm 深处的温度是影响该区域红树林湿地土壤呼吸速率的主导因素。例如，Lovelock（2008）比较澳大利亚、新西兰及加勒比海地区的红树林土壤呼吸发现，土壤呼吸速率会随土壤温度变化而显著变化，且在土壤温度为 25～27 ℃时达到最大，超过这个温度后，土壤呼吸会随着温度的升高而下降。Poungparn 等

(2009)对泰国东部次生红树林的研究发现,土壤呼吸速率与土壤温度呈显著正相关。温度对土壤呼吸的敏感性一般用Q_{10}来表示,又称为土壤呼吸对温度的依赖性。它是指土壤温度每上升10℃时土壤呼吸的变化比率。Lovelock(2008)发现红树林的Q_{10}约为2.6,和其他森林生态系统相似,并受温度、土壤含水率、物候等因素的影响。

董滢(2020)开展红树林野外增温试验,模拟温州地区大气增温2℃对低龄秋茄群落碳通量的影响。该研究中,常温组土壤呼吸的温度敏感性小于增温组,其中,常温组的土壤Q_{10}值为1.68,而增温2℃后的土壤Q_{10}值升高至3.68。增温促进了秋茄株高和基径的生长,提高了植物固定CO_2的能力,缓解了低温对于植物生长的抑制作用,进而延长了植物的生长季。气候变暖提升了秋茄群落固定CO_2的能力,但同时促进了土壤呼吸的CO_2排放,因此,CO_2等温室气体排放量增加的负面效应可能抵消了植物生长促进碳积累的正面效应,最终导致净生态系统交换量下降(图2-5)。

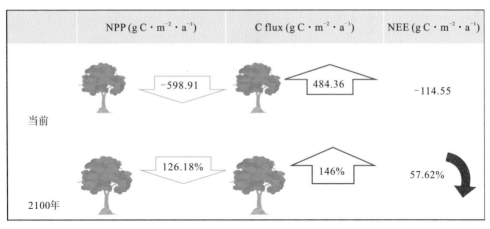

图2-5　增温条件下浙江温州秋茄群落净生态系统交换量估算(数据来源:董滢,2020)
(注:NPP为净初级生产力,C flux为碳通量;NEE为净生态系统交换)

土壤碳储量变化是增温过程中植物群落变化的副产物。Coldren等(2019)在佛罗里达的一个红树林-盐沼交错区开展了连续2年的大规模原位升温试验,试图解答气候变暖如何影响植物生长和地表高程变化,进而应对全球海平面上升的问题。该研究发现:长期增温使红树植物的树高增加了1倍,并加速了红树林向盐沼区的扩展。在增温区域,红树林盖度比不增温的对照组增加了6倍;但盐沼的盖度在增温后相应减少至原来的1/6,这个过程加速了红树林的北移并入侵到盐沼中。红树林植物根系生长加速,增加了地下过程的碳累积,并大大抬升了地表高程,因而红树林能更好地应对未来海平面上升。

2.2 低温等极端天气的影响

低温影响了红树植物的生长和生理特性,表现出随着纬度升高植株变小的特征。随着全球变暖,极端低温的发生频率有所增加。在每次寒流过境时,红树植物面临低温的胁迫,也会表现出寒害或者冻害的症状,进而影响红树林生态系统的功能。

2.2.1 低温限制红树林向高纬度分布

低温(包括气温、水温或霜冻频率)是红树林向高纬度引种、扩散的主要限制因子。红树林的纬度分布范围与水温关系密切(Tomlinson,2016)。冬季海水水温 20 ℃ 的等温线是红树林分布的临界点(Walsh,1974;Duke et al.,1998)。关于气温的影响,Walsh(1974)提出:最冷月均温大于 20 ℃,且季节温差小于 5 ℃ 是红树林生长的适合温度。一般每隔 5～10 年出现低于 −3 ℃ 的霜冻,并通过阻碍红树植物开花而形成其天然分布界限(de Lange WP,de Lange PI,1994)。在全球范围内,红树林在南、北半球的自然分布界限分别为澳大利亚(38°54′S)和百慕大岛(32°20′N),两地最冷月平均气温都大于 16 ℃;在亚洲地区,北半球最耐寒的红树植物秋茄可以在日本鹿儿岛(31°30′N)生长(Saintilan et al.,2014)。在中国,秋茄天然分布北界为福建福鼎(27°20′N),而人工引种北界则为浙江乐清(28°25′N),两地的最冷月平均水温分别为 10.9 ℃ 和 10.6 ℃,且平均气温与水温相差均约为 1 ℃。

位于纬向分布边界的红树植物群落不稳定,容易受到周期性寒潮的侵袭。在北半球,美国佛罗里达地区经历极端低温的频率虽然低,但寒害情况严重。1995—1996 年冬天,气温低至 −8 ℃,冻害几乎毁灭了当地以亮叶白骨壤为主的红树林;直至 1997 年 5 月,红树植物才重新开花(Stevens et al.,2006)。同样,2001 年发生在佛罗里达南部的低温也导致拉关木的死亡(Ross et al.,2009)。海洋表层水温也可反映全球红树林的分布格局。Osland 等(2017b)认为海洋表层水温与最低气温和降水是紧密相关的;通过全球各地红树林分布的南北极限区域的温度和降水推算出全球红树林分布范围的极限温度是7.3 ℃(图 2-6a)。由于增温和极端低温交错出现,在全球各地,特别是红树林纬度分布边界常出现红树林死亡的现象(Lugo,Patterson-Zucca,1977;Woodroffe,Grindrod,1991;Stuart et al.,2007;Lovelock et al.,2016),这与极端低温发生时的温度有关。

可见,在红树林分布的高纬度地区,冬季气温发挥了重要的生态作用。当然,当冬季低温和干旱同时发生时,更会加剧红树植物的死亡。这是由于降水量极低时,高盐的生境将加速红树林损害或死亡,这种情况在干旱和半干旱海岸最为常见(Semeniuk,2013;Asbridge et al.,2015;Lovelock et al.,2016)。基于此,Osland 等(2017b)推算出适宜红树林分布的降水极限为0.78 m·a^{-1}(图 2-6b)。

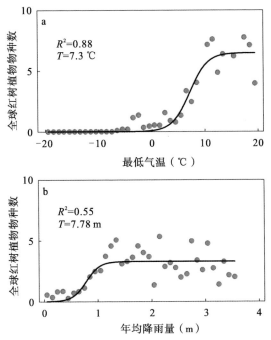

图 2-6 全球红树林分布南北界最低气温(a)和年均降雨量(b)(仿 Osland et al.,2017b)

杨盛昌和林鹏(1998)通过生理特征测定比较了我国不同红树植物的低温敏感性,并认为物种对温度的敏感性不同导致了红树植物的纬度分布特征。繁殖体或幼苗受低温处理后的存活率可以反映其温度敏感性的高低。我国热带低纬度地区的红树植物,对低温较敏感,如海南东寨港的主要红树植物半致

死温度为 $-6.8 \sim -2.3\ ℃$,其中海桑科和楝科植物的抗寒能力较弱(杨盛昌,林鹏,1998),海桑抗寒能力最差(陈鹭真等,2010)。红树科海莲抗寒能力较强,其胚轴在 $10\ ℃$ 中能保持形态正常而在 $5\ ℃$ 时全部死亡;其幼苗在 $-2\ ℃$ 处理后才全部死亡(林鹏等,1994)。分布于较高纬度的红树物种则表现出更强的抗寒能力:在 $-2\ ℃$ 处理后,秋茄和桐花树幼苗存活率均为 100%(林鹏等,1994),甚至在最冷月时,秋茄和桐花树半致死温度分别达到 $-9.3\ ℃$ 和 $-9.0\ ℃$(杨盛昌,林鹏,1998)。不同物种抗寒能力存在差异,如在人工引种北界的浙江温州,秋茄和桐花树幼苗在越冬后基本全部存活,而海桑和木榄幼苗在寒冬后全部死亡(池伟等,2008)。总之,随着纬度升高,红树植物半致死温度逐渐降低,抗寒能力逐渐增强(杨盛昌,林鹏,1998)。林鹏和傅勤(1995)依据最低月均温的等温线图和红树植物天然分布的北界,对红树植物的耐寒性进行等级划分,在 7 个等级中,由 Ⅰ～Ⅶ 级耐寒能力逐渐减弱(表 2-3)。

表 2-3　中国红树和半红树植物的耐寒性等级

等级	最冷月均温(℃)	地域	种类(低温敏感性)
Ⅰ	8～10	闽东北沿海的福鼎—莆田之间	秋茄(低)
Ⅱ	10～12	闽中沿海的莆田—厦门之间	桐花树(低)、白骨壤(低)、老鼠簕(低)、黄槿
Ⅲ	12～14	厦门以南至汕头沿海、台湾北部	木榄(低)、海漆(低)
Ⅳ	14～16	广东沿海和汕头以南(不包括雷州半岛南端)	红海榄(中)、角果木(中)、榄李(高)、杨叶肖槿、银叶树(低)、海杧果
Ⅴ	16～18	广东雷州半岛南端,海南北部(包括东寨港)	海莲(低)、尖瓣海莲(中)、小花老鼠簕、玉蕊
Ⅵ	18～20	海南岛东岸(包括清澜港)和西岸,台湾岛西南岸	海桑(高)、杯萼海桑(高)、卵叶海桑(高)、海南海桑(高)、瓶花木、红树(中)
Ⅶ	20～22	海南岛东南岸端(包括三亚、陵水)及热带珊瑚岛(包括西沙群岛、台湾以南海域小岛)	红榄李(高)、水芫花、木果楝(高)

注:引自林鹏,傅勤(1995),低温敏感性等级引自 Chen L 等(2017 a),无括号标注的未在 Chen L 等(2017a)报导。

2008 年初,我国南方 19 个省区经历了 50 年一遇的持续低温雨雪冰冻天气;极端低温给红树林带来了不同程度的危害(陈鹭真等,2010)。Chen L 等(2017a)通过这次寒害调查再次评估了我国红树植物的低温敏感等级,与表 2-3 中的耐寒性等级极为相符。低纬度的海南、广西和广东湛江等地的红树植物受损程度较高;纬度较高的福建则受损程度较低;本地红树种类秋茄、桐花树、白骨壤及木榄,由于长期适应于冬季较低的气温或在种植前经过抗寒锻炼,具有较强的耐寒能力。在极端低温下,低纬度分布边界的红树林,由于没有经过长期适应和低温驯化而受损严重;对于高纬度边界的红树林,低温则可能会通过抑制生长来限制红树林的扩张(陈鹭真等,2010;Stevens et al.,2006;Ross et al.,2009)。

2.2.2 低温抑制红树植物的生长

一般认为,随纬度增加,平均气温下降,红树林的现存生物量、冠层高度、叶面积指数等群落结构参数会呈现递减的趋势(Ellison,2002)。例如,同一年龄亮叶白骨壤林的冠层高度随纬度上升而下降(Madrid et al.,2014)。在海南,红树林冠层高度可以达到 10 m;而福鼎红树林冠层高度约为 2.5 m(王文卿,王瑁,2007)。平均气温低于 15 ℃会显著抑制无瓣海桑幼苗株高和基径的增长(陈鹭真等,2012),但对于某些抗寒能力较强的红树植物,平均气温降到 15 ℃时,生长特征呈现出不同的响应,例如,秋茄仍能维持营养生长,但白骨壤地下根生长会受限制(McMillan,1971)。

寒害主要会导致红树植物的叶片枯萎、呈褐色、干燥、死亡,而大量掉落(陈鹭真等,2010),通常衰老叶片最先掉落,然后是绿叶,最后是受寒害的褐色叶片(Ellis et al.,2016)。并且,寒害引起的叶片损伤存在垂直结构上的变异。1996 年,佛罗里达发生的寒害事件造成拉关木和美洲大红树叶片死亡或组织损伤,但危害主要发生在 1～2 m 高的冠层中(Ross et al.,2009)。同样,Lugo 和 Patterson-Zucca(1977)在佛罗里达地区红树林寒害研究中发现,亮叶白骨壤的成年植株在 -2.7 ℃受到寒害,但林下层幼苗比在开阔地区长势好。这可能是一种成熟大树保护幼苗而减缓霜冻的作用(Ross et al.,2009)。我国红树林的寒害中,许多红树林的损伤发生在开放海域,这是一种边缘暴露的效应(Liu et al.,2014)。海水的保温作用在这次低温中作用显著。在广东湛江高桥的全日潮区,由于极端低温发生时正值夜间低潮,大量乡土红树植物群落受害(陈鹭真等,2010);而在福建福鼎,由于大潮差海水淹没的保温作用,秋茄群落淹水线以下的树冠保存较好(Wang et al.,2011)。

2.2.3　低温抑制红树叶片的光合作用和养分吸收

光合作用中,将无机物转化为有机物的一系列反应都与温度息息相关。在室内试验中,-2 ℃处理 12 h 后,耐寒种秋茄的净光合速率仅为(0.90 ± 0.17) $\mu mol \cdot m^{-2} \cdot s^{-1}$(郑春芳等,2013);5 ℃处理 13 h,秋茄的净光合速率可以达到$(5.59 \pm 0.93)$$\mu mol \cdot m^{-2} \cdot s^{-1}$(杨盛昌等,1999);而从 5 ℃上升至 30 ℃的过程中,秋茄的光合能力逐渐提高,其中,在 15 ℃时,净光合速率约为$(12.10 \pm 1.00)$$\mu mol \cdot m^{-2} \cdot s^{-1}$(Kao et al.,2004)。冬季在美国得克萨斯野外测定亮叶白骨壤的净光合速率仅为 3.00 $\mu mol \cdot m^{-2} \cdot s^{-1}$(Madrid et al.,2014)。但 15 ℃下处理 1 h 后,同属的白骨壤净光合速率可达到(8.20 ± 1.00) $\mu mol \cdot m^{-2} \cdot s^{-1}$(Kao et al.,2004)。红树植物暴露在低温的时间越长,其光合能力下降越明显,气孔导度也明显下降(Kao et al.,2004),而随着从低温中的恢复时间延长,红树植物的光合能力也会逐渐增强(杨盛昌等,1999)。

在 15 ℃下暴露 4 d 后,白骨壤和秋茄的光系统Ⅱ(PSⅡ)最大光化学量子产量都有所降低,其最大光化学效率(F_v/F_m)分别为(0.61 ± 0.02)和(0.57 ± 0.02),受低温胁迫显著(Kao et al.,2004)。通常,F_v/F_m 小于 0.80 时,说明植物处于胁迫状态。同样,15 ℃的低气温显著降低了无瓣海桑叶片的 F_v/F_m,且叶绿素含量下降(陈鹭真等,2012)。在我国 2008 年寒害中,湛江木榄和红海榄叶片的 F_v/F_m 均低于 0.80(陈鹭真等,2010)。因此,低温可导致叶片的 F_v/F_m 下降,造成光抑制,从而降低光合能力。

叶片营养重吸收是红树林对营养缺乏生境的适应机制。正常情况下,红树植物叶片对 N、P 的吸收量随着温度上升而减少,在冬季吸收量达到最大值(王文卿,林鹏,2001)。因此,反常地落叶会干扰叶片营养的重吸收。在-2.4 ℃霜冻持续 4 h 后,秋茄叶片大量掉落限制了落叶时的营养吸收,使得 N、P 吸收量较正常叶片脱落时分别降低了 44% 和 32%(Wang et al.,2011)。但经历 8 h 的-2 ℃低温之后,拉关木凋落叶中的 C 含量显著提高(Ellis et al.,2006),叶片冻害死亡可能导致 N 重吸收受阻,而产生更多的凋落叶,造成植物体内养分流失。另外,低温还会造成叶片中可溶性糖含量、可溶性蛋白质含量增加以及过氧化物酶活性增强(杨盛昌,林鹏,1998),但是低温时提高水温能使叶片数量增加,促进叶片中脯氨酸的积累,从而缓解叶片的损伤(陈鹭真等,2012)。

　　低温造成的寒害损伤主要是损伤生物膜和干扰细胞能量供给,植物组织冻害导致叶脉阻塞、细胞破裂。热带木本植物的叶片组织临界温度是$-2\sim5$℃,红树植物可能在 10 ℃时存在生物学临界温度(林鹏等,1994)。大多数红树植物在 10 ℃时有较高的电解质渗透率,但是,秋茄、桐花树和白骨壤电解质渗透率变化较海莲低(林鹏等,1994)。可见,秋茄、桐花树、白骨壤对低温敏感性较低,更耐寒。

2.2.4　低温减缓红树植物对水分的吸收和利用

　　极端天气发生时,低温事件往往伴随着降水、降温同时发生。低温事件对于红树植物最主要的影响,是导致叶片枯黄和大面积脱落(陈鹭真等,2010;Chen L et al.,2017a)。2008 年的低温中,红树植物物种发生不同程度的落叶。一些经过北移引种的物种受到寒害的影响比乡土物种更为显著,如无瓣海桑和海桑大量落叶(陈鹭真等,2010)。叶片是植物蒸腾作用最主要的器官,低温对叶片的影响必将进一步影响植物的水分利用。霜冻引起植物水分蒸发,一段时间后,在木质部输送过程中形成空穴,在导管上引起栓塞,从而干扰木质部液体运输(Feild,Brodribb,2001)。Stuart 等(2007)通过实验室试验发现零下低温处理导致的栓塞使得红树植物水分传导率下降 $60\%\sim100\%$。2016 年1 月,深圳遭受了持续 34 h、平均温度低于 5 ℃(最低温度 3.2 ℃)的寒害。寒害过后,深圳福田红树林区的海桑和无瓣海桑都呈现出叶片枯黄、大面积掉落的现象(图 2-7)。

寒害前（2014年12月）

无瓣海桑

海桑

寒害后（2016年3月）

无瓣海桑

海桑

图 2-7　深圳福田寒害前(2014 年 12 月)和寒害后(2016 年 3 月)的海桑-无瓣海桑群落
（数据来源：赵何伟，2017）

蒸腾作用是维持植物生存和生长的关键生理过程,叶片水分供应减少后,叶片萎蔫,进而干枯、坏死、掉落。叶片干枯死亡与蒸腾耗水量降低是一个恶性循环的过程,会使得海桑叶片几乎全部掉落,蒸腾速率几乎为零。海桑和无瓣海桑寒害前茎流速率的日变化趋势较为一致(图 2-8,茎流速率在 7:00 后逐渐增大,在 10:00 左右达到峰值);无瓣海桑峰值为 36.2 gH_2O·m^{-2}·s^{-1},海桑峰值为 44.1 gH_2O·m^{-2}·s^{-1}。峰值维持到 14:00 后逐渐降低,在夜间又重新回到 0。寒害过后无瓣海桑茎流速率到达峰值的时间推迟到 13:00 左右,到达峰值后便逐步降低,峰值为 34.5 gH_2O·m^{-2}·s^{-1}。寒害后海桑茎流速率一直维持在较低水平(小于 5.0 gH_2O·m^{-2}·s^{-1}),一天内茎流速率几乎无变化(图 2-8)。寒害前后无瓣海桑整树耗水量有所降低,但无显著差异,而海桑整树耗水量差异显著(图 2-9)。

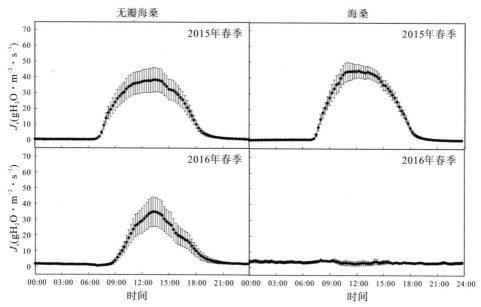

图 2-8 深圳福田寒害前后无瓣海桑和海桑的茎流速率日变化

(数据来源:赵何伟,2017)

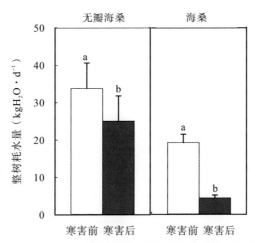

图 2-9　深圳福田寒害前后的无瓣海桑和海桑的整树耗水量

（数据来源：赵何伟，2017）

　　在南半球，分布在高纬度地区的白骨壤和桐花树的木质部导管直径较小（图 2-10）；低温时，其导水率降低较不明显，对木质部液体运输影响较小，从而有利于度过低温时期（Stuart et al.，2007）；在北半球，分布在纬度较高地区的亮叶白骨壤和美洲大红树，木质部导管直径较大（Cook-Patton et al.，2015）。对同一物种而言，亮叶白骨壤的木质部导管直径随着纬度升高变小。这种结构是生理学上的权衡，以降低导水能力来抵御低温。亮叶白骨壤导管的可塑性可使它适应未来更大的环境变化，继续向高纬度扩张（Madrid et al.，2014）。而在木质部水分输送上，物种分布纬度越高，导管直径越小，导水率降低越不明显。低温造成的叶片组织损伤、膜透性改变、木质部栓塞和导管直径大小共同控制着红树植物的物质运输过程。

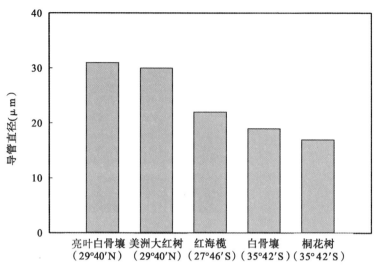

图 2-10　南北半球分布界限上红树植物木质部导管直径的差异

（数据来源：Stuart et al.，2007；Cook-Patton et al.，2015）

2.2.5　寒害后的红树林恢复及造林物种选择

对于红树林生态系统而言，极端天气对生态系统的服务功能产生了显著的影响。即使在全球气温不断升高的条件下，植物也可能受到突发极端低温的严重伤害。低纬度地区常年气温较高，温差较小，当大幅度的降温和降水同时发生时，对该区域的植物伤害最为显著。在经历 2008 年寒害后，深圳和湛江红树林区苗圃场的大量种苗死亡（图 2-11）。从宁德到文昌，各地苗圃中幼苗死亡率平均超过 50%。寒害后的红树林恢复是一个缓慢的过程，成熟的植株提前落花落果，大部分物种的结实率仅为正常年份的 20%～30%（图 2-12），严重影响后续一两年内红树林的自然更新和人工造林（陈鹭真等，2010）。

图 2-11　2008 年寒害后的深圳福田（a）和湛江高桥（b）的苗圃场大量种苗死亡

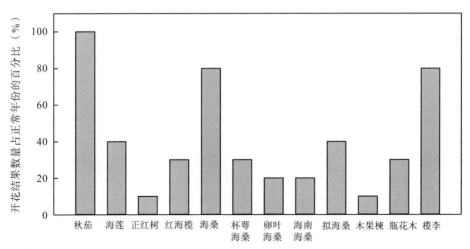

图 2-12 2008 年寒害后海南文昌清澜港红树植物开花结果数量占正常年份的百分比

（数据来源：陈鹭真等，2010）

在全球气候变化的背景下，低温事件发生的频率增加、强度增强。因此，在红树林恢复及造林的过程中，应当考虑树种对于低温事件的耐受能力。引种前的抗寒锻炼是减轻寒害影响的有效手段。在 2008 年的寒害中，福建龙海引种的木榄和红海榄受到寒害的影响较轻。在这些物种引种时，均对胚轴进行了抗寒锻炼，因而大大提升了其抗寒能力。2008 年初的南方雪灾与极端气候对自然生态系统影响的相关研究更应唤起管理部门和研究机构的重视。单纯地将温室气体排放造成的全球气候变化理解为气候变暖是一种误解，更重要的是它可能导致极端天气的频繁出现。忽冷忽热、忽干忽湿的气候对植物的危害更大。

综上所述，低温－3 ℃是红树植物的致死温度，10 ℃是生物学临界点，冬季海水 20 ℃等温线是红树植物分布的界限。除此之外，还应该关注 15 ℃，因为多种红树植物在这个温度上存在生长、繁殖体萌发等响应差异，这可能与温度敏感性有关。高温 25 ℃时大多数红树植物发芽，35 ℃时会抑制长根，28～32 ℃时光合速率最高，而 38～40 ℃时光合作用被抑制。目前，对高温的研究还比较少，且只集中在部分物种，还需要通过温室模拟、野外试验和数学建模等更全面地认识红树植物的温度适应特性。

对大多数红树植物而言，在到达耐受限度之前的增温是有益的。对低纬度地区温度敏感性高的植物而言，夏季高温与未来增温共同作用不利于其生长。水温和最冷月均温是限制红树植物分布的重要因子，但极端低温可能对红树林造成致死的危害。对高纬度地区抗寒性低的红树物种而言,冬季低温是限制其北移的主要因素。在气候变暖的情景下,红树植物生长繁殖加快,预计其分布北界会北移。然而,植物对温度的响应在幼苗和成熟阶段的敏感性不同,且存在季节变化,加之气候变化漫长过程中红树植物逐渐形成的适应,都使得研究和预测未来红树林的生存情况变得更加复杂。

第 3 章　海平面上升对红树林的影响

全球气温升高加剧了海平面上升。1901—2010 年,全球平均海平面上升了0.19 m,平均上升速率为 1.7 mm·a^{-1};1971—2010 年加速至 3.0 mm·a^{-1},1993—2010 年已到达 3.2 mm·a^{-1}(Nicholls et al.,2010;IPCC,2013)。海平面上升的主要原因是海水温度升高引起的热膨胀和极地冰川融化注入海水(Nicholls et al.,2010)。不同地区由于地表升降、潮汐、风暴和极端气候(如厄尔尼诺)的强度不同,海平面上升的程度也不同。IPCC(2013)根据卫星测高法获得了 1993—2012 年期间全球海平面变化和不同地区验潮站记录的潮汐变化情况,发现该期间西太平洋的海平面上升速率是全球平均水平的 3 倍。

根据 2019 年《中国海平面公报》,我国 1980—2019 年间沿海海平面上升速率为 3.4 mm·a^{-1},高于同时期全球平均水平(图 3-1)。2012—2019 年的 8年间,中国沿海海平面均处于近 40 年的高位。2019 年,各海区沿海海平面均呈不同程度的上升,其中东海最为显著;与常年相比,渤海、黄海、东海和南海的沿海海平面分别高出 74 mm、48 mm、88 mm 和 77 mm。

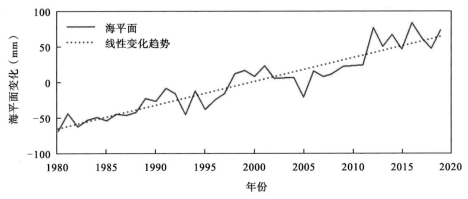

图 3-1　1980—2019 年中国沿海海平面变化

(仿 2019 年《中国海平面公报》)

海平面上升是气候变暖对红树林生态系统最直接的影响,但最主要的影响不是海平面的绝对变化,而是红树林在当地所经历的相对海平面上升(Relative Sea Level Rise,RSLR)。在本章中介绍的相对海平面上升,简写为海平面上升(SLR)。海平面上升虽然是一种缓发性的灾害,但其长期累积效应会造成海岸侵蚀、咸潮、海水入侵与土壤盐渍化等灾害加剧,沿岸防潮排涝基础设施功能削弱,高海平面期间发生风暴潮的致灾程度增加。处于陆海交界的红树林生态系统将首当其冲地受到海平面上升的影响,造成植被生长和扩张变慢、生态系统脆弱,服务功能丧失等(Krauss et al.,2014;Lovelock et al.,2015b)。在过去的 20 年里,全球平均海平面每年上升(3.2±0.4) mm,且存在着很大的区域差异(Wolanski,Elliott,2015)。在北美西海岸和南美北部海岸,海平面以每年 1~2 mm 的速率下降,而在东南亚和西太平洋地区,海平面以每年 1~5 mm 的速率上升(Nicholls,Cazenave,2010)。另外,由于不同区域的潮差存在差异,红树林对海平面上升也存在着不同的响应。

3.1 海平面上升影响植物生长和植被格局

海平面上升将导致潮汐淹水时间延长和淹水频率增加;这也是目前全世界红树林面临的最突出的环境胁迫之一。海平面上升可以改变红树林的天然分布格局,特别是不同物种的潮间带分布序列(陈鹭真等,2017)。潮汐淹水时间延长、淹水频率增加还改变了红树植物的生长和生理特性(Krauss et al.,2014),进而影响红树植物的潮汐淹水适应性,最终导致固碳格局的改变(Rogers et al.,2019)。

3.1.1 植物生长和固碳效应的改变

海平面上升会增加红树林的淹水时间、淹水频率和淹水深度。对红树植物潮汐淹水适应性的生理生态学研究,可以追溯到 Naidoo(1983)。近 40 年来,红树植物的潮汐淹水适应研究得到各国学者的广泛关注,研究的重点包括形态学、生物量和生长、生理生态学特性以及适应的分子机制等。对于红树植物个体而言,淹水胁迫会抑制其地上部分生长(陈鹭真等,2005;Pezeshki et al.,1990)。长时间淹水导致红树植物叶片气孔关闭,蒸腾速率降低;气孔关闭导致气孔导度下降,CO_2 进入细胞参与光合作用的难度加大;同时 Rubisco 酶活性下降,叶片光合速率下降(Chen L et al.,2005)。因此,海平面上升后,红树植物生长和光合固碳效率也受到抑制(Krauss et al.,2008)。过去诸多研究利用野外或室内控制试验建立不同地区不同红树植物种类应对潮汐淹水和海平面上升的响应研究,聚焦在红树植物幼苗或幼树的地上和地下部分的响应(表 3-1)。显然,淹水特性存在物种差异,但一般来说,幼苗的生理响应和生长特性均随着淹水时间和淹水深度的增加而降低。

表 3-1　海平面上升对红树植物生长和光合固碳速率的影响(引自陈鹭真等,2017;Krauss et al.,2008)

物种	分布区域	研究地点	胁迫	生长阶段	研究周期(d)	植物响应	文献来源
木榄、亮叶白骨壤、美洲大红树	南非	温室	潮汐淹水周期	幼苗/幼树	60~80	潮汐淹水降低植物幼苗的气孔导度和叶片水势;减缓叶片光合作用速率	Naidoo,1983,1985, Naidoo et al.,1997
亮叶白骨壤、美洲大红树	巴西	野外	淹水深度	幼苗	365	较之中等淹水的处理,淹水最浅的美洲大红树幼苗高度、基径的生长最快,叶片生物量也最高;亮叶白骨壤在较低潮位和较深的水位,生长更好	Ellison,Farnsworth,1993
亮叶白骨壤、拉关木、美洲大红树	巴西	温室	缺氧	幼苗	84	减少根系呼吸,适应低氧处理	McKee,1996
亮叶白骨壤、拉关木、美洲大红树	美国佛罗里达	温室	淹水时间、盐度	幼苗	180	淹水处理的植物单位面积叶片导度和净碳同化速率和对照组无显著差异,处理组拉关木和美洲大红树总叶面积减小,导致净碳同化速率降低	Pezeshki et al.,1990

续表

物种	分布区域	研究地点	胁迫	生长阶段	研究周期（d）	植物响应	文献来源
美洲大红树	巴西	温室	海平面上升	幼苗、幼树	823	高水位处理的植株矮,茎和叶的分枝减少;低水位处理的植物生长更快。叶片碳氮比(C∶N)和根系多孔性随海平面上升而降低	Ellison,Farnsworth,1997
亮叶白骨壤、美洲大红树	美国佛罗里达	温室	缺氧	幼苗	60	在土壤缺氧最严重的处理中,两种植物的净光合速率均显著降低	Pezeshki et al.,1997
木榄、木果楝	密克罗尼西亚	温室/野外	潮汐淹水时间	幼苗/幼树	178,349	潮汐淹水使幼苗的苗高、基径、叶面积、叶生物量、茎生物量和根系生物量减少	Krauss,Allen,2003b;Allen et al.,2003
木榄、秋茄	中国香港	温室	淹水时间	幼苗	56,84	木榄相对生长率随着淹水持续时间延长而下降,秋茄地下碳分配不受淹水时间影响	叶勇等,2001;Ye et al.,2003
木榄、秋茄	中国香港	温室	海平面上升	幼苗	120,56～84	高水位处理的植株根冠比低水位处理的植株显著降低;根系生物量占比随着海平面上升而显著降低	叶勇等,2004;Ye et al.,2004
桐花树、白骨壤、秋茄	中国厦门	温室	潮汐淹水、深度	幼苗/幼树	120,420	桐花树和白骨壤幼苗的生物量分配随淹水时间而改变,淹水处理下,桐花树叶生物量积累大,而白骨壤茎生物量积累大	Ye et al.,2003;Ye et al.,2010

续表

物种	分布区域	研究地点	胁迫	生长阶段	研究周期（d）	植物响应	文献来源
秋茄、木榄、桐花树、白骨壤、海桑、无瓣海桑	中国厦门	温室	潮汐淹水时间	幼苗	70～120	短时间淹水促进生物量累积和光合作用；长时间淹水促进基茎长粗，但抑制根系的生长。半日潮条件下各个物种的最佳潮汐淹水时间：木榄（0～2 h）＜秋茄（2 h）＜桐花树/白骨壤/海桑/无瓣海桑（6 h）；临界淹水时间为半日潮 8 h	陈鹭真，2005；Chen L et al.，2005；Wang et al.，2007；Xiao et al.，2009；Chen L et al.，2013
秋茄	中国厦门	野外	高程梯度	幼树	365	随着高程的降低，植株的生长受到抑制，但茎长长	陈鹭真等，2006
木榄、桐花树、白骨壤、红海榄	中国北海	野外	高程梯度	幼树	365	随高程降低，生长受到抑制，不同物种的临界高程存在差异	何斌源等，2007；He et al.，2007
秋茄、白骨壤、老鼠簕、尖瓣海莲	中国广州	温室	潮汐淹水时间	幼苗	40—210	不同红树植物的临界淹水时间存在差异：全日潮潮汐淹水 18 h 为秋茄、白骨壤和老鼠簕的临界时间，14 h 为尖瓣海莲的临界时间	廖宝文等，2009；廖宝文等，2010；张留恩等，2011；刘滨尔等，2012
秋茄、木榄、桐花树、白骨壤、红海榄	中国深圳	野外	淹水时间	幼苗、幼树	100	淹水条件下的通气组织较自然生境下均有所增加；淹水适应能力依次为：桐花树＞白骨壤＞秋茄＞木榄＞红海榄	伍卡兰等，2010；伍卡兰等，2012

续表

物种	分布区域	研究地点	胁迫	生长阶段	研究周期（d）	植物响应	文献来源
秋茄	中国温州	野外	高程	幼树	365,1450	成年植株可生长在高程为黄零*1.66 m以上的潮间带,在半日潮淹水时间少于3.65 h时能维持正常碳氮代谢	郑春芳等,2012
秋茄、桐花树、无瓣海桑	中国温州	野外	高程	幼苗—幼树	730	秋茄和无瓣海桑适应于中、高滩位种植,桐花树适于中、低滩位种植	金川,2012
白骨壤	中国厦门	温室/野外	潮汐淹水时间/深度	幼苗	100,730	淹水周期和深度显著抑制生物量积累、光合作用和水分利用,淹水深度越深,抑制作用越强	Lu et al.,2013
秋茄	中国福州	温室	潮汐淹水时间/盐度	幼苗	120	盐度胁迫的影响大于淹水胁迫,水盐胁迫较单一胁迫对幼苗的伤害更严重	谭芳林等,2014
红海榄	中国厦门	温室	潮汐淹水时间/盐度	幼苗	100	长时间淹水抑制生物量累积和光合作用;高盐度加剧长时间淹水胁迫的伤害	Chen L,Wang,2017
木榄	中国广州	温室	潮汐淹水时间/光照	幼苗	150	植株生长受淹水抑制显著,但强光照促进生长	姜仲茂等,2018

*以黄海高程基面的平均海平面为零点。

3.1.2　植物根系生长和地下部分生物量的变化

伴随海平面上升,潮汐淹水的深度和持续时间增加。虽然潮汐淹水的改变对根系生长的影响极为显著,但趋势很难预测。耐淹水物种在中等强度的潮汐淹水条件下,地上部分生长迅速,但由于土壤中氧气浓度的差异,根系生长的响应有很大差别(Day,Megonigal,1993)。McKee(1996)发现由于根区的氧浓度较低,根系生长缓慢。在南佛罗里达红树林,随着潮汐淹水频率的增加,细根生物量减少(Castaneda-Moya et al.,2013)。根冠比(R/S)在一定程度上反映了红树植物对潮汐淹水的适应程度。在福建,天然分布在红树林前沿的白骨壤幼树,表现出较低的根系生物量积累和较低的 R/S,这也表明随着潮汐淹水的持续增加,分配到根系的生物量比例降低(Lu et al.,2013)。然而,潮汐淹水深度增加促进了气生根的发育(Turner et al.,1995)。在淹水时,红树植物的根系可在短时间内进行厌氧代谢,以维持持续的能量供给。根系乙醇脱氢酶(Alcohol Dehydrogenase,ADH)浓度将随着土壤氧浓度的降低而增加(Pezeshki et al.,1997)。某些物种根系缺氧可刺激 ADH 的产生,以应对淹水胁迫。这在秋茄等红树植物幼苗潮汐淹水和根系缺氧的研究中得到验证(McKee,Mendelssohn,1987;Chen L et al.,2005)。可见,红树植物地下部分具有特殊的结构和功能,以适应潮间带缺氧的生境(表 3-2)。

表 3-2　红树植物地下部分的形态学特征和功能(仿 Lovelock et al.,2016)

结构特征	功能	文献
具有皮孔的气生根	地下部分的气体运输	Scholander et al.,1955;Youssef,Saenger,1996;Skelton,Allaway,1996
幼苗根系快速伸长	固定幼苗	Delgado et al.,2001;Balke et al.,2011
皮层通气组织	气体运输和储存;毒性物质的氧化	Scholander et al.,1955;Youssef,Saenger,1996;Skelton,Allaway,1996;Purnobasuki,Suzuki,2004
栓化的根细胞	限制根系中的氧气外泄;保持氧浓度接近根表面,提高其利用率	Thibodeau,Nickerson,1986;Youssef,Saenger,1996;Reef et al.,2010

3.1.3　垂直淤积、根区膨胀和沉积物碳库的变化

地表高程是指地下岩石层到地表之间的垂直高度(Cahoon et al.,1997)。红树林地表高程,亦称滩面高程,它的变化受地上和地下两个过程的驱动。沉积物的垂直淤积可导致地表高程的增加,而潮滩下陷或潮滩侵蚀将引起地表高程的降低。红树林的地上部分根系(气生根)有助于捕获沉积物,起到促淤的效果;而地下细根生长能支撑沉积物结构、维持沉积物体积,通过根区膨胀

抬升地表高程(Krauss et al.,2014)。红树林地表高程的增加对海岸带发展起到积极作用,维持了生态系统的稳定性。当地表高程增加速率低于海平面上升速率时,红树林潮滩将受到潮汐侵蚀,红树林退化消失。目前,针对根系生长速率与地表高程变化的直接相关研究比较有限。在伯利兹红树林,McKee等(2007)发现在潮位低的潮滩上,红树林根系生长速率很小,地表高程呈现负增长;而在潮位高、潮汐淹水频率低的潮滩上,红树林根系生长大大促进地表高程增加。当然,地下细根生长对地表高程和土壤体积的贡献不仅与潮汐淹水有关,也和土壤的养分状况有关,如氮肥和磷肥的含量(Reef et al.,2010)。另外,不同红树植物对于潮汐淹水频率和缺氧的响应不尽相同,进而导致它们对于潮间带地表高程的贡献不同(Krauss et al.,2014)。

在海平面上升的同时,地下部分的有机质分解速率也随着潮汐淹水和土壤厌氧程度的变化而发生变化。有机质的分解率直接影响根区的碳积累和土壤体积膨胀。在不同地表高程或潮汐淹水的条件下,根区缺氧会抑制红树林的根系分解(Poret et al.,2007)、沉积物中的有机质累积增多(Chen L et al.,2020a)。另外,周期性潮汐浸淹引起的地下厌氧将改变土壤呼吸和 CH_4 产生、氧化和释放的过程,这与微生物的群落动态改变、最终导致 CH_4 的释放增多有关(Roslev,King,1996)。一些长时间尺度的研究发现:适度的海平面上升速率与红树林沉积速率存在正相关关系。例如,Rogers 等(2019)发现全球海平面上升导致的厌氧将加速碳埋藏,降低分解速率;Lovelock 等(2015a)在澳大利亚摩顿湾也发现海平面上升加速了沉积速率。然而,当海平面上升过快,甚至超过地表高程增加的速率时,红树林会因为淹没时间过长而死亡,进而导致沉积物被侵蚀,有机碳矿化为 CO_2 而释放到大气中(Sanders et al.,2012)。在热带印度洋—太平洋海区,Lovelock 等(2015b)预测,过快的海平面上升速率将在 21 世纪末威胁该区域 70% 的红树林,并在 2070 年淹没一些潮差小、沉积物供给不足的红树林。因此,未来海平面上升将通过影响地表和地下的生物和物理过程对红树林生态系统的碳库产生影响(图 3-2)。在红树林地表,枯枝落叶的输入、呼吸根促淤作用、藻膜生长和有机物分解的生物过程,以及淤积、侵蚀和压实的非生物过程受海平面上升的调控显著。在沉积物亚表面,海平面上升将通过影响细根生长和有机质分解、改变沉积物结构和影响固碳能力。

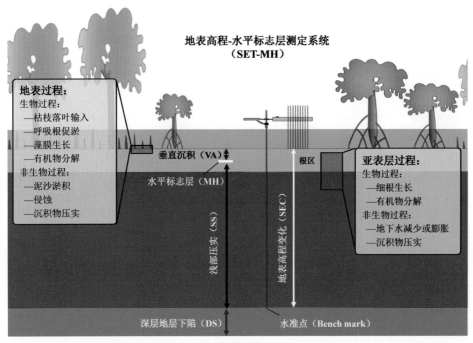

图 3-2　海平面上升对红树林生态系统固碳能力的影响(仿 Krauss et al.,2014)

3.1.4　红树林的潮间带分区改变

由于红树植物对海水周期性浸淹的生长需求,它们的生长区域被局限在潮水涨落可以影响到的高程范围内。不同红树植物的潮汐淹水适应性使得它们在潮间带表现出与海岸线平行的分带现象。一般而言,耐淹水的物种多分布于潮间带前缘,形成先锋树种群落;耐淹水能力适中的物种分布在中潮带;生长在地表高程较高的潮间带物种为演替后期的物种,耐淹水能力最低。这种分带现象又称为生态序列(林鹏,1997)。广西北部湾的野外种植试验验证了四种主要红树植物的耐淹水特性与当地红树植物群落的生态序列一致(何斌源等,2007;He et al.,2007)。红树林的分布对海平面上升最直接的响应是使滩面高程增加量和海平面上升的速率一致,并在没有障碍物的地方向陆地迁移。现有的预测发现,未来海平面上升将大大增加原生红树林分布区的淹水频率或延长其淹水周期,进而改变或挤压原生红树林的潮间带分布格局(陈小勇,林鹏,1999;Alongi,2002)。在天然岸线的潮滩上,海平面上升将使向海一侧的植被死亡,并迫使红树林的天然更新发生陆向迁移,进而维持红树植物群落的面积(图 3-3)。

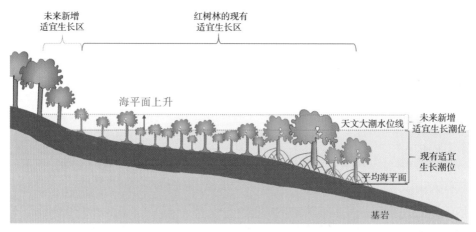

图 3-3 海平面上升促使红树林陆向迁移的示意图

当各个区域复杂的环境因子与海平面变化共同作用时,红树林陆向迁移的幅度也会发生变化。诸如降雨格局、土地利用方式变化等,也可驱动红树林的陆向迁移。亚马孙河河口的红树林在 12 年间(1996—2008 年)扩大了 718 km²,这与气候变化和筑坝导致的降雨量减少有关(Nascimento Jr et al.,2013)。巴西东北部 Ceará 州最大的河流——Jaguaribe 河的河口,红树林覆盖面积在 1992 年到 2003 年间增加了 24 ha;土地利用导致的沉积物增加和流域降雨减少的综合作用,使得红树林迅速在河口新形成的岛屿上生长(Godoy,Lacerda,2014)。2015 年开始,澳大利亚北部红树林开始出现大面积死亡。虽然短期的厄尔尼诺事件导致的异常海平面波动是造成该区域红树林死亡的重要原因,但长期的海平面上升将进一步造成海缘红树林死亡,并促使红树林向陆地方向扩张(Harris et al.,2018;Asbridge et al.,2019)。

3.2 生物地貌变化与红树林生态系统脆弱性

近岸生态系统的生物地貌变化包含海岸带的生物过程和沉积物动力地貌过程,诠释生物圈、土壤圈、水圈之间界面过程的双向交互作用(陈一宁等,2020)。因此,生物地貌学研究在红树林生态系统演变中具有重要意义。红树林潮滩沉积使得地表高程增高,林带逐渐向外滩扩张,进而促淤造陆,促进地貌变化(傅勤,1993)。过去,科学家们通过监测发现了影响地表高程变化的主要因子,如潮汐、底质以及植被在潮间带的位置等(Kirwan,Murray,2007;Kirwan,Mudd,2012）。地表高程的变化还用于揭示红树林生态系统应对海平面上升的脆弱性（Lovelock et al.,2015b）。红树林能否跟上海平面上升的速率，在一定程度上取决于沉积物的净输入，其中包括通过红树林根系生长积累的有机质和凋落物，以及来自河口和近海的泥砂输入。这些过程在很大程度上还依赖于流域内的人类活动和其他环境因子的变化。

3.2.1　海平面上升加速红树林的生物地貌变化

植被能够吸收潮流和波浪的能量，促进沉积物淤积，因此,红树林的地表高程变化和植被作用密不可分。红树林地表高程变化的主要驱动力包括：红树植物地下根系的生长，具有支撑土壤结构的作用；地上的气生根提高红树林地貌粗糙程度，捕获潮汐和河流挟带而来的悬浮物，显著提高沉积速率，促进红树林地表高程增加（Krauss et al.,2003）。海平面上升通过增加潮汐浸淹时间、改变潮汐浸淹深度进而对植物的生长产生影响，原先适合红树林生长的中潮位可能成为未来厌氧胁迫时间更长的区域，而不再适合红树林生长。海平面上升还将改变潮汐的冲击力，加剧海岸侵蚀，改变红树林生物地貌过程（Krauss et al.,2014）。这些过程也将通过改变沉积物淤积速率、沉积物-大气界面的碳通量，进而影响生态系统的固碳能力（Alongi,2015；Lovelock et al.,2016）。红树林通过植物的周期性浸淹-促淤的过程，实现对地貌过程的影响；同时,地貌过程也反过来影响植物的生长，形成反馈作用。

3.2.2　高程、垂直沉积和根区的动态特征

在红树林潮滩生物地貌变化的研究中，有诸多结合了生态学和地貌学研究特点的不同尺度研究方法。在生态学领域常用大样本研究，即通常基于大量的重复观测数据，通过统计学假设检验和分析来获取结论；而在地貌学领域常用小样本研究方法，基于多因素的观测、数值模拟来分析具体的过程和机理；在红树林等滨海湿地生态系统的生物地貌观测中，还有一些中尺度的原位观测方法（陈一宁等,2020）。中尺度研究通过建立定位观测网络，将大样本规律分析和小样本动力机制研究联系起来，例如由美国地质调查局（USGS）发明的地表高程-水平标志层测定系统（Surface Elevation Table and Marker Horizon,简称 SET-MH）。该系统可在多地布设固定标志桩监测地表高程变化（Surface Elevation Change,SEC）,用砖屑或长石粉等人工标记来监测沉积物的垂直沉积（Vertical Accretion，VA）（Woodroffe, 1992；Callaway et al,2013）。自 1993 年开始使用后,SET-MH 系统几经改进，目前已经形成较为

统一的安装和测定标准(Cahoon,2016)。

SET-MH 系统主要包括两个部分,其中 SET 用于监测地表高程的变化,MH 用于监测垂直沉积速率(图 3-4)。SET 由固定桩和测定手臂(监测仪)组成。固定桩是一个连续到水准点的不锈钢杆(当不锈钢固定桩被推入地下且不能再继续下推时,即认为已经稳定)。固定桩的顶部突出地表,并用水泥浇筑成固定基座,测定时连接测定手臂。测定手臂上有 9 根测量针穿过,测量针可以接触沉积物表面。测定时测量针垂直向下接触沉积物表面,针顶端到测定手臂的高度,即为地表高程。前后两次测定的地表高程差值即高程变化值(SEC)。测定时,要尽可能排除地表上无关因子的干扰(如枯枝或者蟹洞等)。另外,基座安装后的首次测量至少要等两个月之后,以确保基座和样地的地表处于稳定状态。

另一个部分是水平标志层(MH)。MH 测定的是某段时间内潮滩的垂直沉积速率(VA rate)。它是通过测定沉积物的沉积厚度来计算的。在监测的区域内布设水平标志层样方(20 cm×20 cm),在样方内添加一层约 1 cm 厚的标记层(如砂子、砖屑或长石粉),间隔一定时间后切取标记层的沉积物样品,测定标记层以上沉积物的厚度,即为该时间段的垂直沉积。将这两种方法结合起来,可以同时测定地表高程变化速率(SEC rate)和垂直沉积速率(VA rate);SEC 与 VA 的差值就是浅部压实(Shallow Subsidence,SS)。表层沉积物的垂直沉积与浅部压实共同作用引起地表高程的变化。SET-MH 系统在全球滨海湿地的垂直沉积速率和地表高程变化研究中得到了广泛应用。目前,我国红树林和滨海盐沼已经安装该系统并进行长期监测。

根区生长支撑了土壤或沉积物的体积,这种现象在植被死亡后常被观察到。例如,在洪都拉斯的一处红树林死亡后,沉积物的结构由紧实转变为泥浆状(Cahoon et al.,2003)。由于研究需要,该系统还发展出浅层 SET(Shallow-SET),可监测由植物根区生长导致地表高程的变化量(Cahoon,Turner,1998)。浅层 SET 是由 SET 基座和 4 根特制的根管组成。测量方法与前文提到的 SET 测量方法一致。浅层 SET 的原理是:根区生长引起的根区膨胀会产生向上的力,将预埋在根区中的根管抬高。利用测定手臂可以测定根管在垂直方向上的高度变化,进而获得根管被抬升的距离,用于量化根区膨胀(Root-Zone Expansion,RE)。根管埋在植被根区,一般为 30~50 cm 深度,被认为是活根根区的最低界面。由于红树林中地下根系丰富,通过浅层 SET 可以获得地下根区膨胀,从而了解根区膨胀对于地表高程抬升的影响。

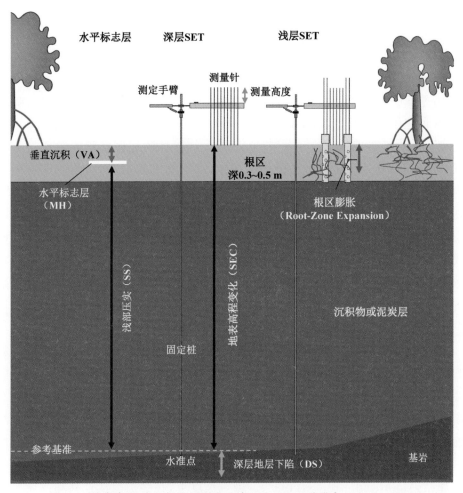

图 3-4 地表高程-水平标志层测定系统(SET-MH)(改进自 Cahoon, 2016)

利用这套装置可以获得高分辨率的沉积物高程数据,精度达 1.5～2.0 mm;同时可以监测沉积物的淤积速率,结合沉积物的碳含量,确定沉积物碳捕获率或损失率的年际动态变化。当增加对根区的监测后,该系统还可以用于解释植物生长对于地貌变化的贡献。在北美、大洋洲和东南亚等地的研究中,科学家建立了 SET-MH 监测网络对生物地貌变化进行研究。目前,SET-MH 法已经广泛应用于全球红树林和盐沼应对海平面上升的脆弱性评估中(Lovelock et al., 2015b),并应用在与有关碳的埋藏评估中(Howard et al., 2014)。生物地貌学过程也被认为是研究海平面变化和碳埋藏过程不可缺失的环节(Rogers et al., 2019)。

3.2.3 海平面上升增加红树林生态系统的脆弱性

在地质时期内,海平面以不同的速率上升和下降,其幅度可达数百米(Chappell,Shackleton,1986;Fairbanks,1989)。自末次冰期以来的 18,000 年里,海平面一直在上升;在全新世晚期,海平面趋向稳定(Cronin,2011);随后从 19 世纪中后期开始,海平面迅速上升(Church et al.,2008)。历史上海平面缓慢上升的时期,例如 5,000~7,000 年前,红树林的地表高程能够通过垂直沉积而抬升,其速率比肩海平面上升速率,红树林开始扩张,这个时期也被称为"大沼泽期"(Big Swamp Phase)(Woodroffe,1988)。通常,红树林区的地表高程变化非常缓慢(其速率以 mm·a^{-1} 计),但是它仍然导致了长时间尺度上(几十年到几千年)岸线的向陆或者向海移动,此时红树林被海水淹没或者取代陆地植被。Saintilan 等(2020)使用贝叶斯分析来估计全新世数据集内相对海平面上升的条件下红树林生长的概率,发现当相对海平面上升速率分别超过 6.1 mm·a^{-1} 和 7.6 mm·a^{-1} 时,红树林面积有可能(概率大于 90%)和极有可能(概率大于 95%)无法持续增加。

对比红树林区地表高程的变化速率与海平面上升速率,可以预测该区域的红树林是否稳定。当海平面上升速率超过地表高程增加速率时,红树林就会消失;反之,红树林得以扩张(Woodroffe,Grindrod,1991)。在中国、越南和印度尼西亚等红树林,地表高程的变化速率高于海平面上升速率(图 3-5),红树林面积可能不断扩张。微小的海平面上升可引起较大的岸线后退,也为海水入侵提供了动力条件(Lovelock et al.,2016;Sidik et al.,2016),此时海岸侵蚀加剧(Moorhead,Brinson,1995)。区域尺度上,在叠加泥沙迁移和潮流等水文过程后,SET 将进一步用于预测潮滩沉积或侵蚀的格局(Zhou et al.,2016)。因此,水文—生物地貌模型可用于预测海平面变化条件下的红树林命运和地貌变化格局(Jennerjahn et al.,2017;Fagherazzi et al.,2017)。Xie 等(2020)耦合了水文-动力地貌模型,计算了沉积、侵蚀和泥沙搬运、植物捕获等条件下的动力学过程,发现红树林在向海一侧、中部和向陆一侧存在不同的空间变化格局:即使没有海堤的阻隔,红树林发生陆向迁移后,向陆一侧的群落也可因为泥沙供给不足,最终导致红树林丧失。

另外,海平面上升可使红树林受到海水入侵,进而加剧盐碱化(Park et al.,1991)。未来海平面的持续上升将使红树林的面积逐渐减少,生物栖息地丧失,这将在很大程度上改变红树林生态系统的服务功能(Craft et al.,2009)。

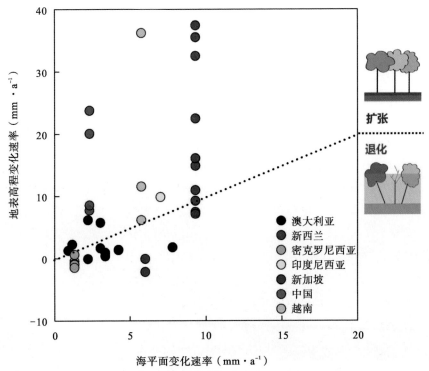

图 3-5　印度洋—太平洋区域红树林地表高程变化速率和海平面变化速率

（数据来自 Rogers et al.，2014；Lovelock et al.，2015b；Fu et al.，2018；Swales et al.，2019）

3.2.4　海平面上升和海堤共同加剧红树林面积萎缩

太平洋西岸是未来海平面上升最显著的区域。在我国过去的围海造田、围塘养殖中，中高潮带的成熟红树林已经被大量围垦，目前只剩下海堤前的狭小、低矮林带，被称为"堤前红树林"（图 3-6）。目前，我国现有红树林的 80% 是堤前红树林。它们多为先锋树种群落或在低潮带逆境造林的人工群落。海堤的存在限制未来红树林的陆向迁移，导致堤前红树林消失且难以恢复（Lovelock et al.，2007）。在海平面上升和海堤的双重夹击下，我国红树林生态系统面临的威胁远大于全球其他区域。

图 3-6　福建九龙江口的堤前红树林

3.3　红树林生态修复

　　红树林是地球上面临威胁最严重的生态系统之一,若不加以保护,100 年后红树林将从地球上消失(Duke et al.,2007;Friess et al., 2019)。1950 年以后由于围海造田、围塘养殖等各类围填海工程,我国红树林面积不断减少。1980—2000 年,我国红树林面积减少 20%~35%,年均减幅在 1% 以上(范航清等,2018)。自 2001 年开始,林业部门启动了大规模的红树林造林,其中,广东省和海南省的红树林面积增加得益于大规模造林。近年来,随着红树林的固碳效应被广泛认识,红树林生态修复还将出现新的热潮。

　　然而,我国红树林的生态修复面临着诸多问题,使新造林的成活率仅为33%(范航清,2018)。由于过去围填海的影响,在红树林分布的海岸线上,已经形成"虾塘-海堤-红树林"的景观格局(范航清,王文卿,2017)。地表高程过低、潮汐淹水频繁和淹水深度过深是导致红树林造林成活率低的主要原因(林鹏,2003)。

红树林修复大致可以分为修复和重建两类。范航清(2018)对自然修复和人工修复,以及不同重建类型的特点和难度进行分析后认为,不管是自然修复还是人工修复中的次生林改造、宜林滩涂重建等,成本都比较低;但人工修复中,如果涉及困难立地重建、退塘还林、虾塘改造、人工鱼礁,或者乡土物种替代,其成本高且难度大。在 2017 年国家林业局提出的在 2025 年之前营造红树林 48,650 ha 的计划中,约 90% 的滩涂是难以进行红树林种植的困难滩涂(范航清,2018)。因此,未来红树林修复面临着更大挑战。在进行生态修复时,应因地制宜,综合环境因子、成本和修复效果,以达到预期目的。种什么、种在哪里、怎么种? 这三个问题始终是决定造林成活率的关键性问题(陈一宁等,2020)。

3.3.1　生态修复物种选择的困难

全球红树林的生态修复最早可以追溯到 1928 年——Watson(1928)记录的在马来半岛的红树林修复工作。尽管如此,全球许多地区的红树林修复未达预期目标,甚至以失败告终。我国红树林造林同样面临诸多困境,具体如下。

1. 物种单一,群落退化

在各地红树林造林中,选择的往往是一些造林成本低的物种(例如秋茄,其成熟胚轴直接插植可以省去育苗的成本),或者成活率高的速生物种(例如外来种无瓣海桑、拉关木)。这已经造成我国人工红树林结构单一、外来种人工林面积大、乡土红树林被挤压的局面(范航清,王文卿,2017;Chen L et al.,2009a)。在极端气候事件发生时,这些群落更容易发生危害而致消亡。这一现象在 2008 年的寒害事件中极为明显,深圳、珠海等地的外来种海桑群落几乎全部枯黄掉叶(陈鹭真等,2010)。此外,由于海区污染和海岸原生植被的消失,在应用单一树种人工林造林后,群落结构单一,也造成了红树林敌害生物爆发频率增高。例如,2004 年,全国白骨壤林遭受广州小斑螟(*Oligochroa cantonella*)的大规模攻击,大面积受害(范航清等,2012)。

2. 外来种造林

外来种红树植物由于生长快速、成活率高,一直受到青睐,在我国南方各大红树林造林项目中广为应用。从孟加拉国引进的无瓣海桑被广泛种植,其造林面积约占我国人工红树林的50％以上(Chen L et al.,2009a)。但是,外来种造林存在生物入侵风险。由于果实的漂浮扩散,福建漳江口外湾漳浦一带的无瓣海桑种苗扩散到红树林保护区内。果实的漂浮能力和潮汐作用共同导致漳江口红树林保护区的无瓣海桑扩散(Chen L et al.,2020b)。类似地,无瓣海桑扩散现象还出现在海南东寨港、临高和广东湛江等地的红树林区。在海南新盈,外来红树植物拉关木的造林已引起严重的物种扩散(Gu et al.,2019)。虽然,学术界关于无瓣海桑和拉关木是否是入侵种还存在一些争议,但基于其入侵风险,应杜绝在国家级保护区内和周边范围内种植外来种。

3. 入侵生物空间竞争

从北美引进的互花米草已经对红树林造成严峻威胁,互花米草与红树林发生空间和资源竞争,直接影响红树植物群落健康(Zhang et al.,2012)。这也导致红树林前缘潮滩被互花米草占据,红树植物幼苗的生长受到抑制(Zhu et al.,2020);新造林的技术成本和互花米草清理的管护难度增加(冯建祥等,2017;林秋莲等,2020),这给红树林修复带来更大困难。

3.3.2 生态修复的宜林地选择应考虑的问题

1. 宜林地的水文地貌特征

红树林主要分布在平均海平面(或稍上)与回归潮平均高高潮位(或大潮高潮位,或最高天文潮位)之间的潮滩上(张乔民等,2001)。原生红树林主要分布在中、高潮带。低潮带由于淹水时间过长,除先锋树种外,多数红树植物不易生长。在不同地表高程的滩涂上造林,植株成活率不同:一般高程较高处,周期性淹水时间较短,造林成活率较高;反之成活率较低。通过植物对潮汐淹水时间和深度的适应,往往可以预测其造林的成活率。国内外红树林生态修复的经验也证明,红树植物幼苗的定植能力和淹水时间是修复成功与否的两个关键因素(林鹏,2003)。在幼苗的定植和早期生长中,淹水时间、淹没深度以及水动力过程密切相关(Balke et al.,2011,2013;Hu et al.,2015)。对于红树林的生态修复,必须了解自然条件下红树林的发育机制以及和沉积、动力、地貌过程之间的交互作用(Lewis et al.,1997)。未来还应深入探究植株生长和水文、地貌等物理过程之间的交互作用。

　　20 世纪 90 年代以来,与红树林潮汐淹水相关的研究更多地关注红树林宜林地的选择和指标建立(如,莫竹承等,1995;廖宝文等,1996;张乔民等,1997,2001;陈鹭真等,2006)。在自然状态下,不同红树种类依据最适淹水时间形成了天然的分带。因此,在红树林修复中,应当先确定天然状态下不同红树植物种类的淹没等级,并依据该等级寻找不同物种的临界高程。例如,厦门地区(正规半日潮区潮差达到 298 cm)秋茄造林的宜林临界线应不低于黄零131 cm,平均每个潮水周期淹水不高于 5.6 h(陈鹭真等,2006)。不规则半日潮区的广东赤湾,秋茄造林的滩面高程应该大于 130 cm;海南东寨港秋茄宜林滩涂的滩面高程应高于 105 cm(廖宝文等,1996)。表 3-3 是我国目前已经确定的红树植物种类的宜林临界线。

表 3-3　我国红树植物种类的宜林临界线(仿陈鹭真等,2017)

地点	潮汐类型	潮差*	物种	宜林临界线 (黄海平均海平面 cm)	文献
海南东寨港	不规则半日潮	100 cm	秋茄	105(当地平均海平面以上 30 cm)	廖宝文等,1996
广东赤湾	不规则半日潮	136 cm	秋茄	130(当地平均海平面以上 22 cm)	廖宝文等,1996
广东深圳西部	不规则半日潮	136 cm	秋茄	当地平均海平面以上 24 cm	陈玉军等,2006
广西英罗湾	全日潮	245 cm	白骨壤	330(当地平均海平面以下 29 cm)	何斌源,2009
			桐花树	360(当地平均海平面以上 1 cm)	
			秋茄	360(当地平均海平面以上 1 cm)	
			红海榄	360(当地平均海平面以上 1 cm)	
			木榄	380(当地平均海平面以上 21 cm)	

续表

地点	潮汐类型	潮差*	物种	宜林临界线（黄海平均海平面 cm）	文献
广西防城港	全日潮	225 cm	秋茄	当地平均海平面以上 33 cm	刘亮，2010
			白骨壤	当地平均海平面以上 23～26 cm	
			桐花树	当地平均海平面以下 7 cm	
			木榄	当地平均海平面以上 44 cm	
福建厦门	规则半日潮	298 cm	秋茄	黄零 131 cm（当地平均海平面以上 127 cm）	陈鹭真等，2006
浙江乐清湾	规则半日潮	515 cm	秋茄	黄零 166 cm	仇建标等，2010

＊平均潮差数据来源于何斌源，2009。

2. 堤前滩涂和鱼塘的生态修复

海堤是海岸线上重要的防御体系。过去，修筑海堤的工程用土大多取自堤前 10～50 m 的红树林潮滩上（范航清，黎广钊，1995），导致堤前潮滩的地表高程下降，周期性潮水浸淹过深，淹水时间过长。未来海平面上升条件下，潮间带的位置将向陆地方向移动。海堤的结构将影响河口区域的自然水文过程，成为红树林陆向迁移的一大屏障，给红树林生态修复带来更大的挑战。同时，淹水时间延长、淹水深度增加，也将导致红树植物的生长受到抑制，生态修复的成活率大大降低（陈鹭真等，2006）。

沿海虾塘是我国红树林扩展的重要空间，退塘还林和虾塘生态改造将成为红树林修复的主要方式（范航清，2018）。然而，鱼塘和虾塘的高程往往比宜林地降低了 0.5～1 m，甚至低于低潮带。这些区域将不再适宜直接种植红树林，需要通过工程措施吹砂填土，人工提高滩涂至与原有红树林滩涂持平（林鹏，2003），这将耗费巨大的人力和物力。范航清等（2013）提出了虾塘改造、地埋管网等兼具养殖收益和红树林修复功能的红树林生态农场方案。这些方案在不改变虾塘所有权并可以从虾塘获得经济收益的同时,增加红树林面积;符合国家战略、又可改善近海环境质量的"蓝色经济"模式。红树林生态农场因地制宜地利用现有的生物地貌和水文条件,结合了"将保护导向更加可持续的利用方式"(UNEP,2008;范航清,王文卿,2017)的理念,引导沿海地区居民参与红树林保护事业,促进社会、经济、生态和谐发展。这一模式也成为我国发展红树林"蓝碳"的经济模式之一(Chen L et al.,2021 in press)。

3. 污损生物的影响

藤壶是危害红树林程度最高的污损生物,也是影响红树林修复成功率的限制因子之一。藤壶附着会导致红树植物枝条负重弯曲,气孔和皮孔堵塞,叶片穿孔,阻碍光合作用和呼吸作用,甚至导致红树植物死亡。据报道,湛江新造红树林的 30%～40%受藤壶危害成片枯死(陈粤超,2004)。藤壶附着数量受水文和生物地貌特征的影响显著,淹水深度过深、水流速度过快和海水盐度过高,都促进了藤壶在红树植物幼苗上的附着。

3.3.3　红树林的修复技术

我国红树林生态修复最早始于 20 世纪 80 年代海南和两广地区(范航清,2018)。在现有的一系列红树林生态系统修复的实践中,修复手段仍然以造林为核心,并通过选择合适的潮滩环境,开展红树林种植。在修复实践中,结合地表高程、淹水时间、盐度、水动力强度等,已经开发出了多种修复方法(陈建华,1986;卢昌义等,1990;陈鹭真等,2006;范航清,2018)。

另外,物理环境参数对提高红树林的成活率具有重要意义。高精度的SET 网络观测、高分辨率声学流速剖面观测以及基于光学的垂向浊度剖面观测开始应用于我国的人工红树林区生物地貌学观测,从更加精细化的角度来解析红树林修复与沉积动力过程之间的相关性。这些新方法的应用,将有利于获得精准的生物地貌关键参数,预测与海平面上升相关的生物地貌学演变规律,指导红树林造林。

综上所述,海平面上升是未来红树林面临的最显著的环境变化。太平洋西岸是未来海平面上升最显著的区域,而我国红树林分布在这一区域。由于过去围填海和城市的发展,我国目前鲜有分布在天然岸线上的红树林。堤前红树林约占我国红树林总面积的 80%。因此,海平面上升将使向海一侧的植被死亡、迫使红树林的天然更新发生陆向迁移的情况在我国难以发生。海堤限制了未来红树林的陆向迁移，将导致更多堤前红树林脆弱甚至消失。海平面上升也给红树林生态修复带来极大的挑战。研究红树林应对海平面上升的响应策略，将为红树林保护和生态修复提供科学依据。

第 4 章　大气 CO_2 浓度升高对红树林的影响

　　CO_2 是一种重要的温室气体,它通过化石燃料燃烧或动物呼吸以及火山爆发等自然过程释放出来。1958 年以来,夏威夷冒纳罗亚天文台和青海瓦里关都观测到大气 CO_2 浓度在不断升高(图 4-1)。大气 CO_2 浓度从工业革命前的大约 280 ppm 持续上升到目前超过 400 ppm,预计在 21 世纪末达到 800 ppm(IPCC,2013)。在过去的 170 年里,人类活动使大气 CO_2 浓度比 1850 年工业化前的水平高出 47%,这比两万年来(从末次冰期到 1850 年期间)自然产生的 CO_2 波动还要多。

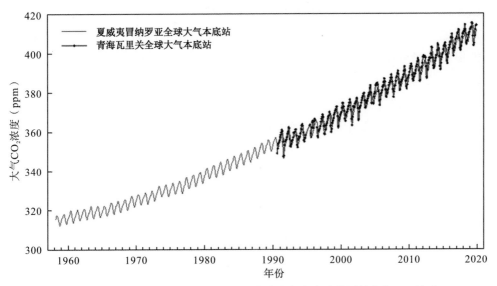

图 4-1　夏威夷冒纳罗亚和青海瓦里关全球大气本底站监测的大气 CO_2 浓度

(数据来源:NOAA)

　　大气 CO_2 浓度升高对大多数植物的生理机能都将产生显著的影响,例如可刺激叶片光合作用(Ainsworth,Long,2005),提高植物的水分利用效率和净初级生产力;另一方面,它还会促进冠层呼吸和土壤呼吸,进而促进碳排放。

因此,大气 CO_2 浓度升高后生态系统碳源-汇关系将发生改变。

大气 CO_2 浓度升高导致了地球表面的气温上升。气温的变化会严重影响降水与蒸发,最终影响生境的盐度,增加红树林的盐胁迫(Alongi,2015)。过高或过低的盐度会抑制红树植物种子萌发和幼苗生长,并通过抑制叶片光合作用和减少叶片面积来减少红树植物对 CO_2 的吸收(Kao et al.,2004)。另外,冰川消融和海水热膨胀造成海平面上升可能产生与气温升高相反的作用。海平面上升的抑制作用可能抵消气温升高对红树植物生长的促进效应(Alongi,2002)。因此,当 CO_2 浓度变化与其他因子交互作用时,红树林有不同的表现,且其规律具有很大的不确定性。

4.1 大气 CO_2 浓度升高的直接影响

在红树林中,大气 CO_2 浓度升高对植物的影响还未如它在其他森林中那样得到广泛的研究。关于红树植物幼苗对大气 CO_2 浓度升高的响应大多来自中、小尺度的控制试验(温室控制和野外箱式法控制),还有部分是通过模型或者蜡叶标本进行模拟和推演的(表 4-1)。这些控制试验多以短期幼苗的试验为主(98～408 d),种植的物种也很有限,以白骨壤属、红树属为主;在处理中往往还设置了盐度、营养、淹水周期和物种竞争等不同的交互因子;测定指标包括叶片的光合特性、水分和氮利用效率、各部分生物量和生长以及关键蛋白质含量、酶活性和元素含量等。由于潮间带生境复杂而恶劣,对红树林开展自由空气 CO_2 浓度富集试验(Free-Air CO_2 Enrichment,FACE)还未见报道。

表 4-1　已开展的红树林应对大气 CO_2 浓度升高的研究

红树种类	研究地点	方法	CO_2 浓度对照 vs.处理/浓度变化(ppm)	其他交互因子	处理时间	文献
美洲大红树	美国	温室	350 vs. 700	无	408 天	Farnsworth et al.，1996
红树、红海榄	澳大利亚	温室	340 vs. 700	盐度、湿度	98 天	Ball et al.，1997
亮叶白骨壤	美国	温室	365 vs. 720	土壤 N 含量	500 天	McKee et al.，2008
亮叶白骨壤	巴拿马	温室	280,400,800	盐度	132 天	Reef et al.，2015
亮叶白骨壤	巴拿马	温室	400 vs. 800	土壤养分	132 天	Reef et al.，2016
亮叶白骨壤	美国	温室	380 vs. 700	竞争	308 天	Howard et al.，2018
红海榄、白骨壤	新喀里多尼亚	温室	400 vs. 800	淹水周期	365 天	Jacotot et al.，2018,2019
桐花树、白骨壤	澳大利亚	温室	400 vs. 600	盐度、竞争	244 天	Manea et al.，2020
桐花树、白骨壤、秋茄	中国	温室	400 vs. 800	淹水周期	112 天	顾肖璇等，未发表
美洲大红树、亮叶白骨壤、拉关木、直立锥果木	美国	温室、叶室	340～360 361～485	无	测定时进行处理	Snedaker，Araujo,1998
白骨壤、白海榄雌、药用白骨壤	孟加拉国	野外、箱式法	373.5～378	无	2.5 年	Ray,2013
白骨壤、红海榄	印度-西太平洋地区	标本	280～400	纬度	165 年	Reef,Love lock,2014

4.1.1 大气 CO_2 浓度升高对红树植物生长的影响

在其他盐生植物的研究中,大气 CO_2 浓度升高对植物生长的影响不尽相同——可能增强、也可能抑制或无影响(Lenssen et al.,1993;Farnsworth et al.,1996)。大气 CO_2 浓度升高时红树植物幼苗的生长速率增加了13%～95%,仅少数物种的生长受到抑制(表4-2)。红树植物生长速率增加的幅度,与在相似 CO_2 浓度升高条件下的热带植物幼苗生长增量接近(Lovelock et al.,2016)。但是,红树植物对 CO_2 浓度升高的响应存在种间差异,这取决于其遗传特性或其他环境因素对不同植物的限制效应(Ball et al.,1997)。在 Manea 等(2020)的研究中,桐花树幼苗生长对 CO_2 浓度升高不敏感,甚至受到抑制;而白骨壤总生物量在 CO_2 浓度升高后提高了63%。在 Jacoto 等(2019)的研究中,白骨壤和红海榄幼苗的生物量在 CO_2 浓度倍增时都显著增高了,相对生长率分别增加了95%和47%。

红树林的生境复杂,土壤盐度和氮含量、潮汐淹水频率等多种因素与大气 CO_2 浓度升高是交互作用的。作为盐生植物,红树植物适合在中等盐度下生长,不同物种对盐的适应范围也不同。Ball(1996)发现物种的耐盐性越强,其最大生长速率就越低。在 CO_2 浓度升高和盐度升高的交互试验中,尽管叶片的光合氮利用率有显著提高,但在最佳盐度条件下,并未发现 CO_2 浓度升高对幼苗生长有显著的促进作用(Ball et al.,1997;Reef et al.,2014)。

表4-2 控制试验中大气 CO_2 浓度升高相对于对照组(低 CO_2 浓度)对红树植物生长增量、叶片光合速率(Pn)、水分利用效率(WUE)和比叶面积(SLA)的影响

红树种类	CO_2 浓度 (ppm) 对照 vs.处理	其他因子*	生长增量 (%)	Pn (%)	WUE (%)	SLA (%)	文献
美洲大红树	350 vs. 700	无	47	22	1.7	1.3	Farnsworth et al.,1996
红树	340 vs. 700	低盐度、低湿度	72	32	67	31	Ball et al.,1997
红海榄	340 vs. 700	低盐度、低湿度	25	11	63	3	
亮叶白骨壤	365 vs. 720	低 N 含量	13	—	—	—13	McKee et al.,2008

续表

红树种类	CO_2 浓度（ppm）对照 vs.处理	其他因子*	生长增量（%）	Pn（%）	WUE（%）	SLA（%）	文献
亮叶白骨壤	280 vs. 800	低盐度	—	71	213	−16	Reef et al.,2015
	400 vs. 800	低盐度	—	17	169	−13	Reef et al.,2015
亮叶白骨壤	400 vs. 800	低营养	—	37	—	—	Reef et al.,2016
亮叶白骨壤	380 vs. 700	无竞争	0				Howard et al.,2018
白骨壤	400 vs. 800	短周期淹水	95	59	58	46	Jacotot et al., 2018, 2019
红海榄	400 vs. 800	短周期淹水	47	75	96	11	
白骨壤	400 vs. 600	低盐度、无竞争	63	—	—	—	Manea et al.,2020
桐花树	400 vs. 600	低盐度、无竞争	−10	—	—	—	
白骨壤	400 vs. 800	短周期淹水	—	25	52		顾肖璇等,未发表
桐花树	400 vs. 800	短周期淹水	—	45	63		
秋茄	400 vs. 800	短周期淹水	—	96	74		

＊在有其他因子处理的情况下,所选择处理的数据。

4.1.2　大气 CO_2 浓度升高对红树植物叶片光合特性的影响

根据光合作用的理论模型,大气 CO_2 浓度升高可对叶片光合作用产生显著影响(Farquhar et al.,1980;Lloyd,Farquhar,2008)。植物生长的变化与 CO_2 浓度升高后叶片光合速率(Photosynthetic rate,Pn)提高密切相关。红树植物还可通过降低叶片气孔导度和降低气孔密度等生理学和形态学的变化,来应对 CO_2 浓度的升高(Farnsworth et al.,1996)。短期大气 CO_2 浓度升高时,气孔对 CO_2 吸收的限制状况得到了改善,叶片光合速率提升,红树林生产力也随之提高(Lovelock et al.,2016)。Jacotot 等(2019)发现,在 CO_2 浓度升高后,白骨壤和红海榄幼苗叶片的光合效率分别增加了 59% 和 75%。总体上,CO_2 浓度升高后,红树植物叶片光合速率将提升 11%～96%(表 4-2)。在自然界中,根据栅栏组织在叶片中的分布情况,高等植物的叶片可分为等面叶和异面叶两种形态结构。等面叶的两面均具有可以进行光合作用的栅栏组织,可抵挡直射强光,维持较高的光合速率(Givnish,1986);等面叶的正、反两面均有气孔、且气孔数量高于异面叶(顾肖璇,2019)。在未来大气 CO_2 浓度升高时,由结构特征引起的等面叶红树植物的固碳优势有可能会变化。然而,植物在长期 CO_2 浓度升高处理后,光合作用相关基因也可发生下调、Rubisco 酶的活性下降,进而适应较高的 CO_2 水平(Drake et al.,1997)。因此,还需要对大气 CO_2 浓度升高条件下的红树植物光合作用进行长期的观测。

红树植物具有保守的水分利用特征和较高的水分利用率(Water Use Efficiency,WUE),可应对潮间带的生理干旱(Ball et al.,1997)。对于陆生植物而言,大气 CO_2 浓度升高将降低植物的蒸腾作用,进而提高叶片水分利用率(Polley et al.,1993)。在控制试验中,CO_2 浓度升高时,红树植物叶片水分利用率提升的幅度为 $1.7\%\sim213\%$(表 4-2)。这主要是由于大气 CO_2 浓度升高后,红树植物叶片的气孔密度显著降低,气孔导度相应下降了 53.4%。这种结构变化显著提高了叶片的水分利用效率,也进一步提高了其抗旱能力(Reef et al.,2015)。水分利用率的提高,在一定程度上对高盐生境中的红树植物尤为重要。可以推测,大气 CO_2 浓度升高将使红树植物更耐盐。

比叶面积(Specific Leaf Area,SLA)是反映 CO_2 诱导的光合活性和生长变化的关键指标(Poorter,Navas,2003)。在 CO_2 浓度升高的情况下,红树植物通过增加叶片的 SLA 来截获更多光能从而促进叶片固碳;但这种变化可能是正相关,也可能呈负相关(表 4-2)。通过对 19 世纪和 20 世纪的腊叶标本分析,Reef 和 Lovelock(2014)发现白骨壤的初级生产力和生长受过去大气 CO_2 浓度升高的影响而有所升高;Fazlioglu 等(2020)也发现 20 世纪早期和晚期的气候变暖使红树植物的比叶面积增加。在大多数控制实验中,红树植物的 SLA 随 CO_2 浓度升高而增加(Farnsworth et al.,1996;Ball et al.,1997;Jacotot et al.,2019)。这是由于光合作用增强、产生的过量碳水化合物以糖和淀粉的形式积累在叶片中,导致叶片 SLA 的增加(Poorter,Navas,2003)。然而,在其他资源有限的情况下,由光合作用增强而产生的过量碳水化合物并不一定会转化为植物组织,这种情况下 SLA 的变化不显著(Kirschbaum,2011)。

4.1.3 大气 CO_2 浓度升高对植物生理生态特性的影响

在自然生态系统中,大气 CO_2 浓度升高对植物组织的碳氮比(C∶N)存在显著影响。CO_2 浓度升高后,陆生植物组织的 C∶N 大约增加 15%(Gifford et al.,2000），红树植物也存在这个现象（McKee,Rooth,2008）。Jacotot 等（2019）发现 CO_2 浓度升高使红海榄固定更多的碳,使根茎叶中的 C：N 显著增加。这一变化也源于植物组织中的氮含量降低。在陆生植物中,经常可观察到 CO_2 浓度升高后叶片的氮含量降低的现象（Cotrufo et al.,1998；Ainsworth,Long,2005）。在 CO_2 浓度升高的情况下,植物根系对氮的吸收率普遍下降；而这种下降是植株对氮的需求减少、土壤氮供应减少引起的（McDonald et al.,2002；Lotfiomran et al.,2016）。由于 CO_2 浓度升高降低了叶片的气孔导度,使土壤中的氮难以通过植物的蒸腾拉力被运送和供应给地上部分。另外,Reef 等（2015）和 Jacotot 等（2018）都观测到 CO_2 浓度升高后红树植物叶的磷含量降低。这也是 CO_2 浓度升高后叶片蒸腾速率降低,通过木质部将磷运转到地上部分的速率随之降低的结果（Reef et al.,2016）,此时,CO_2 浓度升高对磷限制的生境中的红树植物生长速率更具显著影响。

4.2　大气 CO_2 浓度升高对红树林生态系统固碳效应的影响

4.2.1　红树林生态系统碳通量的变化

红树林生态系统碳循环中最大的交换量来自植物群落与大气间的碳交换（纵向碳通量）。植物固定的初级生产力一部分由冠层呼吸释放到大气中,剩余部分进入红树林生态系统内部（包括形成木材、根系和凋落物）。凋落物分解后,一部分碳被捕获和固定在沉积物中,另一部分碳以碎屑、溶解性无机碳或有机碳参与生态系统的横向碳通量。红树林土壤表面的土壤呼吸和 CH_4 排放将释放一部分碳到大气中。在当前的气候条件下,植物地上生物量的碳收支是相对清晰的,然而土壤-大气界面的碳通量（包括土壤呼吸、分解和沉积）的过程比较复杂,使生态系统的碳通量具有不确定性（图 4-2）。

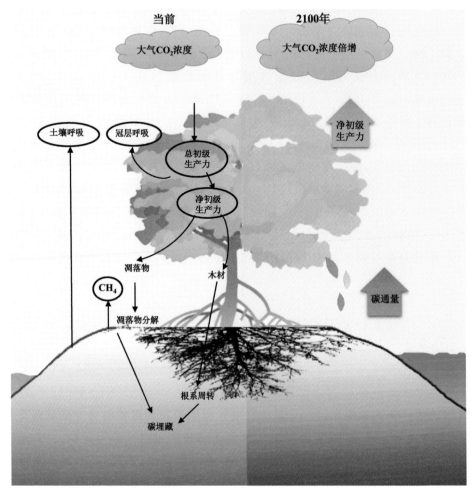

图 4-2 大气 CO₂ 浓度倍增条件下的红树林生态系统垂直方向的碳通量变化示意图

(红树林生态系统主要的碳循环途径。左边是当前的情景,右边是未来的情景。)

大气 CO₂ 浓度升高后,红树林生态系统能否在未来继续发挥正常的生态功能,这是倍受关注的一个问题。最近的一些模型预测增温后红树林的分布区将发生变化。例如,气温升高导致生产力下降,一些高温地区的红树林将消失(Beaumont et al.,2011;Osland et al.,2013;Koch et al.,2015),但这些预测是基于目前大气 CO₂ 的浓度。最近十年,大约有 10 项通过控制试验开展的研究,发现 CO₂ 浓度升高显著提升植物叶片光合速率和相对生长率(表 4-2)。然而,从这些植物个体水平的固碳和生长特性推演到生态系统水平的碳通量,还需要从更长时间尺度、更大空间范围进行模拟。特别是,当红树林生态系统长

期暴露于高 CO_2 浓度环境中,植物生长率增加的同时,生态系统的自养呼吸速率可能增加,土壤呼吸速率可能由于根际微生物的群落结构和功能变化而发生改变。这些过程难以在植物个体研究中表现出来,因而导致对 CO_2 浓度升高的长期效应不清晰(McKee et al.,2012;Jennerjahn et al.,2017)。因此,长时间、大空间尺度的植物生态系统研究,对于解析 CO_2 浓度升高后的生态系统碳通量具有很重要的意义。

4.2.2　植被的固碳效应

就现有的研究而言,大气 CO_2 浓度升高将通过促进幼苗的生长而提高其生产力,进而增加红树林生态系统的碳储量。在我们开展的试验中, CO_2 浓度倍增处理 3 个月后,植株 CO_2 固定量提高,且 CO_2 倍增对秋茄光合固碳的促进作用大于白骨壤、远大于桐花树;总体上, CO_2 浓度倍增后这三种植物的固碳量是对照组的两倍,植株水平的固碳量略高于叶片水平的光合固碳量,也略高于以往研究中所有物种的平均水平(图 4-3)。

红树植物的地下根系生物量大,结构复杂,对根区的沉积物起到支撑作用(Krauss et al.,2014),其地下部分固碳,主要包括地下细根的生长和周转以及有机质的埋藏(图 4-2)。目前,对大气 CO_2 浓度升高后根系生物量的观测比较有限。在一个为期 20 周的秋茄幼苗研究中, CO_2 浓度升高并未使根系生物量发生变化(Yin et al.,2018)。Reef 等(2016)发现 CO_2 浓度升高显著提高了根长和根系生物量,增加了根中的碳含量;但这种变化不如其他木本物种那样明显。在盐沼中,模拟 CO_2 浓度升高(800 ppm)处理 5 个月,地下根系膨胀导致地表高程抬升可达 2 mm,而当前 CO_2 浓度处理(400 ppm)的地表高程由于浅部压实作用而下降(Reef et al.,2017)。Cherry 等(2009)也发现 CO_2 浓度升高可增加盐沼的根系生物量,进而使地表高程呈现季节性增高。

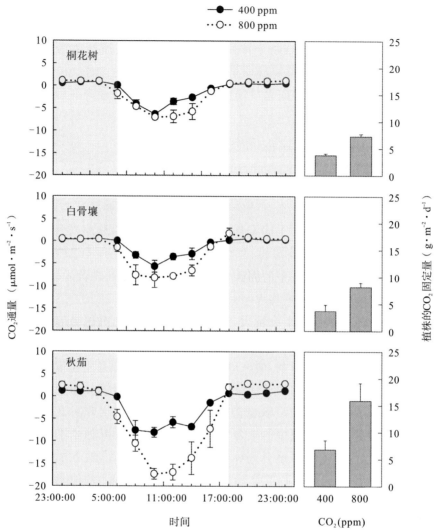

图 4-3　大气 CO_2 浓度倍增条件下三种红树植物地上部分的 CO_2 通量和固定量

（顾肖璇等，未发表）

4.2.3　土壤碳通量和固碳效应

　　红树林的地下生物学过程是复杂的。大气 CO_2 浓度升高将通过对植物生物量和生理生态特性的影响，改变红树林的地下过程。CO_2 浓度升高使红树植物的根茎中固定更多的碳，提高其碳氮比（Jacotot et al.，2019）。植物组织的碳氮比与土壤有机质的分解速率呈负相关，即碳氮比越高，有机质分解越慢

（Hättenschwiler，Gasser，2005；Zhang et al.，2008；Zimmermann et al.，2009；Jacob et al.，2010）；这也导致温室气体的产量减少，土壤的储碳能力提升。当然，其他参数也会影响土壤的生物地球化学过程，进而影响红树林土壤温室气体的产生和排放。综合而言，CO_2 浓度升高后，红树林土壤中的有机碳积累增加，C：N 升高，有机质的分解速率降低。

在湿地植物根际环境的薄层上，附着丰富的根际微生物群落。它们在红树林生态系统中发挥着重要作用（Bulgarelli et al.，2013）。根际微生物群落在土壤有机质的分解中起着重要的调节作用。根系微生物群落还在物质循环（如磷、有机酸和铁）和维持湿地生态系统健康方面也发挥着重要作用（Gomes et al.，2011；Zeng et al.，2014）。陆地生态系统中的根际微生物对 CO_2 浓度变化的响应，与植物类型、生态位和研究方法的敏感性有密切关系（Luna-Vega et al.，2012；Wang et al.，2014），因而，CO_2 浓度变化对微生物生物量、代谢活性和群落结构的影响可能很显著，也可能并不明显（Grüter et al.，2006；Hayden et al.，2012；Terrer et al.，2018）。Yin 等（2018）发现大气 CO_2 浓度升高对秋茄幼苗根际细菌群落没有显著影响，但对古菌群落的结构有一定的影响，尤其是对氨氧化古菌存在影响。在这个设计中，根际微生物的碳源发生了变化，它们对氨基酸和碳水化合物利用能力的差异导致了碳代谢的变化；而 CO_2 浓度升高不会通过增加土壤中碳的有效性或增加植物排放到土壤的碳通量来间接影响土壤微生物群落（Phillips et al.，2009；Smith et al.，2010；Yin et al.，2018）。

4.3　大气 CO_2 浓度升高耦合其他环境因子的影响

大气中不断升高的 CO_2 浓度导致了全球变暖，并将继续通过热膨胀和冰融化加速海平面上升（IPCC，2013）。CO_2 浓度升高还可与这些因子耦合对红树林生态系统产生更深远的影响。因此，探讨红树林应对大气 CO_2 浓度升高的问题，还要与区域的其他环境因子相耦合，一并考虑。

4.3.1　大气 CO_2 浓度升高抵消海平面上升的效应

大气 CO_2 浓度和海平面的高度对于生长在潮间带的植物来说，是两个关键变量，它们协同发生，对红树林生态系统的作用也是协同的（McKee et al.，2012）。未来 CO_2 浓度升高和海平面上升将使红树林的分布区不断向高纬度和高潮位推进,加速两极迁移和陆向迁移(Krauss et al.,2014)。

CO_2浓度升高可直接促进植物地下根系生长,通过降低氧化还原电位来抑制有机物分解,进而导致湿地的高程发生变化,影响湿地对海平面上升的响应。这种情况在盐沼植物中已经被证明(Cherry et al.,2009;Langley et al.,2009)。红树植物还具有复杂的地上根系,对沉积物及凋落物拦截具有一定的促进作用(Krauss et al.,2003)。红树林中的地上根系促淤和地下根区膨胀将对减缓海平面上升起到双重作用,具有积极意义(Krauss et al.,2014)。未来CO_2浓度升高对红树植物生长的积极影响可能抵消海平面上升的负面影响。

在以往对红树植物应对CO_2浓度升高的控制研究中,仅20%涉及海平面上升的模拟(Jacotot et al.,2018,2019)。因此,基于现有实验观测数据和盐沼湿地的耐受阈值(Langley et al.,2009),我们提出了可供红树林参考的大气CO_2浓度升高和海平面上升的植被耐受阈值概念示意图(图4-4)。

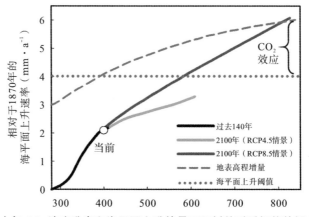

图 4-4　大气 CO_2 浓度升高和海平面上升情景下红树林耐受阈值的概念示意图

在图4-4中,黑线近似于过去140年间CO_2浓度升高和海平面上升的简单关系。橙色和红色线代表IPCC(2013)的RCP4.5和RCP8.5排放模型。在此示意图中,海平面上升速率和大气CO_2浓度之间的关系近似线性,但也存在其他的可能。绿色虚线表示一个固定在4 mm·a^{-1}的海平面上升速率的阈值,该速率将威胁到许多红树林(Saintilan et al.,2020)。绿色折线表示基于控制试验研究的CO_2浓度升高和海平面上升共同作用下红树林群落地表高程的增量(张家林等未发表)。这里描述的CO_2效应(两条绿线之间的差值,是在未来800 ppm浓度下的地表高程增量,2 mm·a^{-1})。相对于实地测量值(3.9 mm·a^{-1},Langley et al.,2009)是比较保守的估算,因为从短期CO_2浓度变化对地表高程的影响推断实际红树林阈值具有不确定性。当红色或橙色线的速率超过红树林对绿色线的耐受阈值时，红树林就会退化消失。

4.3.2　大气 CO_2 浓度升高、养分与物种竞争的协同影响

不断升高的大气 CO_2 浓度、土壤中养分供给的改变、海水入侵以及由此产生的生物群落变化，都影响着红树林生态系统。变化的环境常常加速生物的入侵。例如，由于 CO_2 浓度升高导致的气候变暖，已经引起美国和澳大利亚地区的红树林不断向高纬度迁移并入侵温带地区的盐沼湿地（Saintilan et al.，2014）。由于人为引种，互花米草已经对我国沿海地区造成入侵，形成盐沼植被入侵红树林湿地的现状（Zhang et al.，2012）。因此，在红树林应对 CO_2 浓度升高的研究案例中，超过70%整合了盐度、土壤养分和竞争等因子的协同作用（表4-2）；探讨的指标包括植物的光合速率、水分利用率和比叶面积等与固碳相关的指标，还包括生长和生物量以及微生物群落结构。

对于植物生长而言，大气 CO_2 浓度升高、土壤氮和磷输入增加具有相似的促进效应（McKee，Rooth，2008）。因此，CO_2 浓度升高很可能在未来对红树植物的生长速度产生积极影响，特别是在养分利用率高的地区。沿海地区存在普遍的富营养化，养分增多与大气 CO_2 浓度升高的协同作用可导致红树林生物量、碳固存和地下碳储量总体增加（Reef et al.，2016）。

红树植物是典型的 C_3 植物，对大气 CO_2 浓度变化敏感。CO_2 浓度升高对于红树林的间接负面效应是海平面上升和海水入侵。当未来大气 CO_2 浓度升高和海水入侵、土壤养分等因子相结合时，对红树林与其入侵物种（例如 C_4 植物互花米草）的影响也是复杂而深远的。木本植物的 C_3 光合途径可以被 CO_2 浓度升高驱动，但 C_4 植物很难从额外的 CO_2 中获益（Ainsworth，Long，2005；Leakey et al.，2009）。因此，CO_2 浓度升高类似于施肥效应，它对 C_3 植物生物量的促进作用大于对 C_4 盐沼植物的促进作用时，这种抵消效应更为明显（Cherry et al.，2009）。

在北美地区，盐度和海平面上升对于 C_3 的莎草科盐沼植物和 C_4 的互花米草有不同的效应：莎草科盐沼更耐盐，而互花米草更耐淹水（McKee，Mendelssohn，1989）；当 CO_2 浓度升高时，植物的淹水和盐胁迫均得到不同程度的缓解（Cherry et al.，2009）。CO_2 浓度升高可能通过增强植物的净光合效率、减少光呼吸或减少光抑制（Hymusu et al.，2001），或在光合作用过程中减少水分损失（Robredo et al.，2007）等来缓解所受的胁迫。由于 C_3 和 C_4 植物的根系生长

对 CO_2 浓度升高存在不同的响应,这个生物量的差异导致根区膨胀和地表高程抬升的差异很大(图 4-5)。

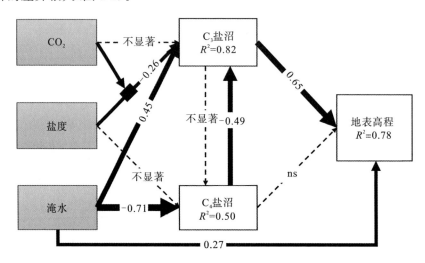

图 4-5　大气 CO_2 浓度升高、海水入侵和潮汐淹水胁迫下两种盐沼植物的响应(引自 Cherry et al.,2009)

　　然而,目前对大气 CO_2 浓度升高情景下,C_3 的红树植物与 C_4 的互花米草竞争格局研究非常有限。在北美,处于竞争条件下的互花米草生物量受到很大的抑制,这与红树植物树高增加而获得更多光照有关(Howard et al.,2018)。在澳大利亚红树林向南入侵到以 C_3 植物为主的盐沼中,Manea 等(2020)发现 CO_2 浓度升高后,两种红树植物都比盐沼植物表现出更强的竞争优势;CO_2 浓度升高还将促进红树植物幼苗在盐沼湿地的定植,促进红树林入侵盐沼。可见,未来大气 CO_2 浓度升高对于我国海岸带的红树林-互花米草交错区的物种分布格局将会产生不可预估的影响。

　　总体上,大气 CO_2 浓度升高对植物的生长和生产力是有积极影响的。由于它对地下有机碳的固定、微生物群落结构和功能以及土壤温室气体排放的影响机制非常复杂,因此从生态系统角度探讨 CO_2 浓度升高对红树林的影响极有必要。特别是当 CO_2 浓度升高与海平面上升、海水入侵、土壤养分等环境因子交互作用时,这些过程显得极为复杂,常常具有潜在的反馈机制。同时,物种格局的变迁也是红树林应对大气 CO_2 浓度升高的响应之一。考虑到生物和环境因子相互作用的复杂性,现有研究难以预测红树林将如何应对全球变化的驱动,我们期待更多的野外观测、控制试验和模型研究。

第5章 台风、风暴潮和海啸对红树林的影响

热带气旋(Tropical Cyclone)主要发生在热带或副热带海面上。它们通常在热带地区、距离赤道平均 3°～5° 纬度以外的海面上形成,此后受大尺度天气系统的影响而移动。南、北太平洋,北大西洋和印度洋是热带气旋形成和移动的主要区域,其海岸也是全球红树林的集中分布区。在热带气旋发生期间,红树林可以保护沿海社区、减少海岸带经济损失。

台风(Typhoon)是发生在西北太平洋区域的热带气旋;在夏秋季节集中在我国东南沿海登陆。1949—2014 年,西北太平洋和南海共有 1,779 个台风生成,每年平均 27 个;其中有 460 个台风在我国登陆,每年平均 7 个(m. nmc. cn/ty)(图 5-1)。在登陆过程中,热带气旋常引发风暴潮。2019 年,我国沿海共发生风暴潮 11 次,主要由台风引起(2019 年《中国海洋灾害公报》)。在台风和风暴潮发生时,红树林起到了防风消浪、护岸固堤功能,被誉为"海岸卫士"(林鹏,1997)。热带气旋也是红树林面临的来自地球系统最大的干扰之一。全球有记录的红树林受干扰的案例中,有 45% 为热带气旋的干扰(Sippo et al.,2018)。红树林生态系统会周期性地受到热带气旋带来的强风和巨浪的影响,但它们也往往会随着时间的推移而恢复,并在风暴过后继续提供生态系统服务。

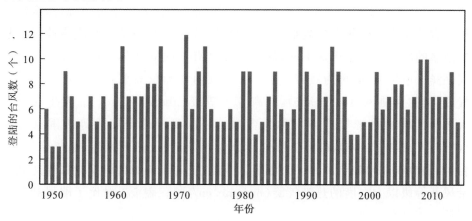

图 5-1　登陆我国的台风数(1949—2014)(数据来源:m. nmc. cn/ty)

海啸(Tsunami)是发生和移行于海洋中的一系列具有超长波长的重力水波,可由俯冲带逆冲地震、海底滑坡、火山喷发等引起。在深海大洋,海啸波以每小时 700 km 以上的速度传播;此时波高只有几十厘米或更小,可跨洋长距离传播而不明显损失能量。登岸时,由于水深变浅,海啸波波长变短,波高骤升,可达数十米,形成"水墙",冲击海岸,造成沿岸居民伤亡及设施严重损坏。全球的海啸多发区与地震带基本一致。在海啸多发区,如地处热带的夏威夷群岛、菲律宾群岛、印度尼西亚、新几内亚—所罗门群岛、新西兰—澳大利亚和南太平洋区域、哥伦比亚—厄瓜多尔北部及智利海岸、中美洲及美国、中国及其邻近区域,红树林的群落结构和生长对海啸的冲击波起到缓冲作用。在2004 年的印度洋海啸中,被红树林保护的村庄受灾程度低于没有红树林保护的海岸带(Danielsen et al.,2005)。

我国是世界上遭受风暴潮灾害最严重的国家之一。随着气候变暖的加剧,飓风、洪水、干旱、森林火灾、低温等事件的发生频率和强度不断增加,沿海地区风暴潮的发生频率越来越高(IPCC,2013)。红树林对海洋灾害的缓冲作用和灾害事件对红树林生态系统的影响,也是红树林全球变化研究的关注点。

5.1 热带气旋对红树林的影响

5.1.1 热带气旋的类型

热带气旋形成于高温、高湿和其他气象条件适宜的热带洋面上。除南大西洋外,全球的热带海洋上都有热带气旋生成。据世界气象组织统计,全球全年约有三分之二的热带气旋形成于北半球,且西北太平洋是形成热带气旋数量最多的区域。由于产地不同,热带气旋具有不同的名称。在印度洋和西南太平洋区域生成的,称为热带气旋。在北大西洋和东太平洋区域产生的热带气旋,又称为飓风(Hurricane),具有 5 个等级(nhc. noaa. gov)。发生在西北太平洋区域的热带气旋亦可称为台风。根据我国热带气旋等级国家标准(GB/T 19201—2006),可将热带气旋分为热带低压、热带风暴、强热带风暴、台风、强台风和超强台风等 6 个等级。因此,平时所说的台风是指强度达到热带风暴等级以上强度的热带气旋(m. nmc. cn/ty)。表 5-1 对比了飓风和热带气旋的等级和风速。

表 5-1　飓风和热带气旋的等级和风速

飓风		热带气旋	
等级（萨菲尔-辛普森 Saffir-Simpson）	底层中心附近最大平均风速（m·s^{-1}）	等级（GB/T 19201—2006）	底层中心附近最大平均风速（m·s^{-1}）
1 级	33～42	热带低压	10.8～17.1
2 级	43～49	热带风暴	17.2～24.4
3 级	50～58	强热带风暴	24.5～32.6
4 级	59～69	台风	32.7～41.4
5 级	≥70	强台风	41.4～50.9
		超强台风	≥51.0

5.1.2　热带气旋对红树林群落结构的损害

受到热带气旋袭击,红树林的群落结构将发生改变。热带气旋过后,红树植物个体发生的结构变化可分为三类:主茎被风折断、树木被连根拔起、树木仍然挺立但冠层大量落叶。前两种情况基本导致植物死亡。佛罗里达州南部的一次飓风过后,49%～81%的红树植物被连根拔起或折断;除少数几棵主茎被折断的树还能重新长叶,其他植株均已死亡(McCoy et al.,1996)。植物主茎的抗风力与冠幅的形状和植株大小有关。佛罗里达南部的美洲大红树、亮叶白骨壤和拉关木的抗风能力比较有限;澳大利亚沿岸的角果木、红海榄、小花木榄和海漆对风的机械损伤尤其敏感,抗性差;而木果楝、桐花树和榄李等物种对风的抗性较强(Stocker,1976)。当然,红树植物受机械损伤的程度还和它们与风眼(气旋中心)之间的距离有关(Milbrandt et al.,2006)。

风、浪和风暴潮的机械损伤将增加红树林的凋落物量。在正常年份,凋落物量主要受温度的限制并呈现出季节动态。月均温、极端低温和极大风速是影响总凋落物量的关键因子(Chen L et al.,2009 b)。夏季的台风和旱季的强风也是导致某些季节凋落物剧增的主要原因(林鹏,1997)。台风的发生季节为每年 7—9 月,风力对枝条的物理损伤大、对枝条凋落物量变化影响最为显著(潘浩,2019)。在福建九龙江口的观测表明:强台风造成许多枯枝落叶的掉落,一些鲜嫩枝叶的折落,致使当月的凋落物量剧增,达到相应正常月份平均值的 3~4 倍(郑逢中等,1998)。在 2017—2019 年间,福建九龙江口的秋茄林共经历了"纳沙"、"玛莉亚"、"山竹"和"白鹿"等四个台风,极大风速显著增加了群落的枝凋落量(潘文等,2020)。在福建漳江口红树林,受"海马"和"妮妲"等台风的影响,白骨壤当月的枝凋落量在所有月份中最高;在"海马"、"妮妲"以及"莫兰蒂"等台风的影响期间,秋茄当月的枝凋落量在所有月份中也是最高的(图5-2,潘浩,2019)。另外,当几个台风连续袭击时,前一个台风刮走了大量的枝叶,而后一个台风袭击时,树干上存在的叶片数量少,导致后一个台风过后掉落物产量少。这种情况在深圳福田的海桑群落凋落物中可见(Chen L et al.,2009b)。陈卉(2013)发现:在台风季,红树林月凋落物量达到年凋落物量的 13%~30%,且在台风期间收集的凋落物中未衰老的绿色叶片和新鲜枝条占总凋落物量的 5%~25%,这些都源自台风的机械损伤。因此,枝凋落物量和冠层叶面积指数可以用来反映热带气旋后红树林受机械损伤的程度。

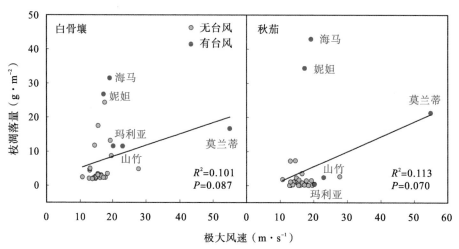

图 5-2　2016—2019 年福建漳江口红树林的枝凋落物量
与极大风速的相关关系(引自潘浩,2019)

2014 年 7 月,超强台风"威马逊"在海南文昌翁田镇沿海登陆,直击海口东寨港红树林,中心风力 17 级以上。在东寨港,红树植物被吹倒或连根拔起,大量落叶,叶面积指数急剧下降,群落结构受损(图 5-3)。其中,海莲和无瓣海桑被折断和刮倒的比例最大,而秋茄、桐花树、白骨壤受害比例较小(邱明红等,2016)。

图 5-3　2014 年 7 月"威马逊"台风过后的海南东寨港红树林(陈鹭真摄于 2015 年 4 月)

5.1.3　热带气旋对红树林碳—水循环过程的影响

热带气旋对红树林的干扰还表现在改变生态系统功能上。它们将植株连根拔起,刮断枝条,刮落大量的树叶,这些植物残体掉落在沉积物表面,开始分解。在短期内,原本活的生物量转变为死的生物量,改变沉积物表面的固碳和储碳过程。其次,大量落叶损坏了红树林冠层结构,降低了红树植物群落的光合固碳效率。一般情况下,这些影响与热带气旋的强度密切相关。较弱的热带气旋干扰通常对群落固碳效率影响小(仅增加凋落物量,未出现倒木)(Li et al.,2007)。较强的热带气旋干扰可造成倒木,影响随后一段时期的群落净初级生产力。因此,热带气旋将在其过境后很长一段时间内对生态系统碳通量产生影响,例如,净初级生产力降低和生态系统呼吸增加(Barr et al.,2012)。但是,红树林具有一定的自我修复能力,随着新叶的长出,净初级生产力将得以恢复(Krauss,Osland,2019)。

目前,对热带气旋过后红树林生态系统 CO_2 净交换量的研究案例比较有限,多集中在美国佛罗里达大沼泽国家公园(Li et al.,2007;Barr et al.,2012;Krauss et al.,2015)。在我国,红树林遭受台风的影响显著。例如,每年约有5.8个台风影响福建漳江口红树林(林鹏等,2001)。科研人员通过涡度协方差技术,对台风干扰下漳江口红树林碳通量的特征开展研究并发现:红树林冠层的生态系统 CO_2 净交换量、总生态系统生产力与台风特征没有显著的相关关系;但其生态系统呼吸与台风登陆时最大风速呈负相关关系($p=0.047$),风速越强,台风登陆后的生态系统呼吸越低(陈卉,2013;Chen H et al.,2014)。

然而,热带气旋对沉积物表面的影响有所不同。由于大量倒木和凋落物出现在红树林林内,其分解过程促进了沉积物表面的呼吸作用;同时,倒木或冠层落叶形成林窗,光照强度增加导致表层土壤温度升高,从而加剧土壤呼吸(Barr et al.,2012)。这些变化将改变红树林冠层和沉积物表面的碳源-汇关系(陈卉,2013)。此外,热带气旋的风速、持续时间、气旋中心与红树林的距离,也影响着红树林生态系统碳循环和生物地球化学循环(Krauss,Osland,2019)。2018年9月,超级台风"山竹"(最大风速达到 $71.1 \text{ m} \cdot \text{s}^{-1}$)袭击香港,汀角红树林的土壤 CO_2 通量由台风前的最低值升高至台风过后的最高值,这是由于风暴潮输入了大量凋落物,形成厚厚的有机质层,台风后有机质分解并释放了大量 CO_2(Ouyang et al.,2020)。

在我国东南沿海,台风登陆之前受影响的区域处于副热带高压控制下,出现高温、干燥的天气。台风过境时,常常伴随大量降雨,气温有所下降;台风后1~2天气温逐步回升。这一过程中的高温—降雨—升温对红树林的水分循环和蒸散发产生影响(Chen H et al.,2014)。但不同的群落结构具有不同的水汽循环特征,例如福建漳江口红树林与佛罗里达大沼泽红树林在热带气旋之后的蒸散发特征存在差异(O'Halloran et al.,2012;Chen H et al.,2014)。这些差异与群落所处的气候类型、植株高度、下垫面的植被类型、群落演替状态等密切相关,因为它们都会影响群落的蒸散发过程。佛罗里达"威尔玛"飓风之后,红树植物冠层受损,大量落叶;但 Krauss 等(2015)发现幸存下来的红树植株可以吸收更多的水。飓风过后,周边的植物被折断或死亡,使整个区域的蒸气压降低,树冠折断但主茎仍然存活,其边材(1.5~2.0 cm)的茎流量比正常生长的同一树种高 68%~179%,这也反映了受损植物对水分有更大的生理需求(Krauss et al.,2015)。在深圳福田,我们也观察到类似的现象。2016年 8 月正面登陆深圳的台风"妮妲"过后,海桑的日最大茎流速率显著提高,而无瓣海桑的树干茎流没有显著变化(图 5-4)。这一差异与两种植物的冠层所受的机械损伤有关:海桑冠层受损程度高于无瓣海桑,冠层恢复的过程对水分有更大的需求。

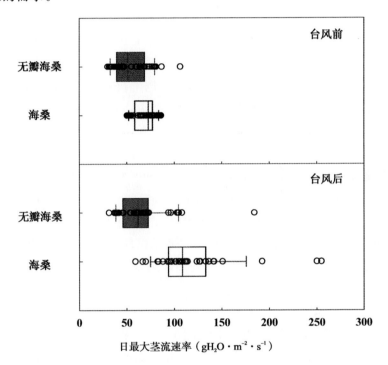

图 5-4　深圳福田红树林两种海桑属植物在台风前后的日最大茎流速率(数据来源:赵何伟,2017)
(台风后的数据收集自 2016 年 8 月 2 日正面登陆深圳的台风"妮妲"之后,登陆时底层中心附近最大风速 40 m·s⁻¹。台风前的数据收集自 2015 年 8 月的无台风时)

5.1.4　热带气旋引起的红树林水文和沉积过程的变化

红树林地上根系发达、盘根错节,它们能有效捕获径流和潮汐带来的泥砂,起到促淤造陆的作用。当热带气旋发生时,海浪和风暴潮将使河口沉积物中的泥砂重新悬浮,特别是当周围河口水体较浅时,这些重新悬浮起来的沉积物将被红树林的茎干和地上根系捕获而淤积在沉积物表面。被热带气旋刮下来的大量树叶和枝条，甚至刮断的树干，也会和泥砂一起覆盖在沉积物表面（Krauss，Osland，2020）。这些过程将增加沉积物的地表高程。广西北海红树林有两处钻孔沉积物的粒径特征记录了当地近 30 年来的降雨量和台风登陆的频率，此频率与沉积速率呈正相关关系（刘涛等，2017）。1999 年美国佛罗里达州"艾琳"飓风之后，河口红树林、海草床的沉积物出现 5 cm 的淤积（Davis et al.，2004）。同样，在美国佛罗里达州，2005 年的"威尔玛"飓风横扫红树林并带来了 0.5～4.5 cm 的沉积物，而这些沉积物输入成为红树林土壤垂直淤积和养分的重要来源（Castañeda-Moya et al.，2013）。在热带气旋过程中，除了植被的促淤作用外，水文和地貌特征对热带气旋发生过程中的泥砂淤积也起到关键性作用。在上述广西北海的案例中，在径流来砂量较少、岸线开敞的大冠沙红树林，台风期间风浪入射能量较强，风暴沉积输入量高，其沉积速率反而高于径流来砂量充足的河口区（刘涛等，2017）。

然而，随着热带气旋的频率和强度增加，极端情况也时有发生。例如，热带气旋导致红树林死亡，甚至是泥炭崩塌。1998 年，洪都拉斯经历了 4 级飓风"米奇"的袭击，底层中心附近最大风速达 66.7 m·s^{-1}，飓风中心距离红树林40 km。飓风"米奇"后，大量红树植物死亡并引起泥炭塌陷，地表高程以11.0 mm·a^{-1} 的速度下降；而在死亡率较低或仅部分植株死亡的区域，红树林地表高程仍然以 5.0 mm·a^{-1} 的速率增加（Cahoon et al.，2003）。

5.1.5　热带气旋强度对红树林的损害

由于风、浪和风暴潮的强度不同，不同等级的热带气旋对不同红树林类型或不同群落结构的影响也不同。Myers，van Lear（1998）和 Krauss，Osland（2020）从群落结构、凋落物、沉积物动态及其对海岸带建筑的损害程度，以萨菲尔-辛普森飓风等级为标准，对飓风造成的红树林损害程度做了描述，包括，对树木死亡率和群落结构变化、热带气旋的空间效应、生物地球化学过程、树木恢复和群落演替等方面都做了分级描述（表 5-2）。

表 5-2　萨菲尔-辛普森飓风等级和红树林的损害(仿 Myers,van Lear,1998;Krauss,Osland, 2020)

等级	风速(m·s⁻¹)	红树林的损害程度
1	33～42	灌木状红树林的树木和树叶受损,但程度很轻,少有因为茎折断或被吹倒而完全死亡的。凋落物和小树枝只出现在植株不健康或木材密度低的物种上,这些凋落物也可能在没有飓风的情况下保留一段时间后掉落。幼苗和幼树有轻微损害。浪高 1.2～1.5 m。泥砂沉积有限,可能混有红树植物繁殖体。沉积速率小,河口水体重新悬浮组分的贡献极小。沿岸建筑(如码头和标志)轻微受损。地势低洼的道路被淹没,尤其在风暴和涨潮同时发生时。风暴后沉积物不塌陷
2	43～49	灌木状红树林的树木和树叶受严重破坏,许多大树因茎折断而被吹倒(木材密度较轻的树木尤甚)或掀翻。叶片和树枝大量掉落,在没有飓风时将在未来几个月正常掉落。树苗受中等程度的破坏。浪高比正常值高 1.8～2.4 m。泥沙沉积量大,包括重新悬浮组分和红树植物繁殖体、木材、海草、贝壳、人造碎屑等。沉积速率适中,并包括重新悬浮的河口泥沙成分,特别是当周围河口水体较浅时(2～3 m 深)。对沿海建筑造成严重破坏,许多道路在风暴来临前 2～4 h 就被淹没。风暴后的沉积物塌陷会发生在人为干扰较大而生产力较低的红树林中
3	50～58	所有大小的红树林(木材密度较轻的树木尤甚),在风速阈值达到 3 级飓风的风速时,都极易受到风灾影响。几乎所有大树都被吹倒或折断,较小的树木遭受中度到重度损害——即使不被折断,树干的维管结构也受到损害。叶片和树枝大量掉落,影响存活红树林在未来几个生长季节的生长。幼苗和幼树受严重损害。浪高升至 2.7～3.6 m,高于正常值。沉积物大量堆积,与 2 级飓风的影响类似,但还出现更大的植物残体(如树干)和可埋藏红树林的人造残体。沉积速率快(沉积物累积达 40 mm),沉积物覆盖气生根的皮孔。沿海建筑遭严重破坏,其碎片被风浪搬运到红树林。大多数道路在暴风雨来临前 3～5 h 就已被淹没。一些红树林在风暴后会出现泥炭坍塌。由于之前人类活动影响,红树林生产力也将随之下降
4	59～69	所有树木都受损害,大多数树木被吹倒或折断,幼树和小树常被拦腰折断,而不仅仅是维管结构受损。冠层和小枝条大量掉落,导致小树因没有叶片而死亡,影响存活的红树林在未来几个生长季节的生长。受中度至重度损害的幼苗和幼树在飓风后长出新叶、进行光合作用而生存。浪高比正常值高出 3.9～5.5 m,淹没低矮红树林。由于缓冲了海浪的侵袭,低矮红树林受波浪侵袭小。陆地被淹区域可扩展到内陆 10 km。沉积物和残骸大量堆积,与 2 级飓风的影响类似,但也包括更大的植物残体(如树干)和可埋藏红树林的人造残体。沉积速率非常快(沉积物累积达 40～60 mm),覆盖气生根的皮孔。沿海建筑遭到灾难性破坏,其碎片被风浪搬运到红树林。大多数道路在暴风雨来临前 3～5 h 已被淹没。海滩被侵蚀,在小溪和堰洲岛上形成新河道,在没有大量红树林生长的海滩尤甚。风暴后红树林泥炭坍塌

续表

等级	风速(m·s^{-1})	红树林的损害程度
5	≥70	造成灾难性破坏,90%～100%红树林的风灾发生在气旋风眼附近。灌木、树木和树苗被毁,树冠受损,树干被折断。水位上升并高于正常水位 5.5 m,淹没低矮红树林。由于缓冲了海浪的侵袭,低矮红树林受波浪侵袭小。陆地被淹区域可以扩展到内陆 16 km。沉积物和残骸大量堆积,与 2 级飓风的影响类似,但也包括更大的植物残体(如树干)和可埋藏红树林的人造残体。沉积速率快(沉积物累积达 60 mm),覆盖气生根的皮孔和整个气生结构。沿海建筑(包括住宅、市政建筑和道路)遭受灾难性破坏,其碎片被海浪搬运到红树林。暴风雨来临前 4～7 h,道路已被淹没。海滩被侵蚀,在堰洲岛和红树林内形成新河道。波浪猛烈冲刷红树林根部。泥炭在暴风雨后肯定会坍塌

当然,风暴潮之后一些树种可以迅速重新萌芽(如白骨壤),还有一些树种依赖于风暴潮发生前形成的幼苗或繁殖体,生长并形成新的群落。加勒比海地区由于受到热带气旋扰动的频率很高,红树林结构的复杂性比较低,多形成低矮的冠层(Lugo,Snedaker,1974);而在热带气旋扰动较少的地区(如巴拿马),红树植物群落的复杂性会在干扰后随着时间的推移而增加(Allen et al.,2001)。热带气旋对红树林是一种干扰,但红树林能够承受风暴潮带来的结构性破坏,并能成功恢复。

5.2 海啸与红树林的生物盾牌作用

5.2.1 红树林的生物盾牌作用

我国面临的海啸威胁主要来自马尼拉海沟和琉球-日本南海海沟两个俯冲带(安超,2021)。在公元 1024 年左右,我国南海发生过一次大海啸(Sun et al.,2013);此后,台湾北部的琉球海沟也发生过多次大海啸(Nakamura,2009)。位于我国西南方向的苏门答腊俯冲带海啸灾害频繁,且规模较大;但由于东南亚岛屿的阻挡,削弱了海啸对我国的影响(安超,2021)。根据自然资源部海啸预警中心的监测,2019 年全球海域发生 41 次海底地震,但未引发灾害性海啸过程;其中 3 次海底地震引发了轻微的局地海啸,未对我国产生影响(2019《中国海洋灾害公报》)。

2004 年 12 月 26 日的印度洋海啸,是印度洋沿岸国家的一次灾难性事件。

在海啸中,红树林起到"生物盾牌"的作用,保护了岸线和周边的居民。在泰国拉廊,在红树林保护下的村庄房屋完好无损;但相距仅 70 km 外的无红树林保护的岸线,村庄民宅受损严重,约 70% 的居民遇难(Bahugna et al.,2008)。在印度南部的泰米尔纳德邦(Tamil Nadu)古达罗尔(Cuddalore)沿海一带有红树林保护的村庄,村民躲过了海啸的袭击。由于红树林在海啸中的消浪作用显著,其生态系统服务价值也得到了重新评估和提升(Costanza et al.,2014)。

学术界围绕红树林在海啸过程中的生物盾牌作用,对沿海植被带及其水动力问题开展研究,探寻红树林和沿海植被防灾减灾能力的提升方案(陈杰等,2016;Forbes,Broadhead,2007)。在热带地区,红树林和海岸森林(包括松树、木麻黄、椰子树、杨叶肖槿和露兜树等)是两类主要的海岸防护林,对海啸波都有显著的削弱作用。

一般认为,红树林由于具有地上根系,其消浪效果更显著(何飞等,2017;龚尚鹏等,2020)。室内模拟研究揭示,在风暴潮条件下,当波浪穿过密度较大的障碍物时,草本植被、红树林的地上根系和树干基部等物理结构会消减 60% 波浪能量;随着穿过障碍物的距离增加,这些物理结构对波浪高度的衰减率将进一步提高(Möller et al.,2014)。如图 5-5 所示,在较浅的水中,有气生根的红树林比没有气生根的红树林能更有效地衰减波浪;在水较深的地方,波浪可以没过气生根顶部,但是较低的树枝也可以起到类似的消浪作用。其次,海岸的坡度和海浪的高度也会通过红树林影响波浪的衰减率(Mclvor et al.,2012)。目前,针对红树林消浪作用的研究大多聚焦在波高 70 cm 以下的情景,一片 500 m 宽的红树林可以衰减 50%~99% 的波浪(Brinkman et al.,1997;Mazda et al.,1997,2006;Massel et al.,1999;Vo-Luong,Massel,2006,2008;Quartel et al.,2007;Bao,2011)。当风暴潮、飓风甚至海啸发生时,水位和波高大大增加,足以淹没红树林的冠层。然而,专门针这种极端情景下的红树林衰减波浪的观测还未见报道。福建漳江口红树林地处强潮差海区,红树林低矮,涨潮时的潮高可以没过前缘红树林的冠层,现场观测显示红树林的能量耗散作用在高水位时要优于低水位(Chen Y et al.,2016),由此也可以推测红树林冠层对波浪的衰减作用大于树干和地上根系。对于海啸等极端浪高情景下红树林的消浪效率,还需要更多的模型或观测数据来支撑。

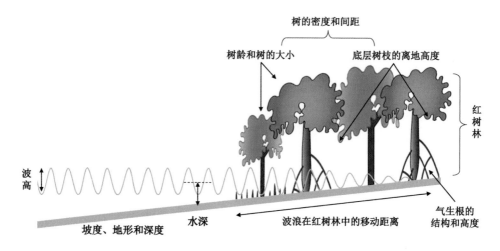

图 5-5　影响红树林波浪衰减的因素(仿 Mclvor et al,2012)

5.2.2　海啸后的红树林恢复力

现有的对海啸过后湿地生态系统的结构和功能修复效应的研究还比较有限。由于不同区域存在地质构造的差异,地震海啸对红树林的影响也有所不同,进而影响到未来红树林的生存。2004 年印度洋海啸之后,在印度的尼科巴(Nicobar)群岛出现了 1.10~2.85 m 的构造沉降,导致大量红树林消失;而原有的陆地生境演变为新的潮间带,为红树林的恢复创造新生境(Nehru,Balasubramanian,2018)。与之相反,此次地震抬升了安达曼北部海岸,显著改变了研究区域的海岸地貌,导致流入红树林中的潮汐水流急剧减少,红树林干涸并演变为陆地(Ramakrishnan et al.,2020)。由于海啸期间地貌的剧烈变化,红树林的丧失或生成也将在较短的时间内发生。对于红树林管理和海洋环境监测部门而言,恢复红树林湿地对于抵抗和缓冲海啸的影响至关重要。

印度洋海啸之后,科研人员通过卫星图像和实地考察,对安达曼海南部红树林的恢复力和新红树林的扩张定植地点进行研究,并发现该区域有 35 个村庄在海啸后形成了约 1,070 ha 的海啸湿地(Tsunami Created Wetland)(Shankar et al.,2020)。随着时间的推移,一些红树植物、半红树植物和海岸植被在这些海啸湿地的裸地上开始了植被演替:所有村庄中的草本植物(如老鼠簕和卤蕨)以及红树属和白骨壤属的幼苗丰度达到最高;部分村庄还发现了水椰和露兜树;随后,先锋的红树植物物种,如红茄苳、红树和白骨壤等逐步生长,湿地得以天然恢复(图 5-6)。可见,海啸后的红树林湿地是可以修复的。

如果海啸湿地的沉积和表面高程抬升的速率快,植被的演替也将加速,并在较短的时间内形成新的红树林。

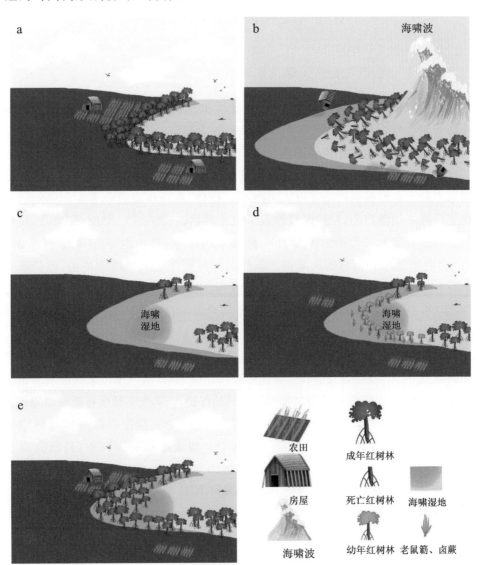

图 5-6　经历 2004 年印度洋海啸后安达曼海南部的红树林群落演替示意
(a. 海啸之前;b. 海啸侵袭;c. 海啸后形成海啸湿地;d. 草本和灌丛植被形成;e. 以红树林为主的顶级群落形成;图例,仿 Shankar et al.,2020)

5.3 热带气旋和海啸过后的红树林修复

5.3.1 热带气旋的灾难性影响

热带气旋的登陆常常导致严重的财产和人员伤亡。而且,当热带气旋和疾病等其他灾害共同作用时,经济损失将大大加剧。

地处于印度和孟加拉国两国交界的孙德尔本斯红树林,是联合国教科文组织(UNESCO)的重要保护地。这里也是全球经济最不发达的地区之一。整个孙德尔本斯三角洲有居民 450 万人,以农业、打鱼、养蜂和旅游业为生。他们居住在土建或木质棚户中,农耕区紧挨着半咸水的河道(图 5-7)。2020 年 5 月,热带气旋"安攀"袭击了孙德尔本斯红树林及周边区域,过境时平均风速 47.2 m·s^{-1},并伴有暴雨和剧烈的风暴潮。虽然红树林缓冲了风暴潮的冲击,但仍然有上百万居民受灾。许多房屋倒塌、堤坝冲垮、农田被海水入侵而不再适宜耕作。"安攀"几乎完全损毁了长 100 km 的用于防止孟加拉虎进入居住区的尼龙护栏。近年来,由于海岸侵蚀和海水入侵,当地农业和渔业受到冲击,居民纷纷进城务工。2020 年初暴发了新型冠状病毒肺炎疫情之后,当地政府颁布限行令,他们无法再回到城里工作。当热带气旋和全球性传染病相叠加时,给当地带来的经济冲击更为深远。然而,如果没有孙德尔本斯红树林的保护,当地受灾情况将更难以想象。

植被对热带气旋具缓冲作用,可降低村庄的受灾程度。红树林在热带风暴期间可以保护沿海社区。最近一项基于全球大数据的研究中,科研人员利用空间数据和统计分析,追踪了 2006—2010 年热带气旋对全球沿海经济活动的影响(Hochard et al.,2019)。这项研究中的热带和亚热带沿海地区拥有红树林的国家有 23 个。在全球受热带气旋影响的 2.08 亿人中,约 1.84 亿人(88.5%)来自 18 个人均国民总收入(人均 GNI)低于 12,476 美元的发展中国家;其中超过 50%(即近 9,800 万人)在人均 GNI 不到 4,036 美元的低收入或中等收入国家(表 5-3)。红树林有效地保护了当地经济,减少了热带气旋引起的永久性经济损失。即使只是中等覆盖率的红树林也能抵御风暴潮,保护海岸带。因此,加强红树林的保育,特别是在一些红树林退化或功能脆弱的区域是十分必要的。减缓人为干扰、增加红树林保护面积和保护红树林生态系统健康,可以减少热带气旋带来的损害。

图 5-7　孟加拉国孙德尔本斯红树林周边村庄和堤岸边的水稻田(陈鹭真摄)

表 5-3　受热带气旋影响的国家和地区的人口和红树林保护面积(2006—2010)(仿自 Hochard et al., 2019)

国家/地区	人口 (千人)	受气旋影响的人数 (千人)	受气旋影响的人数比例 (%)	红树林面积 (ha)	红树林保护面积 (ha)	红树林保护比例 (%)
巴哈马	268	50	19	155.7	0.2	0
伯利兹	123	58	47	1,684.0	76.9	5
多米尼加共和国	814	320	39	122.6	64.4	53
菲律宾	5,380	1,674	31	724.0	90.7	13
斐济	191	0	0	266.0	12.0	5
哥伦比亚	2,820	0	0	1,688.0	1,006.0	60
哥斯达黎加	30	6	20	2.6	2.6	100
古巴	3,360	1,580	47	3,920.0	1,582.0	40
海地	477	227	48	4.9	0.0	0
洪都拉斯	374	118	32	1,000.0	788.0	79
马达加斯加	392	140	36	29.3	0.0	0
美国	21,200	10,720	51	12,160.0	10,920.0	90
莫桑比克	2,960	378	13	166.6	0.0	0
墨西哥	7,100	2,720	38	11,580.0	6,600.0	57
尼加拉瓜	135	27	20	770.0	312.0	41
日本	1,293	554	43	9.7	6.6	68

续表

国家/地区	人口（千人）	受气旋影响的人数（千人）	受气旋影响的人数比例（%）	红树林面积（ha）	红树林保护面积（ha）	红树林保护比例（%）
萨尔瓦多	460	4	1	1,310.0	1,258.0	96
特立尼达和多巴哥	495	0	0	133.3	4.3	3
危地马拉	617	214	35	1,502.0	1,088.0	72
印度	83,200	955	1	1,972.0	376.0	19
越南	3,820	2,240	59	1,232.0	832.0	68
中国（南方5省）	71,600	61,000	85	178.5	70.4	39
中国香港	1,252	997	80	20.7	13.3	64
发达国家	24,507	12,321	50	12,479	10,944	88
发展中国家	183,851	71,662	39	28,152	14,159	50
总量	208,359	83,983	40	40,632	25,103	62

＊发展中国家的人均 GNI＜12,476 美元；发达国家的人均 GNI≥12,476 美元。

我国是世界上遭受风暴潮灾害最严重的国家之一。每年夏季是台风的高发期。台风登陆后会带来强风、暴雨和风暴潮，并造成巨大的经济损失。东南沿海地区是我国经济最发达的地区之一，由于处在陆海交替、气候多变地带，也是台风暴雨、洪涝干旱、风沙海雾和低温干热等自然灾害频发的地区。因此，天然红树林的保护和退化红树林的恢复这两项措施应当并行，才能提高红树林保护海岸带安全的有效性。

5.3.2　海啸的灾难性影响和经济复苏

班达亚齐是印度尼西亚亚齐省的首府，是 2004 年印度洋海啸受灾最严重的地区。海啸摧毁了 800 km 海岸线和 3,000 ha 土地，造成许多人死亡和水产养殖塘在内的土地永久损失，依赖于水产养殖业和红树林渔业的沿海经济受到巨大打击。海啸之前，班达亚齐的潘德村人口为 1,199 人，家庭月收入在 115～345 美元之间；海啸后，由于失业，生活在贫困线以下的人口由海啸前的 28% 上升到 33%。由于灾后重建，2006 年这一数字下降到 27%。截至 2016 年，生活在贫困线以下的人口为 17%（Ismail et al.，2018）。作为当地的一种经济复苏方式，潘德村在红树林湿地开展一种综合水产养殖，希望带动沿海社区经济复苏。这里的水产养殖户大多发展蟹-虾或蟹-鱼等多品种养殖业。每年 12 月到次年 6 月的蟹肉价格通常比较高,养殖户会根据市场需求制订养殖计划。在此过程中,村委预算拨款约 3,768 美元用于开展红树林管理、池塘处理技术和经营模式的培训(Ismail et al.,2018)。

5.3.3　灾后红树林修复行动

红树林对沿海灾害影响的保护作用,引起了决策者和生态学家的重视。目前越来越多人参加到天然红树林保育和退化红树林修复的工作中。在政府、科学家和非政府组织的倡导下,印度洋沿岸国家开展了红树林的修复工作(Barbier,2006;Berger et al.,2006)。

2005 年,马来西亚开始 1 项全国性红树林造林和海岸带修复的行动(称为 Tree Planting Program with Mangroves and Other Suitable Species Along National Coastlines),在全国 13 个州展开。这项修复行动是由政府倡导和社区参与的方式开展红树林保育和管理的。在项目开展的十年间(2005—2015),共种植超过 630 万棵树,造林 2,605 ha,修复效果显著。截至 2014 年底,该项目种植面积的 78% 已稳定下来,并发挥自然保护地的作用,还有 22% 的种植面积预计在此后的 2~3 年内稳定并发挥作用。项目还建立了总长度超过 100 m 宽的红树林-海岸植物缓冲区,保存了 409 个植物群落作为生物多样性廊道;修复了 6 个区域,并开发为娱乐、生态旅游以及研究的场所。在 2014 年出版的报告 *Outcome Evaluation Report of the Planting Program of Mangrove and Suitable Species Along the National Coastline* 中,该项目对 2005 年以来的红树林恢复成效进行了总结(Ramli,Zhang,2017)。

在印度尼西亚,2004 年以前班达亚齐的大部分红树林受到人类活动的干扰,剩下的红树林景观碎片,植被密度低,红树林仅占班达亚齐海岸线的 13.6%。2004 年海啸后,这里开展了红树林修复项目,经过 5 年和 11 年的种植后,红树林恢复到海啸前的 66.5% 和 81.3%,但依然十分脆弱(Onrizal,Mansor,2018)。苏门答腊南部的楠榜省也是深受海啸侵袭的地区。在 2004 年海啸前,楠榜省的许多红树林被砍伐并用于建造虾塘。海啸后,社区居民由政府组织,自发地参与到红树林的种植和保护行动中。为抵御海平面上升和海啸侵袭,2007 年以来楠榜省 Pasir Sakti 地区的居民在政府组织下参与"10 个省份种植 5,000 棵红树的行动",通过不断补植红树林,保护自己的家园(图 5-8)。

图5-8 印度尼西亚楠榜省 Pasir Sakti 地区成功修复的红树林(a)和渔民志愿者种植红树的场景(b)
(Febrina Wulandari Sagala 拍摄于 2019 年 5 月)

综上,在热带气旋和海啸等自然灾害中,红树林是抵抗强风巨浪的生物盾牌,也首当其冲受到风暴潮的侵袭。红树林同时受到机械损伤和功能损伤,表现为群落结构变化、凋落物量变化、生态系统碳源-汇关系改变和植被水分动态变化。热带气旋或海啸后,可以通过开展红树植物的补植和造林,逐步恢复红树林的生态系统功能。保护现有的红树林和恢复受损的湿地,这两项举措并行将使红树林在海岸带地区防灾减灾中更好地发挥天然屏障的作用。

第6章　入侵植物对红树林的影响

在全球变化背景下，生物入侵（Biological invasion）已成为世界上最为棘手的三大环境问题之一。外来物种的成功入侵直接或间接地降低了被入侵地的生物多样性，改变了当地生态系统的结构与功能，最终导致生态系统退化、生态系统功能和服务丧失（Mckinney，Lockwood，1999）。近30年来，外来植物入侵对中国红树林生态系统的危害日趋严重，成为管理部门、学者和社会媒体的关注热点之一。

湿地是极易被入侵的生态系统，面积虽然不到地球表面的6%，但世界上入侵力最强的植物种类中有24%为湿地植物（Lowe et al.，2000）。虽然滨海湿地受潮汐影响且土壤盐度高，淡水湿地植物难以生长，但人工辅助措施（如引种和园艺种植）大大促进了外来植物的跨区域传播，部分导致一些生长能力强、适应性强的物种成为入侵物种。迄今为止，已有9种乔木、6种灌木、13种草本和1种藤本植物被列为全球沿海地区入侵物种名录（表6-1，Chen L，2019）。这些入侵植物对生态系统结构和功能产生了深远影响。例如，互花米草和薇甘菊（*Mikania micrantha*）等世界性的恶草，生长迅速，繁殖力强，竞争与化感作用明显，已经造成严重入侵。同时，还有一些具有潜在入侵能力的物种，如造林物种无瓣海桑，其入侵能力仍需深入研究和进一步关注。

气候变化对入侵物种的影响受到了全球关注。例如，澳大利亚入侵物种委员会在2009年发布了一份电子公告《双重麻烦》（*Double Trouble*），警告世人警惕气候变化和入侵物种相互作用带来的危害（见 Dukes，2011）。一些外来植物会从极端事件中受益，通过对本地物种的挤压或竞争，在变化的气候下加速入侵。目前，入侵物种如何应对环境变化仍然是一个复杂的问题。环境因素会因地区和物种的不同而有差异。此外，人为干扰不可避免地加剧了物种入侵。当这些威胁结合在一起时，它们对脆弱的红树林生态系统的影响将被放大。但是，目前对红树林气候变化、人为干扰和入侵物种的整合研究还很有限。

表 6-1　全球入侵滨海湿地的高等植物(仿 Chen L,2019)

物种	天然分布区	引入地	生境类型	文献
木本植物				
光叶番荔枝 *Annona glabra*	热带美洲	澳大利亚	红树林、盐沼	1
木榄 *Bruguiera gymnor-rhiza*	印度洋—太平洋沿岸	美国佛罗里达、夏威夷群岛	红树林	2
榄李 *Lumnitzera racemosa*	印度洋—太平洋沿岸	美国佛罗里达、夏威夷群岛	红树林	2
五脉白千层 *Melaleuca quinquenervia*	澳大利亚	美国佛罗里达	含盐沼泽	3
美洲大红树 *Rhizophora mangle*	热带美洲	夏威夷群岛	红树林	2
无瓣海桑 *Sonneratia apetala*	印度、孟加拉国	中国东南沿海	红树林	4
榄仁树 *Terminalia catappa*	亚洲、非洲、澳大利亚	拉丁美洲、加勒比群岛	含盐沼泽	2
海滨猫尾木 *Thespesia populena*	亚洲	北美洲、加勒比群岛	半红树区	2
乌桕 *Triadica sebifera*	东亚	美国东南沿海	含盐沼泽	5
灌木植物				
水椰 *Nypa fruticans*	印度洋—太平洋沿岸	夏威夷群岛、加勒比群岛、西非	红树林	4
美洲阔苞菊 *Pluchea carolinensis*	拉丁美洲、西印度群岛、美国佛罗里达	夏威夷群岛	半红树区	2
阔苞菊 *Pluchea indica*	亚洲、澳大利亚	夏威夷群岛	半红树区	2
玫瑰 *Rosa rugosa*	亚洲	北欧、美国	海岸沙丘	2

续表

物种	天然分布区	引入地	生境类型	文献
草海桐 *Scaevola taccada*	亚洲、夏威夷群岛	中美洲	含盐沼泽	2
柽柳 *Tamarix chinensis*	中国	南、北美洲，南非	滨海盐沼	2
草本植物				
紫菀属一种 *Aster squamatus*	中、南美洲	地中海	滨海盐沼	4
环翅藜属一种 *Cycloloma atriplici-folium*	—	阿尔巴尼亚	滨海盐沼	4
丝粉藻属一种 *Cymodocea nodosa*	—	土耳其	海草床	4
喜盐草属一种 *Halophila stipulacea*	西印度洋	地中海	海草床	4
黄菖蒲 *Iris pseudacorus*	欧洲	北美洲	含盐沼泽	6
芦苇 *Phragmites australis*	美国部分区域	美国东部、墨西哥湾	滨海盐沼	7
顶羽菊 *Rhaponticum repens*	欧洲	中国、美国西部	含盐沼泽	4
互花米草 *Spartina alterniflora*	美国东海岸	东亚、美国西海岸、英国、新西兰	滨海盐沼	4
大米草 *Spartina anglica*	欧洲	爱尔兰、澳大利亚、法国	滨海盐沼	4
密花米草 *Spartina densiflora*	南美洲	地中海	滨海盐沼	4

续表

物种	天然分布区	引入地	生境类型	文献
唐氏米草 *Spartina×townsendii*	西欧	爱尔兰	滨海盐沼	4
米草属一种 *Spartina pectinata*	美国	爱尔兰	滨海盐沼	4
杂交种香蒲 *Typha×glauca*	亚洲	北美洲	滨海盐沼	8
藤本				
薇甘菊 *Mikania micrantha*	中、南美洲	热带亚洲	含盐沼泽	9

[1] Duke,2006;[2] Richardson,Rejmanek,2011;[3] Turner et al.,1998;[4] GRIIS(Global Register of Introduced and Invasive Species,http://www.griis.org);[5] Conner et al.,2014;[6] Pathikonda et al.,2008;[7] Chambers et al.,1999;[8] Woo,Zedler,2002;[9] Zan et al.,2001。

6.1 我国红树林区的外来植物

除了滨海湿地入侵植物外,陆源入侵植物也会出现在红树林中或半红树植物区。中国红树林区常见的外来植物共 20 科 56 属 70 种(含 1 变种),其中除无瓣海桑和拉关木两种外来引种的红树植物外,其余种均属于入侵植物(表6-2)。红树林区入侵植物中,菊科(Compositae)最多,达 23 种,占总数的33%;其次是禾本科(Gramineae)7 种,豆科(Leguminosae)7 种,苋科(Amaranthaceae)5 种。上述 4 科共计 42 种,占外来植物总种数的 60%。对入侵植物的原产地进行分析发现,来源于美洲的有 57 种,占总种数 81%,其余分别来自亚洲、欧洲和非洲,没有来自大洋洲的种类。入侵植物中以草本植物种类最多,计 48 种,占总物种数 69%;乔、灌木 14 种,占 20%;藤本 6 种,约占 9%。

表 6-2　中国红树林区常见的外来植物(入侵种界定依据万方浩等,2009)

种类		原产地	危害程度	备注
一、商陆科 Phytolaccaceae	1. 美洲商陆 Phytolacca americana	北美	轻微	入侵
二、藜科 Chenopodiaceae	2. 土荆芥 Chenopodium ambrosioides	美洲	轻微	入侵
三、苋科 Amaranthaceae	3. 空心莲子草 Alternanthera philox-eroides	美洲	轻微	入侵
	4. 刺花莲子草 Alternanthera pungens	南美	轻微	入侵
	5. 刺苋 Amaranthus spinosus	热带美洲	轻微	入侵
三、十字花科 Cruciferae	8. 北美独行菜 Lepidium virginicum	美洲	轻微	入侵
四、仙人掌科 Cactaceae	9. 仙人掌 Opuntia dillenii	热带美洲	轻微	入侵
	10. 梨果仙人掌 Opuntia ficus-indica	热带美洲	轻微	入侵
五、豆科 Leguminosae	11. 金合欢 Acacia farnesiana	热带美洲	轻微	入侵
	12. 银合欢 Leucaena leucocephala	美洲	轻微	入侵
	13. 巴西含羞草 Mimosa diplotricha	美洲	轻微	入侵
	14. 含羞草 Mimosa pudica	热带美洲	轻微	入侵
	15. 簕仔树 Mimosa sepiaria	热带美洲	轻微	入侵
	16. 双荚决明 Senna bicapsularis	美洲		
	17. 田菁 Sesbania cannabina	大洋洲	轻微	入侵
六、西番莲科 Passifloraceae	18. 龙珠果 Passiflora foetida	南美洲	轻微	入侵
七、酢浆草科 Oxalidaceae	19. 红花酢浆草 Oxalis corymbosa	美洲	轻微	入侵
八、使君子科 Combretaceae	20. 拉贡木 Laguncularia racemosa	美洲	中等	未明确
九、大戟科 Euphorbiaceae	21. 飞扬草 Euphorbia hirta	美洲	轻微	入侵
	22. 斑地锦 Euphorbia maculata	北美洲	轻微	入侵
	23. 蓖麻 Ricinus communis	非洲	轻微	入侵
十、锦葵科 Malvaceae	24. 苘麻 Abutilon theophrasti	亚洲	轻微	入侵
	25. 赛葵 Malvastrum coromandelianum	美洲	轻微	入侵
十一、海桑科 Sonneratiaceae	26. 无瓣海桑 Sonneratia apetala	亚洲	严重	未明确
十二、旋花科 Convolvulaceae	27. 茑萝 Quamoclit pennata	热带美洲	轻微	入侵
	28. 五爪金龙 Ipomoea cairica	欧洲	中等	入侵
	29. 牵牛 Ipomoea nil	热带美洲	轻微	入侵
	30. 圆叶牵牛 Ipomoea purpurea	热带美洲	轻微	入侵
十三、马鞭草科 Verbenaceae	31. 马缨丹 Lantana camara	美洲	轻微	入侵
十四、唇形科 Lamiaceae	32. 山薄荷 Hyptis suaveolens	热带美洲	轻微	入侵
十五、茄科 Solanaceae	33. 水茄 Solanum torvum	美洲	轻微	入侵
	34. 苦颠茄 Solanum aculeatissimum	南美洲	轻微	入侵
	35. 洋金花 Datura metel	亚洲	轻微	入侵
十六、玄参科 Scrophulariaceae	36. 野甘草 Scoparia dulcis	热带美洲	轻微	入侵
	37. 直立婆婆纳 Veronica arvensis	欧洲	轻微	入侵
	38. 波斯婆婆纳 Veronica persica	欧洲、西亚	轻微	入侵

续表

种类		原产地	危害程度	备注
	39. 胜红蓟 *Ageratum houstonianum*	中南美洲	轻微	入侵
	40. 豚草 *Ambrosia artemisiifolia*	北美洲	轻微	入侵
	41. 钻形紫菀 *Aster subulatus*	北美洲	轻微	入侵
	42. 鬼针草 *Bidens pilosa*	美洲	中等	入侵
	43. 白花鬼针草 *Bidens pilosa* var. *radiate*	美洲	中等	入侵
	44. 香丝草 *Conyza bonariensis*	南美洲	轻微	入侵
	45. 小飞蓬草 *Conyza canadensis*	北美洲	轻微	入侵
	46. 苏门白酒草 *Conyza sumatrensis*	南美洲	轻微	入侵
	47. 野茼蒿 *Crassocephalum crepidioides*	非洲	轻微	入侵
	48. 一年蓬 *Erigeron annuus*	北美洲	轻微	入侵
十七、菊科 Compositae	49. 紫茎泽兰 *Eupatorium adenophora*	中美洲	轻微	入侵
	50. 飞机草 *Eupatorium odoratum*	中美洲	中等	入侵
	51. 牛膝菊 *Galinsoga parviflora*	南美洲	轻微	入侵
	52. 薇甘菊 *Mikania microratha*	热带美洲	严重	入侵
	53. 银胶菊 *Parthenium hysterophorus*	中南美洲	轻微	入侵
	54. 欧洲千里光 *Senecio vulgaris*	欧洲	轻微	入侵
	55. 裸柱菊 *Soliva anthemifolia*	热带美洲	轻微	入侵
	56. 续断菊 *Sonchus asper*	欧洲、西亚	轻微	入侵
	57. 苦苣菜 *Sonchus oleraceus*	欧洲	轻微	入侵
	58. 假臭草 *Praxelis clematidea*	南美洲	轻微	入侵
	59. 肿柄菊 *Tithonia diversifolia*	中北美洲	轻微	入侵
	60. 羽芒菊 *Tridax procumbens*	热带美洲	轻微	入侵
	61. 南美蟛蜞菊 *Wedelia trilobata*	美洲	轻微	入侵
十八、紫茉莉科 Nyctaginaceae	62. 紫茉莉 *Mirabilis jalapa*	美洲	轻微	入侵
十九、雨久花科 Pontederiaceae	63. 凤眼莲 *Eichhornia crassipes*	南美	轻微	入侵
	64. 巴拉草 *Brachiaria mutica*	非洲	轻微	入侵
	65. 蒺藜草 *Cenchrus echinatus*	美洲	轻微	入侵
	66. 铺地黍 *Panicum repens*	美洲	轻微	入侵
二十、禾本科 Gramineae	67. 两耳草 *Paspalum conjugatum*	美洲	轻微	入侵
	68. 毛花雀稗 *Paspalum dilatatum*	美洲	轻微	入侵
	69. 红毛草 *Rhynchelytrum repens*	南非	轻微	入侵
	70. 互花米草 *Spartina alterniflora*	美洲	极严重	入侵

　　上述入侵植物中,对红树林生态系统造成较大影响的种类有互花米草、薇甘菊、五爪金龙等。另外,在我国广泛引种、大面积种植的外来红树植物无瓣海桑、拉关木也存在一定的生态学风险。

6.2　互花米草的生物入侵

　　全世界米草属($Spartina$)植物有 14～17 种。在生物地理学上,除了欧洲米草($Spartina\ maritima$)是欧洲的乡土物种,其他米草属植物几乎都起源于美国大西洋海岸和墨西哥湾(An et al.,2007)。米草属植物的入侵已经构成了全球性威胁(Ayres,Strong,2001)。它们严重影响了生态系统的生物多样性,挤压本地物种的生存空间;其快速扩张还威胁滩涂养殖、阻塞船道等,带来了巨大的经济损失。

　　我国红树林目前受到互花米草入侵的影响。互花米草原产于美国大西洋沿岸及墨西哥湾,北起加拿大纽芬兰,南至阿根廷南部。1816 年,互花米草随船舶压舱水被无意带入英国,其后又被无意引入法国、西班牙等欧洲国家(邓自发等,2006;王卿等,2006)。近 200 年来,互花米草的分布区域已经从其原产地扩展到欧洲、北美西海岸、亚洲、大洋洲的澳大利亚和新西兰等地(Baumel,2001)。目前,它已成为全球海岸带最成功的入侵植物之一。2003 年初,互花米草作为唯一的滨海盐沼植物,被列入我国首批 16 种外来入侵种名单。

6.2.1　互花米草在我国的入侵历史

　　为减少海岸侵蚀和加强海岸保护,我国于 1979 年从北美南部和东部海岸引进互花米草,20 世纪 80 年代开始在江苏和福建部分海域试验移栽。由于适应性强,生长迅速,北起鸭绿江口,南至广东湛江、广西北部湾、海南儋州的沿海滩涂以及台湾金门岛都有互花米草的分布。目前,互花米草已在福建、广东和广西等地区的红树林生态系统中快速扩散(Liu et al.,2020)。

　　我国首次引种的互花米草来自美国北卡罗来纳州、佛罗里达州和佐治亚州的三个生态型。这三个生态型在最初的引种地(福建罗源湾)表现出形态和生理特征差异(表 6-3)。其中,佐治亚州和佛罗里达州两个生态型之间在植株高度、生物量等方面存在显著差异(An et al.,2007)。

表6-3　互花米草的三个生态型在我国引种区的形态和生理差异(数据来源:An et al.,2007)

种群来源	最大植株高（cm）	最大叶长（cm）	最大叶宽（cm）	地上生物量（g·m^{-2}）	抗性		叶片颜色
					低温	盐度	
北卡罗来纳州	217	95.5	2.0	297.9	强	低	深绿
佐治亚州	275	90.0	2.1	457.2	中	中	亮绿
佛罗里达州	128	82.0	2.1	268.2	弱	高	绿

此外,三个生态型的耐寒性和耐盐性也存在很大差异。DNA指纹技术发现,我国沿海互花米草植株是这三个生态型的杂交后代,具有显著的杂种优势,因此,具有比原产地的植株更强的生长能力(Qiao et al.,2019)。在种植后,这三个生态型间的杂交还通过整合纵向生长和横向扩张的能力,产生生长和繁殖优势超强的基因型,并被自然选择保留。这是互花米草在我国恶性入侵的主要驱动力(Qiao et al.,2019)。

近年来,互花米草在我国的爆发式增长规模远大于世界上其他国家和地区。遥感分析表明,至2007年互花米草在中国的分布面积达34,451 ha(Zuo et al.,2012),分布在从辽宁到海南的几乎所有沿海省、市、自治区的海岸滩涂。其中,江苏海岸带的互花米草分布范围最广,面积最大,已经达18,711 ha,占全国互花米草总分布面积的54%;浙江、上海和福建的互花米草总分布面积分别达4,812 ha,4,741 ha和4,166 ha。上述四省市的互花米草面积占全国海岸带总分布面积的94%,是我国互花米草分布最集中的地区。

6.2.2　互花米草扩散和生长特征

作为禾本科植物,互花米草可以开花、结籽,进行有性繁殖,也能通过地下茎进行营养生长。互花米草在我国沿海滩涂的扩散以人为引入为主,辅以自然扩散。自然扩散的状况主要发生在一些未开展人工种植互花米草的海湾和河口。

6.2.3　互花米草入侵红树林的现状

互花米草在固滩护堤、促淤造陆等方面具有积极作用。它具有快速生长、生产力高、地下根系发达等优点(Crooks,2002);其植株还能捕获水中的沉积物、利用根系生物量支撑沉积物结构,在保护海岸免受风暴和涨潮侵蚀方面表现良好(Morris et al.,2005)。但是,在我国南方海岸带的红树林区,互花米草侵占了大量红树林自然扩散的光滩和林窗,对红树林的更新产生了很大的影响(Zhang et al.,2012)。

在过去二十年间,互花米草已成功入侵我国原生红树林的光滩,形成了红树林-互花米草交错带。沿纬度梯度,红树林-互花米草交错带向北延伸至浙江乐清(28.3°N),向南延伸至海南儋州新英港(19.7°N)。由于高温降低了互花米草的生产力,其株高和地上生物量随纬度的降低而减小(Liu et al.,2020);而红树林的生长、丰度和生物多样性随纬度的升高而增大:两者形成相反的纬向分布格局。在流域尺度上,互花米草具有良好的耐盐性,分布区的盐度梯度大(Zhang et al.,2012)。在潮间带的不同高程区域,互花米草表现出"单峰形"分布格局,在中潮位生长最佳(Peng et al.,2018)。互花米草的流域和潮间带分布格局在福建漳江口红树林极为显著:可在盐度 5 到海洋水体盐度中生长良好,分布区跨越了从河口上游到漳江口出海口的区域,它还大量入侵光滩和红树林林窗(图 6-1)。在纬度、盐度和潮间带高程梯度等不同空间尺度上,互花米草均能和红树植物产生生态位竞争(Zhang et al.,2012;Peng et al.,2018)。

图 6-1　福建漳江口互花米草入侵红树林光滩和林窗(陈巧思摄)

互花米草已挤占红树林自然更新和造林空间,抑制红树植物更新,给红树林的繁殖、潮间带物种多样性和滩涂养殖业等带来了负面影响。互花米草已成为我国红树林保护和恢复面临的亟须解决的问题之一。在漳江口,互花米草的面积由 2003 年的 57.9 ha 增加到 2015 年的 116.1 ha(李屹等,2017)。为了防止它在光滩上蔓延,福建沿海区域已经开发了几种控制方法,包括焚烧、收割、使用除草剂和淡水淹水,但效果非常有限。

6.3 外来红树植物的入侵潜力

自 20 世纪 90 年代以来,我国开展了大量红树林恢复造林工作。特别是在 2005 年 10 月,国家林业局正式将红树林纳入沿海防护林体系,启动大规模的红树林湿地恢复工程。此后,引种驯化外来红树植物逐渐成为我国红树林造林的方法之一。海南是我国红树植物引种的中心,引种的红树植物种类为全国最多。东寨港保护区引种园是这些外来红树植物到达中国的第一站。目前,除无瓣海桑和拉关木两种外来红树植物以外,大部分外来物种仅存在于东寨港保护区引种园内。无瓣海桑和拉关木与乡土红树植物存在生态位竞争(Chen L et al.,2012;Gu et al.,2019),并被发现与乡土物种杂交(Zhong et al.,2020),改变红树林生态系统的生物多样性(Chen L et al.,2017 b)。

6.3.1 已引起入侵的红树植物

目前,全球共有 21 种木本植物被列入"全球 100 种最具威胁的外来入侵物种"名单;所幸,红树植物并未出现在名单之上(Lowe et al.,2000)。但是,全球仍有 8 种红树植物及其伴生物种被列为滨海湿地入侵或具备入侵性的植物(表 6-4)。红树林为人类社会提供生态系统服务,例如生产木材、提供栖息地和改善水质(Odum,Heald,1972)。为了造林、园艺和海岸保护生态工程的实施,一些红树植物物种已经被引种到其自然分布区之外,其中一些已经归化或入侵(Richardson,Rejmanek,2011)。

表 6-4　全球已发现发生入侵的红树植物及其伴生物种(仿 Chen L,2019)

物种	原产地	入侵/引种区域(时间)	目的
红树植物			
白骨壤 Avicennia marina	IWP	美国加利福尼亚(1970)	护岸
木榄 Bruguiera gymnorrhiza	IWP	美国夏威夷(1922)、佛罗里达(1940)	护岸、园艺
拉关木 Laguncularia racemosa*	大西洋东岸	中国(1999)	造林
榄李 Lumnitzera racemosa	IWP	美国佛罗里达(1960)	护岸
水椰 Nypa fruticans	IWP	西非(1906)、太平洋群岛和加勒比群岛(20 世纪 90 年代)	园艺
美洲大红树 Rhizophora mangle	大西洋东岸	太平洋群岛(1902)	护岸
红茄苳 Rhizophora mucronata	IWP	太平洋群岛(1922)	—
总状序红树 Rhizophora racemose	IWP	沙特阿拉伯	造林
红海榄 Rhizophora stylosa	IWP	法属玻利尼西亚(1937)	—
无瓣海桑 Sonneratia apetala*	孟加拉湾	中国(1985)	造林
伴生物种			
美洲阔苞菊 Pluchea carolinensis	—	太平洋群岛	园艺
阔苞菊 Pluchea indica	—	太平洋群岛	园艺
海滨猫尾木 Thespesia populena	—	北美、加勒比群岛	园艺

*具有入侵潜力;IWP:印度洋—太平洋沿岸;—:未知。

1. 夏威夷群岛的红树植物入侵

由于地理上的极度隔离,夏威夷群岛原本没有红树林分布。美洲大红树是红树科红树属的一种乔木树种,原产美洲本土、加勒比海岸和非洲西部的大西洋沿岸。1902 年,它从美国佛罗里达州被引进到夏威夷摩洛凯岛;20 世纪30 年代,美洲大红树又被陆续被引种到夏威夷群岛的其他岛屿,其中部分种群是在洋流作用下自然扩散而形成的(Allen,1998)。最后它在夏威夷群岛的所有主要岛屿都形成种群,迅速爆发扩散,覆盖 25% 的夏威夷南部海岸线(Chimner et al.,2006;D'iorio et al.,2007)。

美洲大红树入侵夏威夷群岛的海岛裸滩后,显著改变了原有生态系统结构与功能。由于具有高生产力,红树植物群落使滩涂生态系统的生物量大幅增加(Cox,Allen,1999;Fry,Cormier,2011;D'iorio,2007),并通过死亡根系不断输入土壤碳,改善滩涂沉积物的理化特征,丰富了底栖生物群落,进而改变了原有生态系统的食物链结构(Demopoulos,2004;Demopoulos et al.,2007;Siple,Donahue,2013)。丰富多样的底栖生物群落,进一步为外来生物的入侵提供了良好的条件(Demopoulos,Smith,2010)。在一些区域,当美洲大红树被清除数年后,它仍对夏威夷群岛海岸的沉积过程和碳矿化动态具有影响(Sweetman et al.,2010)。从全球尺度考虑,美洲大红树入侵改变了夏威夷群岛生物的特有性,对于全球生物多样性的维持产生了负面效应。

此外,为了稳定海岸线,在 20 世纪初,还有其他红树植物被引进夏威夷群岛,包括从美国本土引种的直立锥果木,从菲律宾引种的木榄、小花木榄、角果木和红茄苳均被种植在摩洛凯岛、欧胡岛和茂宜岛(Allen,1998)。其中,引自菲律宾的木榄和引自美国的直立锥果木已经建立了能自我维持的种群(Allen,1998)。这些入侵植物在沉积物积累和有机质输出等方面起到生态系统工程师的作用;但也带来负面影响,如降低了濒危水鸟栖息地的质量(Allen,1998)。

2. 美国佛罗里达南部的红树入侵

美国佛罗里达州南部有 17 万公顷的天然红树林。它由三种红树植物构成——美洲大红树,亮叶白骨壤和拉关木,还有伴生物种直立锥果木。1940年,植物探险家大卫·费尔柴尔德(David Fairchild)将从印度尼西亚带回的木榄种植在他位于美国佛罗里达州迈阿密家附近的潮间带上。他在回忆录中写道:"如果它们结果了,也许有一天它们的花朵会照亮我们的海岸。"(Fairchild,1945:94;见 Fourqurean et al.,2010)他希望这两棵树能够存活下来,并在整个地区推广开来。他在迈阿密的住宅名为"The Kampong",在 1984 年建成一个植物园(Fairchild Tropical Botanic Garden,FTBG)。今天,他所种植的两棵木榄的后代已经在佛罗里达州比斯坎湾形成"开红色花朵"的红树林。在长约 100 m、分布着乡土红树植物的海岸线上,已经形成木榄群落,并以每年 5.6%的速度增长(Fourqurean et al.,2010)。此外,榄李也是该植物园在 1966 年和 1971 年从东南亚收集来的物种之一。引种初期,在植物园中潮位较低的区域共种植了 14 棵榄李。目前,榄李已发生归化和种群扩散,其密度远远大于原生红树林物种,每公顷高达 24,735 棵,种群增长率为 17%～23%(Fourqurean et al.,2010)。

这两种红树植物在佛罗里达南部的归化,是人工引种和自然扩散的结果。目前,扩散的种群以低龄个体为主。考虑到其繁殖体的寿命和随水漂浮的特性,它们很可能已经扩散到更广泛的区域(图 6-2a)。目前,人工清除扩散物种成为大沼泽国家公园的一项日常工作(图 6-2b,国家公园工作人员定期清理榄李幼树)。

图 6-2　美国佛罗里达州大沼泽国家公园中入侵的榄李种群和公园工作人员清除的榄李幼树
(a,Dennis J. Giardina 摄于 2010 年;b,陈彦摄于 2019 年)

3. 西非的水椰入侵

水椰是棕榈科水椰属的唯一一种植物,天然分布在西太平洋和印度洋的东南亚、南亚和大洋洲沿岸,是在红树林中利用最多的棕榈植物。水椰具有广泛的用途,东南亚的居民用它的叶子做屋顶和香烟包装;它的汁液含糖高,可制作水椰糖或生产果酒,还可制作生物燃料。

虽然缺乏直立的茎,但它仍然可以长到 10 m 高。它在地下形成分枝,每一个分枝都生长出新的植株,并形成密集的地上部分。植株成熟后,受精的花发育成纤维状的褐色果实,成熟后形成一个大的球形果序(图 6-3)。水椰果实浮力强,可以随水流传播(Teo et al.,2010)。该物种具有广泛的耐受性,可在完全淡水和半咸水的环境中形成群落。20 世纪初,水椰被引入西非的尼日尔三角洲,此后蔓延到喀麦隆,在整个西非的海岸线上形成群落(Saenger,Bellan,1995)。在尼日尔三角洲和喀麦隆,它们形成密集的单一物种群落并取代了乡土红树林,扩散到红树林以外的区域。当原生红树属植物被砍伐并用于燃料或木材销售后,水椰可以迅速占领并定植在这些裸露的滩涂上(GISD,2015)。

图 6-3　水椰的果序、植株和群落(陈鹭真摄)

6.3.2　无瓣海桑的造林现状

1. 无瓣海桑的引种历史

无瓣海桑是海桑科海桑属植物,天然分布于印度、孟加拉国、斯里兰卡等国家。无瓣海桑是构成孙德尔本斯红树林($21°31'\sim22°30'$N,$89°\sim90°$E)的主要物种,树高可达 20 m(图 6-4)。引种到东寨港三年后,无瓣海桑植株能开花结果,成年植株可达 15 m(图 6-4)。无瓣海桑具有高生产力、高结实率和很强的适应性。目前,它作为造林先锋物种已被广泛引种,并应用于华南沿海各地区的红树林湿地造林。1985 年,国家林业部科学考察团从孙德尔本斯红树林区带回无瓣海桑果实,种植在海南岛东寨港自然保护区引种园内(廖宝文等,2004)。东寨港成为无瓣海桑引种到中国的第一站,也具有最丰富的数据记录。据保护区记载:1985—1986 年,在东寨港管理局周边滩涂上种下的 6 棵第一代无瓣海桑幼苗在三年后开花结果;1989 年后,在三江和野菠萝岛种植了第二代无瓣海桑(为第一代无瓣海桑植株结实的种子)。目前,东寨港的无瓣海桑群落约为 40.56 ha(王炳宇等,2020)

图 6-4　孟加拉国孙德尔本斯的无瓣海桑群落(a)和我国东寨港的无瓣海桑群落(b)(陈鹭真摄)

　　全球的海桑科海桑属红树植物有 6 种和 3 个杂交种(Duke,2017),主要分布在热带亚洲、澳大利亚等太平洋沿岸。我国天然分布有 3 种海桑属红树植物(杯萼海桑、卵叶海桑和海桑)以及 2 个杂交种(海南海桑和拟海桑)。由马来半岛和马来群岛构成的狭长陆地形成了海洋和近岸物种分布的天然地理屏障——印度洋—太平洋屏障(Indo-Pacific Barrier,IPB)。IPB也导致红树植物物种的天然种群隔离(Duke,2017)。海桑属红树植物也因此被分隔在印度洋和太平洋沿岸。其中,无瓣海桑仅存在于印度洋沿岸(He et al.,2019)。虽然,从孙德尔本斯到海南东寨港的直线距离仅为2,100 km,但无瓣海桑引种到我国是跨越了IPB的人为物种迁移,存在物种入侵的风险。

在20世纪80年代以前,海南东寨港红树林区没有天然的海桑属红树植物分布。在无瓣海桑造林后,保护区还陆续从海南文昌引种了我国5种乡土海桑属植物;并在保护区内建成了海桑属红树植物引种区。目前,无瓣海桑与杯萼海桑发生自然杂交,形成天然杂交个体(钟氏海桑);父本、母本和杂交个体的形态特征如表6-5所示(Zhong et al.,2020)。

表6-5 无瓣海桑与杯萼海桑的天然杂交个体(钟氏海桑)的形态特征(引自 Zhong et al.,2020)

形态特征	S. ×zhongcairongii 钟氏海桑	S. alba 杯萼海桑	S. apetala 无瓣海桑
叶形	椭圆	倒卵形、椭圆形到卵形	披针状
叶尖	先端钝,具短尖	钝圆	圆形,有短尖头
叶基	狭到宽渐狭	狭到宽渐狭	狭到宽渐狭
花梗	圆筒	圆筒	圆筒
萼片	4～6片、内部常为绿色	6～7(8)片、内部常为红色	4片,内部常为绿色
花瓣	缺	白色、匙形	缺
雄蕊	白色	白色	白色
花柱	蘑菇状,5～7 mm宽	头状,不展开,1～3 mm宽	蘑菇状,7～9 mm宽
花序	顶生或腋生,1-3(-5)二歧聚伞花序	聚伞花序,单生或三个一组	由枝轴分生出末端聚伞花序
萼筒	杯状	杯状	平展
果	未发育	与花被管等宽	与花被管等宽
种子	未发育	钩状	钩状

早在1996年,丁建清,解焱等学者就呼吁警惕无瓣海桑与本地海桑属红树植物的自然杂交。钟氏海桑的出现再次预警:在植被修复中,外来种与其本地近缘种的混种将大大增加近缘杂交的发生频率。

2. 无瓣海桑的扩散和竞争能力

无瓣海桑具有树体高大、生长迅速、结实率高、容易定植、适应性广等特点（廖宝文等，2004）。由于其抗潮汐淹水等适应能力强、成活率高，它还可作为逆境造林的主要物种进行推广种植。目前，在福建、广东、广西、海南等地都有无瓣海桑群落。

无瓣海桑的果实呈球形，数量繁多（图 6-5）。果实、种子和幼苗具有一定的漂浮扩散能力。其果实内种子数量多，萌发率高，一旦扩散到适宜的地点就能发生定植，并可能成林。东寨港单棵 6 年龄的无瓣海桑植株在每年 8 月份（盛果期）产生的果实数量高达 4,221 个，这些种子萌发后将产生 40 多万棵幼苗（Hong et

图 6-5　无瓣海桑的果实（陈鹭真摄）

al.，2020）。2014 年以来，福建云霄漳江口的无瓣海桑发生了大面积扩散，扩散源是 2007 年种植在漳江口外湾（漳浦）的无瓣海桑种群。每年 9—10 月是漳江口无瓣海桑的果期，这些果实随着秋季天文大潮被带到漳江口内湾的红树林自然保护区内（Chen L et al.，2020b）。2015 年开始，保护区管理部门每年进行无瓣海桑幼苗的清除，但难度很大。

无瓣海桑具有一定的耐盐生长能力（陈长平等，2000）和较强的潮汐淹水适应性（Chen L et al.，2013），且环境适应性强（廖宝文等，2004），可和乡土红树植物竞争空间和资源，具有竞争优势（Chen L et al.，2012）。在湛江雷州，无瓣海桑常被种植在潮位较高的秋茄群落周边。它的幼苗扩散到红树林前缘的白骨壤群落中，并与白骨壤发生竞争（图 6-6）。在海南和广东，河口中上游和海湾的淡水输入区的光滩和林窗等中低潮区，是无瓣海桑最容易生长的区域，也是与乡土红树植物发生生态位竞争的主要区域。

图 6-6 湛江雷州无瓣海桑由种植区自然扩散到白骨壤先锋树种区域(邱广龙摄)

无瓣海桑在全球的分布区域仅限于印度洋孟加拉湾的中北部。我国无瓣海桑种源地孙德尔本斯红树林的纬度与广东省相当,且高于海南东寨港红树林。由于季风和印度洋暖流的影响,孙德尔本斯红树林所在地的平均气温较高。因此,无瓣海桑表现出热带物种的属性。然而,它在我国表现出一定的低温适应性,其引种区域不断北移。李元跃等(2011)报道无瓣海桑在野外越冬的北界可达到福建连江(26°47′N)和泉港(26°16′N)之间。无瓣海桑还能够在浙江瑞安(27°48′N)过冬并开花结果。但是,热带起源的物种在极端低温中往往更容易受到影响。2008 年我国南方寒害导致东寨港的无瓣海桑小苗和成年大树均受到损害:成年无瓣海桑有约 25% 的叶片掉落,苗圃无瓣海桑幼苗的存活率为 80%(陈鹭真等,2010;Chen L et al.,2017a)。无瓣海桑的抗寒能力仅低于秋茄,略低于白骨壤和桐花树(Chen L et al.,2017a)。在高纬度区域,通过低温筛选,无瓣海桑降低了对繁殖体和种群扩散的能量投入,而增加了植株生长和越冬的能量投入(Hong et al.,2020)。尽管如此,高纬度地区乡土红树植物物种单一,生态系统脆弱,外来种无瓣海桑的竞争能力不容忽视。

3. 无瓣海桑群落对生物多样性的影响

围绕无瓣海桑对红树林区动物群落多样性的影响,国内学者已经开展了不少研究。在湛江高桥,无瓣海桑群落的次级生产力最高,高于乡土红树植物群落和盐沼湿地(蔡立哲等,2012),但无瓣海桑群落对红树林生态系统中大型底栖动物的食物来源没有显著影响(Chen et al.,2017b)。唐以杰等(2012)发现不同林龄无瓣海桑群落中的大型底栖动物群落结构不同,在群落状况最佳的 6 年林龄无瓣海桑群落中大型底栖动物的生物量最小;在珠海淇澳岛,无瓣海桑群落的大型底栖动物在种类组成和数量分布上显著低于天然秋茄林(钟燕婷等,2011);在广东汕头,无瓣海桑群落大型底栖动物的物种多样性和生物量均低于前两者(唐以杰等,2016)。外来种对于红树林生态系统而言是一种干扰,将在一定时间尺度内改变物种多样性和生物量。因此,无瓣海桑引入对生态系统结构和多样性的影响,需要更长时间尺度的监测证据。

4. 无瓣海桑的管理现状

随着引种面积的不断扩大,学术界对无瓣海桑是否产生入侵、是否对乡土红树植物的生长存在不利影响,仍然持有争论。但是,无瓣海桑跨越了物种分布的天然分隔引种到中国,原产地与我国海南和广东沿海有相近的气候类型和环境条件,且结合其自身的速生、高产、花果期长等特点,其入侵的风险是不容忽视的。河口中上游的低盐度区、红树林前沿光滩和林窗等光照强度较强的区域、潮汐淹水深度适中和较深的中潮带和中低潮带,都是无瓣海桑扩散定植和早期生长的最适区域,应重点管理和防范。

建立自然保护区的目的,是保护物种及其生境。从目前国际社会对于外来种入侵性的共识角度考虑,在红树林自然保护区内不应再引种外来种,而在保护区周边应当慎重引种外来种。对于现有无瓣海桑的管理而言,应加速研发繁殖体的利用模式,降低无瓣海桑进一步扩散的可能性;还可开发无瓣海桑的经济利用模式,在严格监测其扩散的情况下,合理管理现有无瓣海桑林。

6.3.3 拉关木的造林现状

1. 拉关木的引种历史

拉关木是使君子科拉关木属植物,起源于墨西哥、热带美洲和非洲等地,在印度洋—太平洋沿岸没有分布。1999 年,拉关木从墨西哥拉巴斯市(24°30′N,110°40′E)被引进到海南岛东寨港自然保护区。拉关木植株高大,东寨港10 年树龄的拉关木植株平均高达 8.9 m,20 年的群落达到 11.7 m。拉关木生长速度快,抗逆能力很强,可作为速生乔木树种向北推广造林;已经成为我国东南沿海裸滩的先锋造林树种。

2. 拉关木的繁殖扩散和抗性

拉关木是典型的隐胎生繁殖。种子在离开母体前就已发芽,但不突破果皮,成熟后果皮由灰绿色变黄色(图 6-7)。在北美,拉关木的花期为 6—12 月。东寨港拉关木的花期为 2—9 月,果期为 4—10 月(钟才荣等,2011)。拉关木的种子具有较好的萌发能力和漂浮能力。其果期长、繁殖体数量大,造成的种群扩散不容忽视。

拉关木对潮间带的适应能力较强,可种植在潮水极少浸淹的高潮带,也可生长于秋茄、桐花树分布的中潮带。在原产地,拉关木能生长在海水盐度为30～60 的海滩上;在海南东寨港,它生长于海水盐度为 8～20 的海滩上;而在广东电白海滩的盐度最高可达 33(陈玉军等,2014;钟才荣等,2011)。在培养条件下,拉关木幼苗可以在高盐度 40 的生境中生长;天然红树林红海榄、白骨壤分布较多的河口区域是拉关木扩散生长的关键区域(Gu et al.,2019)。由于它对于高盐生境的

图 6-7 拉关木的果实(陈鹭真摄)

适应能力高于无瓣海桑,河口和海湾生境的高盐度区是拉关木可能建群和早期生长的区域。同时,由于它的耐淹水能力略低于秋茄和无瓣海桑,中高潮带的乡土红树林分布区是其适宜生长的区域,也是可能与乡土植物发生生态位竞争的关键区域。拉关木对于低温的适应性较好。在 2008 年寒害中,无论是拉关木的小苗还是成年大树均无明显受害。目前,它的人工引种北界大致为福建泉港,且生长良好。与我国现有的红树植物相比,拉关木的抗寒能力仅次于秋茄,与无瓣海桑、桐花树和白骨壤相当。

3. 拉关木的造林和管理

目前,我国拉关木的种植区北起福建泉港,南至海南三亚亚龙湾。在这些区域内,均发现扩散的拉关木和新形成的群落。2016 年底海南新盈湿地造林区域外拉关木幼苗和幼树大量密集扩散。海南新盈有天然红树林 268 ha。种植拉关木的区域之前是围海造田形成的盐场,晒盐历史长达两百余年,该区域土壤盐度较高;1993 年盐场弃用并开始大力开展红树林恢复工作;2011 年 5月,人工种植拉关木。2017 年拉关木植株的平均树高约 4 m(图 6-8)。拉关木幼苗在河口附近 0～30 m 内均有较为密集的扩散,尤其闸口处分布最多(图 6-9)。冬季,由于林下缺少阳光,拉关木幼苗无法正常生长,大部分经过自然选择无法存活到夏季。因此,拉关木在郁闭的林下扩张成林的概率不大。林外的拉关木幼苗有更充足的光照和生存空间,因此存活率更高且长势更好,可能成为新的群落(Gu et al.,2019)。由于造林时间短,并已形成密集的扩散种群,拉关木的入侵性不容忽视。当地管理部门已于 2019 年清除区域内所有成年拉关木植株,并定期拔除拉关木幼苗,严格控制该物种扩散到天然红树林中。

拉关木从热带美洲被引种到中国,跨越的地理隔离比无瓣海桑更大,因此,与乡土红树植物的种间竞争将更强烈。同时,拉关木的生长速度、繁殖体产量和漂浮扩散能力及其母体对后代的能量投入均优于无瓣海桑,对拉关木扩散和生态位竞争的长期重点监测不容忽视。

图 6-8 海南新盈的拉关木群落(远处盐度低、近处盐度高)(陈鹭真摄)

图 6-9 海南新盈拉关木扩散的幼苗(a)和一年龄植被(b)(陈鹭真摄)

6.4 其他有害入侵植物

在我国红树林中,常见的有害入侵植物还有薇甘菊、五爪金龙和三叶鱼藤等。

6.4.1 薇甘菊的扩散和入侵状况

1. 薇甘菊的入侵现状

薇甘菊也称小花蔓泽兰或小花假泽兰,是菊科多年生草本植物或木质攀缘藤本植物(图 6-10)。薇甘菊原产于南美洲和中美洲,现已广泛传播到亚洲热带地区,如印度、马来西亚、泰国等东南亚地区,和斐济、澳大利亚等大洋洲区域。它是当今世界热带、亚热带地区危害最严重的杂草之一,已被列入"全球 100 种最具威胁的外来入侵物种"之一,也被列入中国首批外来入侵物种。

图 6-10 深圳华侨城红树林中的薇甘菊(杨盛昌摄)

(a. 薇甘菊覆盖红树林冠层;b. 薇甘菊的花)

薇甘菊最初作为橡胶园的土壤覆盖植物从原产地引入印度尼西亚,随后入侵到东南亚地区的各类农业生态系统中,并迅速波及当地的自然植被。薇甘菊是喜光好湿的热带性杂草,生长迅速,扩散迅速。它们能借助蔓生茎攀缘,迅速覆盖土著乔木树种,导致受覆植物无法进行光合作用。它们还能分泌释放化感物质,抑制其他植物的生长。光照、土壤和水分是薇甘菊生长的限制因子,但土壤肥力对其分布的影响不大(黄忠良等,2000)。一般情况下,薇甘菊多生长于光照较强、水分条件较好的环境中,如湿润的森林边缘、荒废掉的果园农田、公路旁、水沟及淡水沼泽等边缘(Kaur et al.,2012)。

1884 年,我国香港就已采集到薇甘菊的标本,常见于荒田、鱼塘周边、道路两旁以及低地树林边缘,其面积约 5,000~7,000 ha(王伯荪等,2004)。20世纪 80 年代,薇甘菊逸生至广东等邻近区域,并于 1984 年在广东省深圳市被首次发现(王伯荪等,2004)。2008 年,薇甘菊在我国珠江三角洲地区迅速传播扩散。此后,薇甘菊蔓延至广东以外的海南、广西、云南等地。台湾的中南部也受到薇甘菊入侵的影响(许少嫦等,2013),台湾全岛 17 个县市均有薇甘菊的分布,面积约 56,000 ha(吴卉晶等,2010)。在福建厦门的山地地区,薇甘菊已形成规模性的分布。

2. 薇甘菊对红树林的危害

深圳福田红树林是受薇甘菊危害较为严重的区域(昝启杰等,2000)。

1998 年深圳湾的填海工程使红树林滩涂变成湿润肥沃的裸露土壤,为薇甘菊的入侵创造了良好的条件(于晓梅,杨逢建,2011)。薇甘菊形成蔓藤覆盖在红树林陆缘一侧的冠层上,遮挡阳光,抑制红树植物叶片的光合作用,进而大大降低红树林碳储量、削弱生态系统的碳汇功能(毛子龙等,2011)。在深圳华侨城人工湿地,大面积的薇甘菊覆盖了陆侧边缘的秋茄林,极大地影响了秋茄的正常生长及种苗的存活率。

另外,薇甘菊对盐生生境具较强的适应能力,这也是它入侵红树林的原因之一(胡亮等,2014)。张阳和张华(2008)发现薇甘菊的入侵已经严重影响了珠海淇澳岛湿地红树林自然保护区红树林的生存,导致原生红树和半红树植物,如桐花树、卤蕨和老鼠簕等群落的面积不断缩小。中山市红树林遭受薇甘菊的危害比较严重,尤其是翠亨新区湿地公园及南朗镇老红树林两个调查地,危害面积达 7 ha(陈志云等,2020)。此外,在其他调查点也偶有发现无瓣海桑、秋茄及桐花树被薇甘菊大面积覆盖的现象,且危害面积呈现不断蔓延扩散的趋势。薇甘菊对红树林生态系统的危害主要反映在三个方面:

第一,薇甘菊具有显著的有性繁殖和克隆生殖特点,且具有十分强大的攀缘能力,其藤茎沿红树植物枝干快速延伸并覆盖其他植株,不仅削弱了红树植物的光合作用,同时增加了植株叶片掉落数量,严重影响红树植物的生长,甚至致使全株枯死,从而改变了红树林生态系统的结构,影响了生物多样性。调查发现,薇甘菊大面积缠绕并覆盖无瓣海桑、秋茄和桐花树,导致了红树植株枯死。薇甘菊的入侵,还会影响人工恢复红树林的季节动态,降低红树植物的成活率,妨害红树林生态恢复(苗春玲等,2012)。

第二,薇甘菊入侵红树林后,一方面导致红树植物枯萎,减少了植被生物量;另一方面增加了凋落物量,改变了土壤中的微生态环境(张震等,2018),使得土壤呼吸加快(李伟华等,2008),加速了土壤有机质分解,降低了土壤碳储量,减少了红树林碳汇(毛子龙等,2011)。

第三,红树林生态系统的生态景观受到了严重影响。

然而,相对于互花米草对红树林的入侵研究,有关薇甘菊入侵红树林的研究报道较为缺乏,且已有研究多关注薇甘菊在红树林的入侵途径,及对红树植物群落的胁迫,而对红树林生态系统其他结构和功能的效应未见更多报道。

6.4.2 五爪金龙的扩散和入侵状况

五爪金龙隶属旋花科番薯属,是一种攀爬型的多年生草质藤本植物,原产于热带美洲地区。20 世纪 70 年代,作为观赏植物在各地庭院进行栽培,现逸为野生,在广东、广西、福建、云南等地区迅速蔓延,大量侵入茶园、果园等地,对农林业生产造成极大的危害。五爪金龙已成为我国南方地区入侵危害较为严重的外来植物之一,也对沿海红树林生态系统产生了一些影响(图 6-11)。

五爪金龙的缠绕方式较为复杂,既可以是相邻茎间的相互缠绕,也可以缠绕他物。通常攀爬生长的植株比在地面上匍匐生长的植株长势旺盛,但是匍匐茎容易形成大量的克隆分株。每完成一个生活史阶段后,地上部分将枯萎,但是其根系和木质化的主茎仍然存活,到下一个阶段继续萌发生长。因此,五爪金龙兼具有性生殖和无性克隆生殖的繁殖特点。

图 6-11　覆盖在红树林上的五爪金龙枯死部分(a)和花的形态(b)(杨盛昌摄)

6.4.3　其他入侵植物

1. 三叶鱼藤

三叶鱼藤是生长于红树林边缘地带的一种藤本植物。在福建云霄红树林内陆地化较为明显的边缘地带,它们入侵红树林,并通过攀缘缠绕和覆盖,导致桐花树和秋茄的大量死亡。在海南东寨港,由于水质污染,水中氮、磷等养分增加,三叶鱼藤疯长,覆盖红树林林冠(图 6-12)。香港米埔也受到

图 6-12　海南东寨港海莲群落冠层上的三叶鱼藤(陈鹭真摄)

白花鱼藤的影响,目前保护区正以人工清除方式控制攀缘植物的生长(周青青等,2010)。

2. 三裂蟛蜞菊

三裂蟛蜞菊是菊科蟛蜞菊属植物。原产于热带美洲,适应性强,耐旱、耐湿,常在平地和缓坡上匍匐生长,具有极强的繁殖能力,能通过化感作用抑制其他植物的生长而发展成单优种群,被列为"全球 100 种最具威胁的外来入侵物种"之一。与薇甘菊相似,三裂蟛蜞菊不仅具有极强的有性繁殖能力,也具有很强的克隆生殖能力,在合适的条件下,任何一个带节的茎段,都能发育成完整的植株。常见于在红树林陆缘一侧。

3. 飞机草

飞机草又名香泽兰,是菊科泽兰属多年生草本或亚灌木植物,原产南美洲,现已广泛分布于我国南方地区,是我国外来入侵种中危害最为严重的植物之一。飞机草入侵性极强,可入侵草地、农田、林地等,并很快成为优势种群,抑制其他植物的生长,对畜牧业、农业、林业产生严重的影响(党金玲等,2008)。

在海南,飞机草可入侵至红树林边缘与陆地的过渡地带,极少数外来入侵植物与红树林混生形成飞机草-海莲群落、飞机草-角果木群落及桐花树-卤蕨群落等。除飞机草外,含羞草、假马鞭草、刺花莲子草、马缨丹、龙珠果及刺苞果等外来入侵植物在海南东寨港红树林保护区内分布范围较广(秦卫华等,2008)。但在结构完整的红树林群落内部尚未发现有外来植物的入侵。

近年来,外来植物入侵红树林生态系统的现象越来越受到关注。除互花米草外,绝大多数外来入侵植物仅出现在红树林的陆缘地带,对红树林生态系统产生的影响较轻或产生局部影响。从更长时间尺度来看,外来入侵植物的影响仍是不容忽视的。外来入侵植物一般具有生长迅速、繁殖能力强(如互花米草、薇甘菊等均有有性繁殖和无性生殖两种繁殖方式)和生境适应能力强等特点,通过生态位竞争、缠绕覆盖、化感作用、改变群落结构等方式危害红树林生态系统。在全球化背景下,人类活动促进了外来植物入侵的发生。红树林生态系统结构单一、功能脆弱,外来植物入侵将是其面临的一大威胁。因此,应加强外来植物的预测、入侵植物的预警管理和防治。此外,关于红树林的入侵现状、演替过程、退化机理等问题仍需要进一步探索。

第 7 章　有害生物对红树林的影响

就红树林而言,有害生物是指对红树植物生长和发育产生危害,进而导致生态系统健康程度下降的各种生物类型。狭义的有害生物仅指动物,广义的有害生物还包括植物、微生物。

以动物为例,一些鳞翅目的昆虫幼虫通过取食红树植物叶片或吸取叶片及嫩枝的汁液等方式危害红树植物,导致虫害的发生。如黑腰尺蛾(*Cleora injectalia*)的幼虫导致泰国的白海榄雌种群大量落叶(Piyakarnchana,1981);印尼苏门答腊岛的红树林也因虫害的影响而发生严重的落叶(Whitten et al.,1986)。在我国,一种卷叶蛾(*Spilonota* sp.)的出现,导致福建、浙江秋茄林受害严重(林鹏,韦信敏,1981)。除昆虫外,团水虱(*Sphaeroma terebrans*)具有蛀孔等特殊的生活习性,对美国佛罗里达的美洲大红树根部造成严重伤害,致使红树林发生大面积地枯死,红树林生态系统退化(Rehm,Humm,1973;Conover,Reid,1975),同样的现象在中国广西北海和海南东寨港红树林中亦有发生,危害对象主要为秋茄和木榄等(范航清等,2014)。藤壶则因附生于红树植物茎叶表面,也会对红树林造成极大的危害(林鹏,韦信敏,1981;Ross,1997)。

有害微生物包括有害细菌和有害真菌,因其感染或寄生引起红树林病害的发生,严重的情况下,对红树林生态系统健康造成极大的危害。目前发现的绝大多数的红树林病害主要是由有害真菌引起的。

本章主要就红树林的病害、虫害及藤壶的危害等加以阐述。有害植物的危害和影响在第 6 章已有介绍,本章不再赘述。另外,有关红树植物病毒的研究工作极为鲜见,本章也未加讨论。

7.1　红树林的病害

植物病害(Plant Disease)是指植物在生物或非生物因子的影响下,生长或发育过程异常,发生了一系列形态、生理和生化上的病理变化,呈现出变色、坏死、腐烂、萎蔫、畸形等病症的现象。根据病原的不同,植物病害分为侵染性和非侵染性两大类。侵染性病害主要由病原生物引起,有传染性,病原体包括真菌、细菌、病毒、线虫或寄生性种子植物等。非侵染性病害由非生物因素引起,如营养元素的缺乏症、土壤的盐害、低温的冻害、高温的灼伤等。本节仅就红树林侵染性病害加以综述。

7.1.1 红树林病害概况

有关红树林病害的研究报道可追溯到 1919 年 Stevens,Dalbey 在波多黎各开展的工作。调查发现,一种真菌可以导致美洲大红树发生叶斑病等。经鉴定,该病原真菌隶属炭角菌科小花口壳属(Stevens,Dalbey,1919)。其后很长一段时间里,关于红树林病害的研究近乎空白。Creager(1962)在美洲大红树上发现了一个新属,即尾孢属,它能诱发红树褐斑症。之后,逐渐增加的文献资料表明,红树林病害主要有枝条瘿瘤、叶斑病、枯梢病、茎腐病等,并且病原生物以真菌为主(Barnard,Freeman,1982;Wier et al.,2000;Tattar,Scott,2004;Sakayaroj et al.,2012)。

在国内,学者发现海桑苗灰霉病是一种严重危害海桑幼苗的新病害,该病由灰葡萄孢引起,能导致高 10～60 cm 的幼苗中上部茎叶萎蔫、溃疡,后期呈立枯型死亡(李云,1996)。此后,在海南、广东、广西和福建相继发现了一系列的病原菌(李云等,1997;黄泽余,周志权,1997;黄泽余等,1997;周志权等,2001;方镇福,黄文兰,2008;苏会荣等,2016)。

显然,相关研究主要涉及红树林病害及其病原生物的发现和鉴定,关于真菌病原对红树林影响的研究工作仍较为缺乏。

7.1.2 红树林的病原真菌

1. 全球各地红树林的病原真菌

在佛罗里达红树林,葡萄座腔菌科的 *Phyllosticta hibiscina* 引起亮叶白骨壤叶斑病,导致叶片出现坏死(Olexa,Freeman,1975);在研究红树植物茎、枝的瘿瘤病时,赤壳科的双生柱孢菌从佛罗里达美洲大红树的瘿瘤中得以分离(Olexa,Freeman,1975);在非洲冈比亚,瘿瘤病被认为是红树属植物致死的可能诱因,但其致病菌未能进一步鉴定(Teas,McEwan,1982)。研究人员曾认为壳霉科的壳囊孢菌可能是夏威夷美洲大红树枯梢病的病原体(Kohlmeyer,

1969），该结论在波多黎各美洲红树枯梢病材料中得以证实，病原生物被命名为红树壳囊孢菌（*Cytospora rhizophorae*）（Wier et al.，2000）。在泰国，刺革菌科的黄层孔菌属种类被认为是感染木果楝心材的病原菌（Sakayaroj et al.，2012）。在澳大利亚昆士兰格拉德斯敦海岸线，疫霉属（*Phytophthora*）[该属已被划分至海疫霉属（*Halophytophthora*），Ho，Jong（1990）]的真菌种类曾被认为是导致白骨壤广泛死亡的原因（Pegg et al.，1980）。

2. 我国红树林的病原真菌

在我国海南和广东的天然红树林及人工试验林中发现，红树林病害主要是真菌病害（含苗木病害和叶部病害），病原真菌计 8 种（李云等，1997）。炭疽病菌能感染广西的 5 科 6 种红树植物，且这些炭疽病菌具有寄生专化性，主要导致叶斑，偶也危害枝梢、胚轴，引起枯萎，在不同树种上表现的症状有所不同（黄泽余，周志权，1997）。广西红树林病害主要是由病原真菌引起的叶部病害，如海漆炭疽病、木榄赤斑病等。经鉴定，红树林病原真菌 14 属 26 个种（菌株）中，主要是炭疽菌、拟盘多毛孢菌、交链孢菌和叶点霉菌。红树林真菌病害的发生与地域、树种、潮水、盐度以及潮汐带有关，并且呈现从低潮线向岸线增加的趋势（黄泽余等，1997；周志权等，2001）。在福建漳江口红树林，叶片真菌病害有交链孢属、镰刀菌属、盘多毛孢属、曲霉属、青霉属等 2 纲 3 目 4 科 5 属，其中，白骨壤的病害种类最多，桐花树受盘多毛孢菌危害最严重（方镇福，黄文兰，2008）。

2014 年，研究人员在广东雷州半岛的白骨壤小苗上发现了一种零星发生的新黑斑病，对其病原菌进行分离鉴定后，发现病原菌为番茄匍柄霉。该病原菌除感染白骨壤叶片外，还可感染白骨壤茎干以及桐花树、秋茄、海漆、海桑和无瓣海桑等红树植物叶片以引起病害（苏会荣等，2016）。

在我国，已报道的红树林病害的病原真菌详见表 7-1。其中，导致红树林病害的病原菌至少有 27 属 69 种（菌株）。若从病原真菌出现的频度看，广西红树林植物病原真菌的优势种类是胶孢炭疽菌、拟盘多毛孢菌、交链孢菌和叶点霉菌，但绝大多数病原菌都是零星危害，一般不严重。若从病原菌的寄生性来看，绝大多数病原真菌的寄生性较弱，如拟盘多毛孢菌、交链孢菌等。若红树植物长势旺盛，鲜见该类病原真菌的感染。若从危害程度来说，海漆炭疽病和桐花树褐斑病危害最重，木榄赤斑病、木榄和桐花树的炭疽病、白骨壤黑斑病、桐花树煤烟病和海漆灰斑病等 6 种病害次之，其他病害较轻（周志权等，2001）。

表 7-1　已知的红树植物病害的病原菌汇总

病原真菌属	病原真菌	寄主植物	地点	感染器官	病害种类	参考文献
表丝联球霉属	撒播烟霉 *Fumago vagans*	桐花树	广西钦州	叶	煤污病	周志权,黄泽余, 2001
盾壳霉属	盾壳霉 *Coniothyrium* sp.	叶	煤污病	桐花树	广西钦州、防城港	周志权,黄泽余, 2001
多孢疗座霉属	多孢疗座霉 *Telimeuia* sp.	海漆	广西钦州	叶	叶斑病	周志权,黄泽余, 2001
	多孢疗座霉 *Telimeuia* sp.	榄李	广西防城港	叶	叶斑病	周志权,黄泽余, 2001
腐霉菌	腐霉菌 *Pythium* sp.	海桑	海南	茎	叶斑病	李云等,1997
根霉菌	根霉菌 *Rhizopus* sp.	海桑	海南	茎	茎腐病	李云等,1997
灰葡萄孢属	灰葡萄孢菌 *Botrytis inerea*	海桑	深圳、海南	苗木茎叶	灰霉病	李云等,1997
交链孢属	交链孢菌 *Alternaria* sp.	红树	海南、深圳	叶	煤烟病	李云等,1997
	交链孢菌 *Alternaria* sp.	红海榄	海南、深圳	叶	煤烟病	李云等,1997
	交链孢菌 *Alternaria* sp.	木榄	海南、深圳、广西防城港	叶	煤烟病	李云等,1997; 周志权,黄泽余, 2001
	交链孢菌 *Alternaria* sp.	桐花树	广西山口、钦州、防城港	叶	煤烟病	周志权,黄泽余, 2001
	交链孢菌 *Alternaria* sp.	白骨壤	广西山口、钦州、防城港	叶	煤烟病	周志权,黄泽余, 2001
	交链孢菌 *Alternaria* sp.	老鼠簕	广西钦州	叶	煤烟病	周志权,黄泽余, 2001
	交链孢菌 *Alternaria* sp.	秋茄	福建云霄	叶	煤烟病	方镇福,黄文兰, 2008
	交链孢菌 *Alternaria* sp.	白骨壤	福建云霄	叶	煤烟病	方镇福,黄文兰, 2008
	交链孢菌 *Alternaria* sp.	桐花树	福建云霄	叶	煤烟病	方镇福,黄文兰, 2008
	交链孢菌 *Alternaria* sp.	老鼠簕	福建云霄	叶	煤烟病	方镇福,黄文兰, 2008

续表

病原真菌属	病原真菌	寄主植物	地点	感染器官	病害种类	参考文献
壳囊孢属	红树壳囊孢菌 *Cytospora rhizophorae*	美洲大红树	波多黎各	茎	枯梢症	Wier et al.,2000
镰刀菌属	镰孢菌 *Fusarium* sp.	海桑	海南、广东湛江	茎	茎腐病	李云等,1997
	镰孢菌 *Fusarium* sp.	无瓣海桑	海南、广东湛江	茎	茎腐病	李云等,1997
	镰孢菌 *Fusarium* sp.	白骨壤	海南、广东湛江	茎	茎腐病	李云等,1997
	镰刀菌 *Fusarium* sp.	白骨壤	福建云霄	茎	茎腐病	方镇福,黄文兰,2008
	腐皮镰刀菌 *Fusarium solani*	老鼠簕	广东湛江	茎	黑斑病	Su,2014
	木贼镰刀菌 *Fusariumequiseti*	白骨壤	广东湛江	茎	黑斑病	Lu,2014
	尖孢镰刀菌 *Fusarium oxysporum*	海漆	广西山口	茎	茎腐病	周志权,黄泽余,2001
	尖孢镰刀菌 *Fusarium oxysporum*	白骨壤	广西钦州	茎	茎腐病	周志权,黄泽余,2001
煤炱属	番荔枝煤炱菌 *Capnodium anona*	桐花树	广西山口、钦州、防城港	叶	煤污病	周志权,黄泽余,2001

续表

病原真菌属	病原真菌	寄主植物	地点	感染器官	病害种类	参考文献
拟盘多毛孢属	拟盘多毛孢菌 *Pestalotiopsis* sp.	桐花树	海南、广东湛江、深圳	叶	叶斑病	李云等，1997
	拟盘多毛孢菌 *Pestalotiopsis* sp.	海漆	广西山口、钦州、防城港	叶	叶斑病	周志权，黄泽余，2001
	拟盘多毛孢菌 *Pestalotiopsis* sp.	榄李	广西钦州	叶	叶斑病	周志权，黄泽余，2001
	拟盘多毛孢菌 *Pestalotiopsis* sp.	白骨壤	广西钦州、防城港	叶	叶斑病	周志权，黄泽余，2001
	紫金牛拟盘多毛孢菌 *Pestalotiopsis canangae*	桐花树	广西山口、钦州、防城港	叶	叶斑病	周志权，黄泽余，2001
	土杉拟盘多毛孢菌 *Pestalotiopsis zahlbruckneriana*	木榄	广西防城港	叶	叶斑病	周志权，黄泽余，2001
	土杉拟盘多毛孢菌 *Pestalotiopsis zahlbruckneriana*	秋茄	广西钦州、防城港	叶	叶斑病	周志权，黄泽余，2001
盘多毛孢属	盘多毛孢 *Pestalotia* sp.	秋茄	福建云霄	叶	叶斑病	方镇福，黄文兰，2008
	盘多毛孢 *Pestalotia* sp.	白骨壤	福建云霄	叶	叶斑病	方镇福，黄文兰，2008
	盘多毛孢 *Pestalotia* sp.	桐花树	福建云霄	叶	叶斑病	方镇福，黄文兰，2008
匍柄霉属	番茄匍柄霉 *Stemphylium lycopersici*	白骨壤	广东湛江	叶	叶斑病	苏会荣等，2016
球孢黑孢霉属	球孢黑孢霉菌 *Nigrospora sphaerica*	亮叶白骨壤	美国佛罗里达	叶	失绿	Olexa，Freeman，1978
曲霉属	曲霉 *Asperigillus* sp.	白骨壤	福建云霄	胚轴	果腐病	方镇福，黄文兰，2008
双生柱孢属	双生柱孢菌 *Cylindrocarpon didymum*	美洲大红树	美国佛罗里达	支柱根	瘿瘤	Barnard，Freeman，1982；Olexa，Freeman，1978

续表

病原真菌属	病原真菌	寄主植物	地点	感染器官	病害种类	参考文献
丝核菌属	立枯丝核菌 *Rhizoctonia solani*	白骨壤	广西防城港	叶	叶斑病	周志权,黄泽余,2001
	立枯丝核菌 *Rhizoctonia solani*	榄李	广西山口、钦州	叶	叶斑病	周志权,黄泽余,2001
炭疽菌属	胶孢炭疽菌 *Colletotrichum gloeosporioides*	海桑	广西山口、钦州、防城港	叶	炭疽病	李云等,1997
	胶孢炭疽菌 *Colletotrichum gloeosporioides*	海漆	广西山口、钦州、防城港	叶	炭疽病	周志权,黄泽余,2001
	胶孢炭疽菌 *Colletotrichum gloeosporioides*	秋茄	广西山口、钦州、防城港	叶	炭疽病	周志权,黄泽余,2001
	胶孢炭疽菌 *Colletotrichum gloeosporioides*	桐花树	广西山口、钦州、防城港	叶	炭疽病	周志权,黄泽余,2001
	胶孢炭疽菌 *Colletotrichum gloeosporioides*	榄李	广西钦州	叶	炭疽病	周志权,黄泽余,2001
	胶孢炭疽菌 *Colletotrichum gloeosporioides*	木榄	广西防城港	叶	炭疽病	周志权,黄泽余,2001
	胶孢炭疽菌 *Colletotrichum gloeosporioides*	白骨壤	广西山口、钦州、防城港	叶	炭疽病	周志权,黄泽余,2001
尾孢属	红树尾孢菌 *Cercospora rhizophorae*	美洲大红树	美国佛罗里达	叶	叶斑病	Creager,1962
小丛壳属	围小丛壳菌 *Golmerella cingulata*	秋茄	广西钦州	叶	褐斑病	周志权,黄泽余,2001
小花口壳属	小花口壳菌 *Anthostomella rhizomorphae*	叶斑病	美洲大红树	叶	波多黎各	Stevens,Dalbey,1919

续表

病原真菌属	病原真菌	寄主植物	地点	感染器官	病害种类	参考文献
小箭壳孢属	狭籽小箭壳孢 *Microxyphium lptospermi*	叶斑病	桐花树	叶	广西钦州	周志权,黄泽余,2001
小煤炱属	小煤炱菌 *Meliola* sp.	海桑	海南、广东湛江	叶	煤烟病	李云等,1997
	小煤炱菌 *Meliola* sp.	桐花树	海南、广东湛江	叶	煤烟病	李云等,1997
	小煤炱菌 *Meliola* sp.	榄李	海南、广东湛江	叶	煤烟病	李云等,1997
星盾炱属	杜茎山星盾炱 *Asterina maesae*	桐花树	广西钦州、防城港	叶	煤污病	周志权,黄泽余,2001
叶点霉属	木槿叶点霉菌 *Phyllosticta hibiscina*	亮叶白骨壤	美国佛罗里达	叶	叶斑病	Olexa, Freeman, 1975,1978
	叶点霉菌 *Phyllosticta* sp.	木榄	广西山口、钦州、防城港	叶	叶斑病	周志权,黄泽余,2001
	叶点霉菌 *Phyllosticta* sp.	红海榄	广西山口	叶	叶斑病	周志权,黄泽余,2001
	叶点霉菌 *Phyllosticta* sp.	榄李	广西钦州	叶	叶斑病	周志权,黄泽余,2001
	叶点霉菌 *Phyllosticta* sp.	海漆	广西钦州、防城港	叶	叶斑病	周志权,黄泽余,2001
	叶点霉菌 *Phyllosticta* sp.	秋茄	广西防城港	叶	叶斑病	周志权,黄泽余,2001
疫霉属	疫霉菌 *Phytophthora* sp.	白骨壤	澳大利亚昆士兰	根、茎	茎腐病、根腐病	Pegg et al.,1980

续表

病原真菌属	病原真菌	寄主植物	地点	感染器官	病害种类	参考文献
油壶菌属	海滨油壶菌 *Olpidium mariti-mum*	红海榄	广西山口	叶	霉斑病	周志权,黄泽余,2001
	海滨油壶菌 *Olpidium mariti-mum*	海漆	广西钦州	叶	霉斑病	周志权,黄泽余,2001
	海滨油壶菌 *Olpidium mariti-mum*	秋茄	广西防城港	叶	霉斑病	周志权,黄泽余,2001
	海滨油壶菌 *Olpidium mariti-mum*	木榄	广西防城港	叶	霉斑病	周志权,黄泽余,2001

在福建漳江口,红树林病原真菌的优势种群主要为交链孢属、盘多毛孢属和曲霉属,大多属于半知菌,致病分生孢子多以风、海水和昆虫、鸟类为主要传播媒介。危害程度较大的是桐花树褐斑病,木榄赤斑病、白骨壤黑斑病、秋茄灰斑病等 4 种病害次之(方镇福,黄文兰,2008)。部分病害叶片如图 7-1 所示。

图 7-1　白骨壤黑斑病(a),桐花树褐斑病(b)和秋茄灰斑病(c)的病害叶片(杨盛昌摄)

广西英罗湾 70% 红树林幼苗已受到锈病(Rust Disease)不同程度的危害。这在东南沿海红树林区也有发生(庞林,1999)。锈病菌类(Rust Disease Fungi)是引起植物发生锈病的真菌,隶属于有隔担子菌纲锈菌目,已发现 130

多属 5,000 余种。由于研究者未能明确红树林锈病的病原菌,故未将锈病列入表 7-1 中。寄主植物一旦被锈病菌类侵染后,会在叶片、叶鞘或茎上长出铁锈状的孢子堆,俗称黄疸。

与国内学者较为关注叶片病原真菌不同,国外研究人员还对红树植物支柱根,甚至茎枝的瘿瘤病开展了研究。比较国内外红树林中的病原真菌种类,几乎没有种类上的重叠,这可能与国内外红树林的地理位置、气候特点以及红树物种组成及结构不同有关。

7.1.3 寄主红树植物

在海南和广东的调查表明,被病原真菌感染的红树植物计 5 科 6 属 8 种(李云等,1997);在广西沿海红树林中,被真菌感染的真红树计 7 科 7 属 8 种(周志权等,2001);在福建漳江口,被真菌感染的真红树计 4 科 5 属 5 种(方镇福,黄文兰,2008)。中国红树林代表性的植物科,如红树科、马鞭草科、紫金牛科、使君子科等都有病害发生,主要建群种,如木榄、红海榄、秋茄、白骨壤、桐花树、榄李等都会受到病害的影响。福建漳江口仅有真红树 4 科 5 属 5 种,全部都受到病害困扰。在美国,红树植物种类较为单一,代表性的种类,如美洲大红树和亮叶白骨壤,也都有病害发生。因此,在世界范围内,红树林病害的影响极为广泛,常见的红树植物都会发生相应的病害。

同一种红树植物可能被不同的病原真菌感染。例如,在我国广西,感染病菌最多的是桐花树,共受到 8 种病菌侵染,并且危害程度中等以上的病害就有 3 种;海漆、木榄分别受 6 种、5 种病菌侵染,危害程度中等以上的病害各有 2 种。在福建云霄,白骨壤受 4 种病菌感染,桐花树受 2 种病菌感染,秋茄、木榄和老鼠簕各受 1 种病菌感染。不同的红树植物可能被同一类病原真菌感染。例如,在福建云霄,交链孢属能感染秋茄、白骨壤、桐花树和老鼠簕 4 种红树植物,而在广西,又增加了正红树、红海榄和木榄 3 种可能的宿主,故交链孢属至少能感染 7 种红树植物。

对于同一种病原菌而言,寄主植物不同,病原菌几乎不会发生交叉感染,菌株间的生物学差异较大(黄泽余,周志权,1997;苏会荣等,2016)。这也是我们在表 7-1 中将病原真菌按照寄主植物有所区分的主要原因。从寄主植物受害部位来看,病原真菌主要危害叶片,叶斑病最为常见;枝梢次之,根、茎、果、胚轴最少。叶片病害占比近九成。

7.1.4　非生物因子对红树林病害的影响

1. 地理位置对红树林病害的影响

在广西沿海的山口、钦州、北仑河口（防城港）等三个主要红树林分布区，病原真菌的物种丰富度指数 DMA 在 2.84～4.70 之间，多样性指数 H' 为 0.97～1.28，均匀度指数 JSW 为 0.90～0.92。不同地点的病原菌种类、物种丰富度指数和物种多样性指数各不相同，其中，山口红树林病原真菌的种数最少，仅 12 种，物种丰富度指数和物种多样性指数分别为 2.83 和 0.97，均为最小（黄泽余等，1997）。

就具体病害而言，以白骨壤黑斑病为例，其病株率在山口红树林为 2.2%、钦州为 7.4%、北仑河口为 8.3%，病害呈现由东海岸向西海岸加重的趋势。此外，北仑河口红树林发生的木榄赤斑病较为严重，病株率达 15.7%，单株病树上病叶多，病斑面积大，而山口和钦州红树林的木榄赤斑病害较轻，病株率仅 5.9% 和 7.3%，且病树上病叶少，病斑面积小，说明同一树种由于分布地域的不同，病害的状况也不一样（黄泽余等，1997）。在福建云霄也发现不同红树林分布地区的病原菌物种均匀度指数差别不大，与调查中发现病害呈零星分布相符（方镇福，黄文兰，2008）。

2. 潮汐对红树林病害的影响

在同一地区的红树林中，高潮地带的红树林病原真菌较低潮地带多，尤以河口居多（黄泽余等，1997；周志权等，2001）。不同潮间带红树林病害间的差异也是潮汐影响的具体反映之一。例如，在钦州和北仑河口红树林区，白骨壤黑斑病发生的部位都在树顶的嫩芽和嫩叶，病株率分别为 2.4% 和 8.3%。涨潮时海水难以淹及或浸淹时间相对较短，可能为病原菌的侵害提供了有利的生境。

3. 盐度对红树林病害的影响

以桐花树褐斑病为例，其病害一般发生在近岸地带，而以咸淡水交汇处的河滩最多。在钦州河滩和海滩、北仑河口和山口红树林分布区，桐花树病株率与对应样地的地表水盐度呈负相关，说明分布在低盐度环境的红树林病害要比分布在高盐度环境的红树病害多（黄泽余等，1997）。

在巴拿马加勒比红树林，调查发现亮叶白骨壤的叶片病害少于拉关木或美洲大红树。研究者认为耐盐机制不同影响了真菌的定植，泌盐特性则是白骨壤属的红树植物抵御病害的方式之一（Gilbert et al.，2002）。这也间接反映了盐分环境对红树植物病害的抑制作用。

7.1.5 生物因子对红树林病害的影响

文献资料表明,真菌引起的植物病害达 3 万种之多,占植物病害的 70%～80%(张中义等,1988)。相对于陆地植物,有关红树林病害的研究并不多,涉及的病原真菌种类也较少。一方面,这可能是潮间带红树林中病害真实情况的反映;另一方面,红树林病害的危害性并无虫害或外来植物的影响那么大,还未引起人们的足够重视。

有报道称人工培育的海桑幼苗受病害严重,死亡率高(李云等,1996);也有报道认为孟加拉国主要薪材树种小叶银叶树受害更严重,导致红树植物大量顶枯(李云等,1997)。总体而言,在自然状态下,因红树林病害而导致灾害发生的风险不大,主要由于:(1)红树植物树皮中富含单宁,叶表面多具厚的蜡质层,甚至还含有酚类抗病物质,不利于病原菌侵染;(2)目前报道的病原菌多是腐生性较强而寄生性较弱的真菌,寄生致病能力不强;(3)受潮汐冲刷和海水浸泡的影响,病菌的侵入和定殖较为困难;(4)海水盐度有较强的抑菌作用,不利于病原菌的生长繁殖。

当然,也不排除病害会加重虫害等的伤害,导致更大的危害发生。从生态系统的角度出发,植物病原菌也是生态系统的结构组分之一,红树植物与病原菌的关系仅仅是生态系统内生物间相互依赖、相互影响的体现之一。

7.2 红树林的虫害

20 世纪 90 年代以来,我国红树林虫害爆发事件日益增多,主要树种秋茄、白骨壤、桐花树等都受到不同程度的危害。2004 年 5 月,广西山口红树林内的白骨壤种群发生了严重的虫灾,一周之内,多达 100 ha 的白骨壤植株迅速变黄、枯萎。2015—2016 年,柚木驼蛾在广西、海南等地多次爆发,造成红树林大面积受害(刘文爱,李丽凤,2017)。虫害的不断爆发,严重影响了红树林生态系统的健康水平,给红树林的管理和保育工作带来了极大的困扰。

刘文爱和范航清(2009)、范航清等(2012)在其专著中较为详尽地描述了危害广西红树林的 30 种昆虫和螨类;李志刚等(2012)认为对我国红树林危害较重的有海榄雌瘤斑螟、桐花树毛颚小卷蛾、丽绿刺蛾、白囊袋蛾、蜡彩袋蛾和小袋蛾等 18 种;纪燕玲等(2015)调查了粤东地区红树林主要害虫种类,并开展了危险性评价;杨盛昌等(2020)则对我国红树林虫害进行了较为全面的统计分析。

7.2.1　红树林害虫的种类

在国内,关于红树林害虫的研究报道可以追溯到 20 世纪 80 年代。通过对福建秋茄红树林的研究,林鹏和韦信敏(1981)发现,有 30%～40% 的红树植物发生不同程度的虫害,严重之处,95% 的叶片发生枯黄而脱落。卷叶蛾是导致红树林落叶的主要害虫,其危害方式有:残食叶子,伤口加厚,叶片变脆,逐渐枯黄脱落;侵害顶芽,使其枝条先端变成蜂窝状膨大;钻入髓部,使枝条枯亡。

自 1997 年起,有关红树林虫害的报道逐渐增多。虫害发生地涉及中国大部分红树林分布区,主要害虫包括棉古毒蛾、红树林豹蠹蛾(李云等,1997),桐花树毛颚小卷蛾(丁珌等,2004),海榄雌瘤斑螟、丝脉蓑蛾、双纹白草螟(贾凤龙等,2001),广翅蜡蝉(范航清,邱广龙,2004),丽绿刺蛾(丁珌,2007),考氏白盾蚧(张飞萍,2007),荔枝异形小卷蛾(林楠,2010;池立成,2015),褐袋蛾(刘文爱等,2011),迹斑绿刺蛾(张文英,2012),二斑趾弄蝶、绿黄枯叶蛾、天星天牛(付小勇,2013)。

杨盛昌等(2020)统计分析了已有的文献资料,发现中国红树林的害虫(含螨类)种类计 2 纲 7 目 55 科 128 种,以鳞翅目和半翅目为主,分别有 67 种和 34 种,占害虫总物种数的 52.3% 和 26.6%。其中,鳞翅目昆虫以毒蛾科、袋蛾科、螟蛾科种类最多,各有 8 种;半翅目以盾蚧科、广翅蜡蝉科、天牛科最多,分别有 7 种、5 种、4 种。

目前,我国红树林害虫的种类还在不断增加。以盾蚧科为例,除已报道的盾蚧、考氏白盾蚧、椰圆盾蚧、黑褐圆盾蚧和矢尖盾蚧等外,至少还有片盾蚧、肾盾蚧、松针盾蚧、刺圆盾蚧等;另外,圆盾蚧亚科的 1 个种尚未鉴定到属(彭建,2020)。已报道的我国红树林的害虫种类见表 7-2。

表 7-2 我国红树林常见害虫种类（资料来源：杨盛昌等，2020；彭建，2020）

目	科	种	危害树种	地区
蜱螨目	叶螨科 Tetranychidae	朱砂叶螨 Tetranychus cinnabarinus	桐花树	广东
	瘿螨科 Eriophyidae	黄槿瘿螨（待定）	黄槿	广西
		白骨壤瘿螨 Acaralox marinae	白骨壤	广西
鞘翅目	花金龟科 Cetoniidae	白星花金龟 Protaetia brevitarsis	海桑	广东
	鳃金龟科 Melolonthidae	鳃金龟 Holotrichia sp.	海桑	广东
	丽金龟科 Rutelidae	铜绿丽金龟 Anomala corpulenta	无瓣海桑、桐花树	广东
		红脚绿丽金龟 Anomala cupripes	无瓣海桑	广西
	叩甲科 Elateridae	叩甲 Agriotes sp.	无瓣海桑	广西
	象甲科 Curculionidae	蓝绿象 Hypomeces squamosus	阔苞菊	广西
		小象甲 Curculio sp.	白骨壤	广东
	叶甲科 Chrysomelidae	叶甲 Plagiodera versicolora	无瓣海桑、桐花树	广东
		微小萤叶甲 Exosoma sp.	桐花树	广东
	跳甲科 Halticidae	跳甲 Altica sp.	无瓣海桑、桐花树	广东
	天牛科 Cerambycidae	星天牛 Anoplophora chinensis	无瓣海桑、秋茄	广东
		中华星天牛 Anoplophora maculata	秋茄、白骨壤	台湾
		咖啡脊天牛 Xylotrechus grayii	桐花树	广东
		胸斑星天牛 Anoplophora malasiaca	秋茄、桐花树、白骨壤	广东
	小蠹科 Scolytidae	小蠹 Scolytus sp.	桐花树	广东
双翅目	蝇科 Muscidae	家蝇 Musca sp.	无瓣海桑	广东
	果蝇科 Drosophilidae	果蝇 Drosophila melanogaster	无瓣海桑、桐花树	广东
	蚊科 Culicidae	蚊 Aedes sp.	桐花树、无瓣海桑	广东

续表

目	科	种	危害树种	地区
半翅目	蝽科 Pentatomidae	麻皮蝽 Erthesina fullo	海桑	广东
		珀蝽 Plautia fimbriata	无瓣海桑,海桑	广东
	盾蝽科 Scutelleridae	紫蓝丽盾蝽 Chrysocoris stollii	白骨壤	广西
	红蝽科 Pyrrhocoridae	离斑棉红蝽 Dysdercus cingulatus	桐花树,伴生植物	广东
		叉带棉红蝽 Dysdercus decussatus	黄槿	广西
	缘蝽科 Coreidae	缘蝽 Riptortus linearis	伴生植物	广东
	蝉科 Cicadidae	蚱蝉 Ctyptotympanpa astrata	海桑,伴生植物	广东
		黄蟪蛄 Platypleura hilpa	秋茄,白骨壤	广西
	叶蝉科 Cicadellidae	叶蝉 Cicadella sp.	海桑	广东
		黑眼单突叶蝉 Lodiana brevis	白骨壤	广东
	沫蝉科 Cercopidae	沫蝉 Aphrophora sp.	无瓣海桑,海桑	广东
	角蝉科 Membracisdae	褐三刺角蝉 Tricentrus brunneus	无瓣海桑	广西
	蛾蜡蝉科 Flatidae	紫络蛾蜡蝉 Lawana imitata	桐花树,白骨壤	广东,福建
	广翅蜡蝉科 Ricaniidae	广翅蜡蝉 Ricania sp.	桐花树,白骨壤	广东,广西
		三点广翅蜡蝉 Ricania sp.	白骨壤,红海榄,无瓣海桑,秋茄,黄槿	广西
		八点广翅蜡蝉 Ricabia speculum	秋茄,老鼠簕,桐花树,海桑,无瓣海桑	广东,福建
		柿广翅蜡蝉 Ricania sublimbata	白骨壤	香港,广东
		眼斑宽广蜡蝉 Pochazia discreta	白骨壤	香港
	象蜡蝉科 Dictyopharidae	象蜡蝉 Dictyophara sp.	无瓣海桑	广东
		伯瑞象蜡蝉 Dictyophara patruelis	白骨壤,黄槿	广西
	蚜科 Aphididae	蚜虫 Aphis sp.	秋茄,无瓣海桑,桐花树	广东,广西

续表

目	科	种	危害树种	地区
	绵蚧科 Margarodidae	绵蚧 Drosicha corpulenta	无瓣海桑	广东
		吹绵蚧 Icerya purchasi	无瓣海桑、白骨壤、桐花树、木榄	广东
	粉蚧科 Pseudococcidae	吹绵蚧一种 Icerya sp.	白骨壤	广东
		康氏粉蚧 Pseudococcus comstocki	秋茄、桐花树	广东
	蜡蚧科 Coccidae	日本蜡蚧 Ceroplastes japonicus	白骨壤	广东
		红蜡蚧 Ceroplastes rubens	白骨壤	广西
		盾蚧 Mytilaspis sp.	秋茄、桐花树	广东、福建
		秋茄牡蛎盾蚧 Mytilaspis sp.	秋茄	广东
		考氏白盾蚧 Pseudaulacaspis cockerelli	秋茄	福建、广西、广东
半翅目	盾蚧科 Diaspididae	椰圆盾蚧 Aspidiotus destructor	秋茄	广西
		黑褐圆盾蚧 Chrysomphalus aonidum	秋茄	广西
		褐圆盾蚧 Chrysomphalus sp.	秋茄	福建
		酱褐圆盾蚧 Chrysomphalus bifasciculatus	秋茄	福建
		蛎盾蚧 Lepidosaphes sp.	秋茄	广西
		片盾蚧 Parlatoria sp.	秋茄	福建
		肾盾蚧 Aonidiella sp.	秋茄	福建
		橘黄肾圆盾蚧 Aonidiella citrina	秋茄	福建
		松片圆盾蚧 Aonidiella pini	秋茄	福建
		糠片盾蚧 Parlatoria pergandii	秋茄	福建
		刺圆盾蚧 Octaspidiotus sp.	秋茄	福建
		松针盾蚧 Chionaspis pinifoliae	秋茄	福建

续表

目	科	种	危害树种	地区
膜翅目	木蜂科 Xylocopidae	木蜂 Xylocopa sp.	无瓣海桑、桐花树	广东
鳞翅目	斑蝶科 Danaidae	紫斑蝶 Euploea core	无瓣海桑、伴生植物	广东
	尺蛾科 Geometridae	柑橘尺蛾 Hyposidra talaca	海桑	广东
		海桑豹尺蛾 Dysphania sp.	无瓣海桑	广西
		豹尺蛾 Dysphania militaris	木榄、秋茄、无瓣海桑	广西、广东、香港
		油桐尺蛾 Buzura suppressaria	水黄皮	广东、广西
	刺蛾科 Eucleidae	黄刺蛾 Cnidocampa flavescens	无瓣海桑、桐花树、秋茄	广东、广西
		红树林扁刺蛾 Thosea sinensis	桐花树	广西、广东
		丽绿刺蛾 Latoia lepida	秋茄、桐花树	福建、广东、广西、浙江、广东
		迹斑绿刺蛾 Latoia pastorlis	无瓣海桑、秋茄	广西、广东
	毒蛾科 Lymantriidae	茶黄毒蛾 Euproctis pseudoconspersa	无瓣海桑、伴生植物	广东
		毒蛾一种 Lymantria sp.	秋茄	广东
		毒蛾 Porthesia similis	桐花树	广东
		棉古毒蛾 Orgyia postica	秋茄、无瓣海桑、白骨壤、桐花树、海桑	广东、海南、广西、台湾、福建、浙江
		双线盗毒蛾 Porthesia scintillans	无瓣海桑、桐花树、海桑	广东、广西
		荔枝茸毒蛾 Dasychira sp.	无瓣海桑	广西
		大茸毒蛾 Dasychira thwaitesi	无瓣海桑	广西
		黑角舞毒蛾 Lymantria xylina	秋茄、榄李等	台湾

续表

目	科	种	危害树种	地区
鳞翅目	袋蛾科 Psychidae	小袋蛾 Acanthopsyche suberalbata	秋茄、桐花树、白骨壤、海桑、无瓣海桑	广东、广西
		白囊袋蛾 Chalioides kondonis	秋茄、无瓣海桑、桐花树	广东、广西、香港
		大袋蛾 Clania variegate	海桑、桐花树	广东、广西、香港
		茶袋蛾 Clania minuscula	未记录	广西
		黛袋蛾 Dappula tertia	未记录	广西
		褐袋蛾 Mahasena colona	海桑、桐花树、无瓣海桑、秋茄	广东、广西、福建
		蜡彩袋蛾 Chalia larminati	秋茄、桐花树、木榄、红海榄、黄槿、白骨壤	广西
		小巢蓑蛾 Clania minuscula	无瓣海桑	广西
	粉蝶科 Pieridae	迁粉蝶 Catopsilia pomona	伴生植物	广东
		粉蝶 Colias sp.	桐花树	广东
		报喜斑粉蝶 Delias pasithoe	海桑、老鼠簕、伴生植物	广东
		宽边黄粉蝶 Eurema hecabe	无瓣海桑	广东
		菜粉蝶 Pieris rapae	伴生植物	广东
	灰蝶科 Lycaenidae	曲纹紫灰蝶 Chilades pandava	桐花树、伴生植物	广东
		银线灰蝶 Spindasis lohita	伴生植物	广东
	钩蛾科 Drepanidae	无瓣海桑白钩蛾 Ditrigona sp.	无瓣海桑	广西、广东
	蓑蛾科 Psychidae	丝脉蓑蛾 Amatissa snelleni	桐花树、秋茄、白骨壤	广东
	蛱蝶科 Nymphalidae	蜘蛱蝶 Araschnia levana	伴生植物	广东
		斐豹蛱蝶 Argyreus hyperbius	伴生植物	广东
		波纹眼蛱蝶 Junonia atlites	伴生植物	广东

续表

目	科	种	危害树种	地区
	卷蛾科 Tortricidae	柑橘长卷蛾 *Homona coffearia*	桐花树、秋茄	广东
		荔枝异形小卷蛾 *Cryptophlebia ombrodelta*	木榄、桐花树、秋茄	广东、浙江、福建
		卷叶蛾 *Spilonota* sp.	秋茄	福建、浙江
		桐花树毛颚小卷蛾 *Lasiognatha cellifera*	桐花树	广东、广西、福建、香港
		栎双色小卷蛾 *Pelataea bicolor*	桐花树	广东
		黄卷蛾 *Archips* sp.	桐花树	福建
	枯叶蛾科 Lasiocampidae	绿黄枯叶蛾 *Trabala vishnou*	无瓣海桑、海桑、拉关木	广东、广西、台湾、福建
		木麻黄枯叶蛾 *Ticera castanea*	无瓣海桑	海南、广西
		海桑毛虫 *Suana* sp.	海桑	广东、广西
鳞翅目	螟蛾科 Pyralidae	扇螟蛾 *Pleuroptya* sp.	无瓣海桑、秋茄、桐花树	广东
		螟蛾 *Nephopterix syntaractis*	白骨壤	广东
		海榄雌瘤斑螟 *Acrobasis* sp.	白骨壤、桐花树、秋茄	广西、福建、台湾、广东、浙江
		红树云斑螟 *Ptyomaxia* sp.	白骨壤	福建
		白骨壤蛀果螟 *Dichocrocis* sp.	白骨壤、秋茄	广西、广东
		白缘蛀果斑螟 *Assara albicostalis*	木榄、桐花树	广东
		双纹白草螟 *Pseudocathrylla duplicella*	白骨壤	广东、广西
		甜菜白带野螟 *Hymenia recurvalis*	白骨壤	广东
	木蠹蛾科 Cossidae	红树林豹蠹蛾 *Zeuzera* sp.	无瓣海桑	广东、深圳
		咖啡豹蠹蛾 *Zeuzera coffeae*	秋茄、无瓣海桑	广东、广西、台湾

续表

目	科	种	危害树种	地区
鳞翅目	弄蝶科 Hesperiidae	红翅长标弄蝶 Telicota ancilla	无瓣海桑、桐花树	广东
		双斑趾弄蝶 Hasora chromus	水黄皮	广东
	潜蛾科 Lyonetiidae	苹果潜叶蛾 Leucoptera sp.	秋茄、桐花树、白骨壤	广东
		潜蛾科(待定)	白骨壤	广东
		白骨壤潜叶蛾(待定)	白骨壤、桐花树	广西
	驼蛾科 Hyblaeidae	柚木驼蛾 Hyblaea puera	白骨壤、木榄属和红树属等	海南
	苔蛾科 Lithosiidae	苔蛾 Macrobrochis sp.	海桑	广东
	眼蝶科 Satyridae	暮眼蝶 Melanitis leda	伴生植物	广东
	夜蛾科 Noctuidae	斜纹夜蛾 Prodenia litura	海桑、无瓣海桑	广西
		细皮夜蛾 Selepa celtis	无瓣海桑	广西
		同安纽夜蛾 Ophiusa disjungens	无瓣海桑	广东
直翅目	蝗科 Acrididae	中华稻蝗 Oxya chinensis	伴生植物	广东
	蟋蟀科 Gryllidae	中华蟋蟀 Gryllus chienesis	秋茄	广东
	螽斯科 Tettigoniidae	螽斯 Ducetia sp.	伴生植物、秋茄	广东
		双叶拟缘螽 Pseudopsyra bilobata	无瓣海桑、白骨壤	广东、广西、福建、海南
	蛉蟋科 Trigonidiidae	突蛉蟋 Amusurgus sp.	桐花树、秋茄	福建、广东

7.2.2　红树林害虫的分布特点

从不同地区红树林的害虫种类来看,广东红树林的害虫种类最多,计 95 种;广西其次,计 49 种;而福建、海南、台湾、香港、浙江等地的害虫种类较少。红树林害虫的分布特点主要有:第一,温度对于红树林虫害的发生有重要影响,较低纬度红树林分布区的温度高,害虫种类也较多,虫害发生的概率也较大;第二,原生、天然的红树林较人工红树林的害虫种类少,这也可能是海南红树林害虫种类较少的原因;第三,受人为影响较大的红树林分布区,其虫害种类大于人为影响较少的区域,这可能是香港、台湾等地红树林害虫种类较少的原因。

同一种害虫可能危害多种红树植物。例如,八点广翅蜡蝉、蜡彩袋蛾、三点广翅蜡蝉、棉古毒蛾、小袋蛾等危害的红树植物种类较多,分别有 6 种、6 种、5 种、5 种、5 种,反映了害虫食性的广谱性。

红树植物不同,害虫种类差异较大。例如,无瓣海桑、桐花树、秋茄、白骨壤、海桑等红树植物上的害虫种类较多,分别有 45 种、45 种、42 种、31 种、20 种,主要为鳞翅目、半翅目害虫;半红树植物如黄槿、阔苞菊、水黄皮等发现的害虫种类较少;伴生植物中共发现 18 种害虫,也以鳞翅目害虫为主(杨盛昌等,2020;彭建,2020)。

在同一群落内,不同害虫的分布差别较大。以蚧虫为例,在广西山口红树林,蚧虫主要寄生于红树植物的叶片,且以叶面居多,叶背较少。蛎盾蚧是红树林蚧虫的优势种,主要危害秋茄,也会寄生于白骨壤、桐花树和木榄;另外,位于高潮带的秋茄上发生的虫害程度最严重,呈斑块分布(刘文爱等,2019)。对于害虫整体而言,广翅蜡蝉是山口红树林密度较高的害虫,不同潮位的叶片被食率以中潮位最高(刘文爱等,2020a)。

7.2.3　红树林主要害虫的危害

红树林中的鳞翅目害虫以幼虫取食红树植物叶片、嫩芽、嫩枝或蛀果危害红树植物,其中包括海榄雌瘤斑螟、柚木驼蛾、桐花树毛颚小卷蛾、棉古毒蛾、蜡彩袋蛾、丽绿刺蛾等;半翅目害虫主要以幼虫、成虫吸食植物汁液危害植物,包括三点广翅蜡蝉、考氏白盾蚧、八点广翅蜡蝉等;星天牛属的幼虫、成虫均会伤害植株木质部,危害植株的正常生长,主要害虫的基本情况如下:

1. 海榄雌瘤斑螟

该物种被首次发现于福建漳江口红树林的白骨壤种群中，经鉴定为广州小斑螟(吴寿德等，2002)；之后在广东、广西等地的红树林中均造成较严重的危害，虫害发生面积逐渐扩大；2007年更名为海榄雌瘤斑螟(李罡等，2007)。最新的研究表明，从形态和分子数据来看，海榄雌瘤斑螟应为 *Ptyomaxia syntaractis*(王林聪等，2020)，现广泛发现于广东、广西、福建、台湾等地的红树林，对白骨壤造成极大的危害。其危害方式为：取食白骨壤嫩芽和叶，少部分蛀入果内危害繁殖器官，造成白骨壤叶片脱落，植株生长不良，结实率低下(范航清等，2012)。

2005年5月，广西山口红树林发生了40年来最为严重的海榄雌瘤斑螟虫害，白骨壤受害植株大部分叶片被虫取食，渐渐枯萎。虫害蔓延速度惊人，仅仅两周时间，山口红树林内的虫害面积，从最初的数公顷，迅速蔓延到近20 ha，之后又迅速扩散至整个北部湾红树林，虫害面积达650 ha(蒋学建等，2006)。

海榄雌瘤斑螟一年发生6～7代，在福建主要见于5—11月；在广西以4月中旬至6月下旬虫口密度较大；在广东从4月中旬至5月上旬、8月上旬至10月下旬均较多(吴寿德等，2002；李罡等，2007；徐家雄等，2008)。

2. 柚木驼蛾

该物种又名柚木肖弄蝶夜蛾、全须夜蛾、柚木弄蛾，主要危害马鞭草科、紫葳科属的植物。其危害方式为：幼虫取食白骨壤嫩叶、成熟叶，严重时还能取食嫩枝外表皮，甚至殃及非寄主红树植物。

2010年10月，柚木驼蛾虫害在广西合浦的白骨壤林中爆发，虫害面积约40 ha；2015年和2016年在广西北仑河口红树林多次发生，虫害面积达450 ha以上。在巴西，亮叶白骨壤中几乎每年都会发生虫害，但规模较小。柚木驼蛾是一种典型的热带昆虫，在热带地区常年发生，随着全球气候变暖，其影响可能波及包括广西在内的华南沿海亚热带地区。柚木驼蛾在广西一年可发生11代，幼虫取食量大，个体生长发育快，种群整体生长速率快；成虫寿命长，产卵量大，每雌可产卵量最多达800粒以上，种群生殖力强(胡荣等，2016；刘文爱，李丽凤，2017)。

3. 桐花树毛颚小卷蛾

该物种是鳞翅目卷蛾科的一种食叶性害虫，较早的报道见于广西钦州港红树林，秋季时灾害发生猖獗，造成大面积桐花树受害(蒋国芳，1996)。之后，该物种在福建各地的红树林中均有发现，危害日趋严重(丁珌等，2004)。该物种原分布于斯里兰卡、印度和菲律宾，现在广东、广西、福建、香港等地的红树林中较为常见,通常仅危害桐花树(丁珌等,2004;丁珌,2007)。其危害方式为:幼虫取食桐花树叶肉,致使叶片逐渐干枯脱落,影响桐花树生长、结果等(丁珌等,2004)。

桐花树毛颚小卷蛾在广西北部湾一年发生 11～12 代,春季和秋季为危害高峰期;在福建一年发生 7 代,于 5 月下旬羽化后危害盛花期桐花树;在广东,5 月上旬到 8 月中旬为其数量高峰期(丁珌等,2004;丁珌,2007;徐家雄等,2008)。

4. 棉古毒蛾

该物种又名小白纹毒蛾、灰带毒蛾、荞麦毒蛾等,是鳞翅目毒蛾科的一种多食性害虫。较早的报道见于海南、广东红树林,危害海桑(李云等,1997)。现常发现于广东、海南、广西、台湾、福建等地红树林,主要危害无瓣海桑、海桑,也会取食白骨壤、桐花树、秋茄,但较为少见(李云等,1997;刘文爱,范航清,2009;纪燕玲等,2015)。其危害方式为:幼虫集中生长,大量取食叶片,并可以附在叶片、枝条上,通过水流传播到周围林中(李云等,1997)。

棉古毒蛾在广西、广东一年发生 6 代,主要危害时间为 6—10 月。在粤东地区,该物种具有中度危险;但在广西,它的天敌较多,数量受到抑制(刘文爱,范航清,2009;纪燕玲等,2015)。

5. 丽绿刺蛾

该物种又名青刺蛾、绿刺蛾等,是鳞翅目刺蛾科的食叶害虫之一,发现于广东、广西、福建、浙江等地红树林,其中在福建省危害更为严重,危害树种为秋茄和桐花树(范航清等,2012)。其危害方式为:幼虫取食叶片。

在福建漳江口和九龙江口红树林,丽绿刺蛾危害面积超过 100 ha(丁珌,2007)。一年发生 2 代,第 1 代发生于 5—8 月,第 2 代发生于 7 月到次年 5 月;在林间主要分布于植物中上部树冠,下部较少(丁珌,2007;范航清等,2012)。

6. 考氏白盾蚧

该物种是同翅目盾蚧科的一种害虫,见于福建、广西、广东红树林,主要危害秋茄。其危害方式有两种:其一是食叶型,高密度聚集于秋茄叶脉两侧,吸食秋茄叶片的汁液,使叶面出现黄斑,叶片扭曲变黄容易脱落,从而影响秋茄生长;其二是食干型,枝干受害后发生枯萎,严重时布满白盾蚧,甚至诱发煤污病,影响植株生长、发育。

考氏白盾蚧在厦门地区发生严重,一年发生 6 代,3—6 月数量较多;在广西也有发生但未有大面积危害(刘文爱,范航清,2009;张飞萍,2007;张飞萍等,2008;江宝福,2009)。考氏白盾蚧及其同科其他种类的形态如图 7-2 所示。

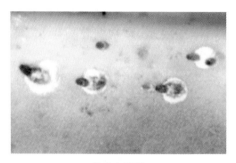
考氏白盾蚧
Pseudaulacaspis cockerelli

片盾蚧
Parlatoria sp.

肾盾蚧
Aonidiella sp.

刺圆盾蚧
Octaspidiotus sp.

图 7-2　考氏白盾蚧及其同科其他种类的形态（彭建摄）

7. 三点广翅蜡蝉

该物种是半翅目蜡蝉总科广翅蜡蝉科的一种害虫，主要发现于广西红树林，危害白骨壤、红海榄、无瓣海桑、秋茄、黄槿等。其危害方式为：以成虫、若虫聚集于植株嫩枝、嫩芽、叶上吸食植物汁液，使植株营养不良；雌成虫可割裂枝条表皮，将卵产于寄主组织中，从而影响枝条抽发新梢，甚至导致枝条枯死。

三点广翅蜡蝉一年发生 1 代，4 月中旬到 5 月上旬为若虫盛发期，5 月下旬到 6 月中旬为成虫盛发期（刘文爱，范航清，2009；揭育泽等，2015）。

8. 星天牛

该物种隶属鞘翅目天牛科，又名白星天牛、铁炮虫、倒根虫、花角虫、牛角虫、水牛娘、水牛仔等。近年来在广东地区红树林中常见报道，以中山、汕头红树林危害较为严重。危害方式：幼虫危害树干基部根茎处，取食枝干及根部的木质部，影响植物水分的正常输导，严重时导致树死；成虫会啃食细枝皮层，并能取食叶片成粗糙缺刻状(见图7-3)。星天牛一年发生1代,以幼虫在树干基部虫道内越冬(陈志云等,2020)。

图 7-3　星天牛危害汕头无瓣海桑人工林(杨盛昌摄)

7.2.4　虫害的爆发原因和机制

目前,有关红树林虫害爆发原因和机制的研究较少。据推测红树林虫害爆发的可能原因主要有:

1. 非生物因素

气候条件如温度、湿度、降水的变化可以直接影响害虫的生长、繁殖等活动,进而影响害虫的数量变化。水文条件的变化可能会影响害虫的发育、传播和淹水特性以及部分水生天敌昆虫(如蜻蜓)的发育等。

2. 天敌制约

生物之间通常以复杂的食物链和食物网形式相互关联,成为生态系统的基本结构。作为害虫的天敌,如果捕食性蜘蛛、鸟类或其他昆虫的种类或数量发生减少,则会使红树林中的害虫失去有效的制约,大量繁殖而成灾(李志刚等,2012;贾凤龙等,2001)。

3. 红树林结构和稳定性

单一种类红树林的大量种植,容易导致虫害的爆发,这主要是由于结构单一,群落稳定性下降,红树林的自我维护功能也下降,无法抵御虫害的发生。此外,红树林周边环境的恶化,也会使红树林生物多样性下降,生态系统健康状态恶化,稳定性下降,害虫影响的概率增大(李志刚等,2012)。

4. 害虫自身的适应能力

丽绿刺蛾对海水浸泡有较强的抗逆性,这是它在红树林成灾的主要原因

（丁珌等，2003）。一些害虫的繁殖力较强，如海榄雌瘤斑螟平均产卵量103粒，棉古毒蛾平均产卵量383粒，蜡彩袋蛾每雌产卵量450粒以上，柚木驼蛾每雌产卵量最高800粒以上，在适宜条件下容易大量繁殖（范航清等，2012；刘文爱、李丽凤，2017）。

在全球气候变化的大背景下，温度、水文、土壤等生境因素的变化提高了红树林害虫的生长繁殖能力及成活率；污染等人为干扰或单一种植模式降低了红树林结构和功能的稳定性，同时减少了害虫天敌种类和数量，使害虫在红树林中缺乏有效的制约，最终导致虫害爆发（杨盛昌等，2020）。

7.2.5 红树林虫害的防治

红树林虫害的防治技术可以分为物理防治、化学防治和生物防治。

1. 物理防治

物理防治主要采用灯光诱捕、粘虫板诱捕和海水冲淋等措施。王林聪等（2016）利用不同波长的诱虫灯对红树林害虫进行诱捕，共诱捕到害虫81种，包括海榄雌瘤斑螟、八点广翅蜡蝉、毛颚小卷蛾等。利用黑光灯诱捕桐花树毛颚小卷蛾，每晚可捕获300只左右，也有较好的防治效果（李德伟等，2010；秦元丽等，2012）。徐华林等（2013）应用粘虫板对深圳福田红树林八点广翅蜡蝉进行防治，诱捕效果良好。

2. 化学防治

吴寿德等（2002）利用低毒杀虫剂安泰杀虫威防治海榄雌瘤斑螟，防治效果可达94.74%。张文英（2012）利用30%敌百虫防治迹斑绿刺蛾，施药2～4 d后防治效果达96%以上。黄玉猛等（2019）则对四种药剂对海榄雌瘤斑螟的防治效果进行了分析。化学防治见效快，杀伤力强，但即使采用低毒药剂，也易产生富集，对红树林生态系统及周围环境产生危害，应谨慎使用。

3. 生物防治

利用生物农药或者害虫天敌等来防治红树林害虫可以减少对生境的不利影响，且生物防治效果可达70%～90%，甚至更高。常见的生物农药有苏云金杆菌、白僵菌、印楝素、灭幼脲Ⅲ号和信息素等，其中，苏云金杆菌及其制剂的应用最广泛。利用苏云金杆菌、白僵菌等防治海榄雌瘤斑螟，林间防治率可达98.1%；利用印楝素防治桐花树毛颚小卷蛾、棉古毒蛾和海榄雌瘤斑螟，也能获得较好的效果。害虫的天敌则以寄生蜂为主（吴寿德等，2002；丁珌，

2007；戴建青等，2011；何雪香等，2009；李罡等，2007；李德伟等，2010；李德伟等，2016；秦元丽等，2012）。

红树林虫害的防控是红树林管理和保育工作的重要内容之一。今后应增加对害虫的生物学特性、遗传特性及爆发机制等方面的研究，尤其是阐明虫害危害与红树林结构功能、多样性的关系，为红树林虫害的防控提供更为丰富的背景资料和信息。未来的研究还应充分利用遥感等信息技术加强对红树林害虫的监测，形成监测网络，并通过生态模型的构建预测虫害爆发的可能性和过程，力争在红树林虫害爆发之前或初期控制虫害。此外，应加强红树林害虫综合治理技术的研发，以生物防治技术为主，结合物理方法等，更为有效、更有针对性地治理虫害。

7.3 污损生物藤壶的影响

藤壶是一类附着在海边岩石上、有着坚硬石灰质外壳的甲壳动物，因它们还能附着在船体、码头设施等物体表面，并对后者造成不利影响，故也被称为固着污损生物。

通常所称的藤壶是甲壳纲（Crustacea）蔓足亚纲（Cirripedia）无柄目（Sessilia）藤壶亚目（Balanomorpha）的种类。全世界有 500 余种，中国产 6 科 25 属 110 种，主要种类为纹藤壶（*Balanus amphitrite*）、网纹藤壶（*B. reticulatus*）、泥藤壶（*B. uliginosus*）、白脊藤壶（*B. albicostatus*）、红巨藤壶（*Megabalanus rosa*）、钟巨藤壶（*M. tintinnabulum*）等（严涛等，2012）。狭义的藤壶主要是指藤壶科（Balanidae）藤壶属（*Balanus*）的海洋动物，该属种类多，中国有 14 种，是主要的污损生物，危害最大（蔡如星，1992）。纹藤壶、网纹藤壶、糊斑藤壶（*B. cirratus*）、三角藤壶（*B. trigonus*）、泥藤壶、钟巨藤壶、高峰星藤壶（*Chirona amaryllis*）、白条地藤壶（*Euraphia withersi*）等种类均是我国沿海污损生物群落的优势种。

藤壶并不直接危害红树林，但因其在红树植物表面的附着特性，影响了红树林的正常生长，从而成为危害红树林的污损生物。林鹏和韦信敏（1981）较早关注到对红树林中的藤壶危害，发现藤壶可以附着在红树植物树干、树枝和叶片上，致使植物生长受到抑制，甚至发生死亡。李复雪等（1989）认为包括藤壶在内的海洋污损动物是影响红树林生长发育和群落扩展的重要因素。特别是在潮差大、盐度高、风浪急的海岸潮间带,藤壶等固着动物对红树林的危害尤为严重。之后,越来越多的学者从红树林藤壶的种类、分布、群落学特征、危害及防控等方面进行了研究。

7.3.1 藤壶的生物学特征

藤壶体表有坚硬的外壳,常被误认为是贝壳类动物,其口前部直接附着在基底上形成一宽阔的附着面,或钙质或膜质。顶端形成一圈骨板,或连接,或重叠排列,或完全接合,因种类而不同。在圈骨板的中央顶端是由成对的背板与楯板组成的活动壳板,经肌肉牵动背板与楯板间的裂缝开合,藤壶可由此伸出蔓脚捕食,以浮游动物中的桡脚类及蔓足类的幼虫为生,成体寿命2~6年(严涛等,2012)。

藤壶雌雄同体、异体受精,甚至能从水中直接获取精子受孕。由于藤壶以固着方式生活,不能自由行动,故在生殖期间,须依靠能伸缩的细管,将精子送入别的藤壶中使卵受精。数日后,受精卵孵化为幼虫。藤壶的幼虫需经过无节幼体和金星幼虫(腺介幼体)两个变态发育时期。其中,无节幼虫经历数次蜕皮,发育为具有附着能力的金星幼体。金星幼体是一种特殊的幼体形态,无须摄食,经过数周的漂浮,能附物而居。之后,金星幼虫蜕壳变态成藤壶幼体,至蔓足突出壳口、虫体底板出现胶环时,藤壶个体才开始更为牢固地附着(严涛等,2011)。

藤壶在附着时,无特定的场所,从海岸的岩礁上、码头到船底等,凡有硬物的表面,均有可能被其附着上,甚至在鲸鱼、海龟、龙虾、螃蟹、琥珀的体表,也常发现附着的藤壶。藤壶能分泌的一种胶质,黏附力极强,助其本身牢牢地黏附在硬物上,如附着在船体表面,常给船舶航行带来困难(黄宗国,蔡如星,1984)。

藤壶类的食物以桡足类、圆筛藻及有机碎屑为主,其中在个体较大的日本笠藤壶和鳞笠藤壶中,动物性食物所占比例大于小个体藤壶种类。另外,季节也会对藤壶类的食性产生影响,如在春季,动物性食物和有机碎屑的比例要低于冬季,而且在温度较低的冬季,日本笠藤壶、鳞笠藤壶、白脊藤壶还会出现较大频率的空胃现象(蔡如星,1995;卢建平等,1996)。

7.3.2　红树林中藤壶的影响及危害

由于藤壶类生物能附着分布在红树植物表面生活,一定程度上影响了红树林的正常生长,甚至在严重时还会对红树林造成较大的危害。因此,在红树林生态系统研究中,有关藤壶的分布特点及其危害是人们较为关注的一个方面。

1. 我国红树林区的藤壶种类

在我国红树林区,主要的藤壶种类有 6 种,分别是纹藤壶、白脊藤壶潮间藤壶($B.littoralis$)、中华小藤壶($C.sinensis$)和网纹藤壶。

在广西北海大冠沙红树林和广西英罗港红树林,有网纹藤壶、潮间藤壶和白条地藤壶三种附着于红树植物上生长(范航清等,1993)。在大冠沙白骨壤红树林上,白条地藤壶的生物量占绝对优势,可达污损动物总生物量的 70% 以上(陈坚等,1993)。广西英罗港红树林不同树龄桐花树茎上的污损动物有 9 种,其中白条地藤壶、潮间藤壶是优势种(何斌源,赖廷和,2001)。在海南东寨港的人工红树林幼树上存在 2 种藤壶,即网纹藤壶和中华小藤壶(李云,1997)。福建厦门海沧吴冠滩涂人工秋茄幼林上附生有藤壶 4 种,分别是纹藤壶、白脊藤壶、白条地藤壶和网纹藤壶,其中纹藤壶、白条地藤壶为优势种,空间上呈现聚集分布(林秀雁,卢昌义,2006)。

2. 影响红树林区藤壶分布的因素

林鹏和韦信敏(1981)对福建红树林藤壶分布的研究发现,当海水盐度在 7.5~21.2 时,红树植株生长较高大而茂盛,林下有幼苗生长,但无藤壶危害;而海水盐度高达 25.6~37.5 时,藤壶附生严重,有的地段甚至造成红树植物成片死亡。换言之,藤壶生长繁盛的地方,海水盐度比较高,海水盐度是藤壶在红树林中分布的主导因子。李复雪等(1989)发现,在福建九龙江口,当盐度低到 0.73~2.16 时,藤壶不能生存;当盐度为 8.86~17.0 时,藤壶可以分布,但数量较少;随着盐度的升高,其分布数量明显增大。这也可能是在潮差大、盐度高、风浪急的海岸潮间带,红树林上固着动物危害尤为严重的主要原因。

向平等(2006)认为藤壶在红树林上的附着及其分布模式受多种因素的影响,主要包括以下五个方面:(1)盐度,其影响较大,在数量上成正相关,并决定优势种组成;(2)潮汐淹水深度,随着浸淹深度的增加,在红树植物茎干和枝叶上附着的藤壶数量增加,并引起优势种组成发生变化;(3)群落郁闭度,九龙江口红树林的郁闭度达到 0.5 时,基本没有藤壶附着;(4)水文条件,水流畅通程度是影响藤壶纵深分布的主要因子,开阔海域藤壶对红树植物的危害程度较封闭的港湾严重,向海林缘较林内和向陆林缘附着严重,海流、潮汐和海浪等水动力因子可以通过影响藤壶幼体在特定位置的输送和丰度,决定成年藤壶个体的分布及数量;(5)生物因素,如同种其他个体的影响、特殊的食物源、细菌黏膜、其他生物如藻类和红树植物通过活性物质或通过对微生境的改变对藤壶附着产生抑制或诱导影响。

3. 藤壶对红树林群落的影响及危害

生长于潮间带的红树植物茎干、小枝、叶片、支柱根和气生根都能成为藤壶附着的基底(林鹏,韦信敏,1981;黄宗国,蔡如星,1984;Ross,1997),影响红树林生长发育和群落扩展(李复雪等,1989)。如果生境条件适合,藤壶就会大量附着于红树植株的各个部位上。在福建九龙江口的西园村,一株高仅 63 cm、茎径仅 2 cm 的秋茄上就附生了 604 个藤壶;在惠安县的下棣,一株高 50 cm、直径不及 2 cm 的白骨壤上,有 392 个藤壶重重叠叠地附生着(林鹏,韦信敏,1981)。

大量有关藤壶危害人工红树林的研究也发现,藤壶是严重影响人工红树林幼苗和幼树正常生长发育的关键胁迫因子之一,是危害红树林面积最大、程度最高的污损生物(Perry,1988;向平等,2006)。藤壶的大量附着增加了红树植株地上部分的质量和潮水对植株冲击的受力面积,加强了潮汐对红树植物正常生长的干扰,甚至会导致植物枝条折断;同时,在叶片上附着的藤壶还会堵塞叶片的气孔,减少叶片的光合面积,降低叶片光合速率,进而影响植株的正常生长,严重时甚至导致植株的死亡。在广西北海大冠沙,向海林缘的红树幼苗和幼树常因污损动物折断或造成光合作用、呼吸作用、物质传导受阻而枯萎死亡(范航清等,1993)。在广西较低潮位生长的人工红树林,大量藤壶固着于幼苗的茎叶上,造成幼苗呼吸作用和光合作用受阻,生长缓慢,过重的藤壶负载甚至造成幼苗折断而死亡;是严重影响红海榄、桐花树等幼苗正常生长发育的关键胁迫因子(何斌源,莫竹承,1995;莫竹承等,2003)。在海南和广东的人工红树林中,单一幼树植株上附着的藤壶一般为数个至数百个不等,有的多达四层(李云等,1998b)。

针对藤壶是否严重地影响人工红树林幼苗和幼树生长发育的问题,也有学者提出不同的看法。例如,Satumanatpan 等(1999)通过去除藤壶的对比试验发现,藤壶在白骨壤植株上的附着对幼苗的存活和生长没有显著影响,其他胁迫因子如藻类和海草、沉积物的堵塞和哺乳动物的破坏、气候条件等更为严重地影响了幼苗的生长和存活。

4. 红树林藤壶的防控

尽管存在争议,但多数学者还是认为藤壶的大量附着会对红树植物造成危害。因此,在红树林的栽培、恢复和管理过程中,降低藤壶影响和危害的措施十分必要。由于藤壶的附着能力极强,采用人工去除的方法不仅费工费时,同时也会对红树植物产生不同程度的伤害,物理学方法并不可取。曾有学者建议,通过提高造林密度以减轻藤壶危害,但由于藤壶产生幼体数量巨大,单纯仅提高造林密度,实际收效甚微(李云等,1998b)。

潮汐生境以及藤壶自身的生物学特点,极大地增加了红树林藤壶的防治难度。化学方法是目前防控藤壶的主要方法。李云等(1998b)曾采用喷雾方式尝试灭杀秋茄幼树上的藤壶,但藤壶死亡率仅有 2.0%～4.0%;不过,采用油漆-农药混合液涂抹法则可有效去除藤壶,后者死亡率可达 100%。这种去除方式的机理可能是:油漆可以紧紧地粘在藤壶上,其中的农药不易流失,当潮水上涨,藤壶张开盖板摄取食物时,农药发挥效果,同时,油漆的附着使藤壶难以打开盖板而饥饿致死。油漆涂抹法固然可非常有效地杀灭茎上的藤壶,但妨碍了叶片光合作用,使红树植物生长不良。

必须注意的是,化学药物随着海水在海区的扩散,一定程度造成整个海区的污染。特别是在城市边缘造林,较大剂量的药物可能有更大的潜在风险(向平等,2006)。研发经济适用、安全高效的藤壶防治措施十分必要。

除上述有害生物外,蟹类也可能成为红树林育苗期及幼树期的重要有害生物,例如发芽后的无瓣海桑种子极易被招潮蟹的钳断茎干或叶片,或被啮齿类动物咬啃幼树茎基韧皮部或胚轴,造成死亡。这种现象在广东湛江高桥红树林尤为显著,由于蟹类数量多,该地无瓣海桑幼苗的受害率可达 20%～80%(李云等,1997)。深圳红树林的幼苗或幼树叶片易被冬季候鸟取食,秋茄、白骨壤、无瓣海桑等幼苗、幼树均受其害。观察表明,从 1994 年冬至 1995年春,深圳的秋茄人工林叶片被越冬候鸟全部吃光。究其原因,主要是红树林滩涂上渔民捕捉鱼、虾、蟹和海上养殖作业频繁,鸟类食物匮乏,被迫改变原来的食物结构,导致红树林幼苗、幼树遭受破坏(李云等,1997)。

综上,有害生物对红树林的影响和危害十分显著,甚至成为红树林引种栽培和生态恢复工程成败的关键因子,必须加以重视。一方面,应加大对红树林有害生物的实时动态监测,并通过模型构建进行先期预测及示警;加强有害生物的生物学和生态学研究,揭示有害生物灾害的爆发原因及危害机制;加快研发高效、安全的综合防治技术,为有害生物的合理防控提供科学、有效的技术手段。另一方面,应科学、合理地进行红树林种植或生态恢复,如通过适宜区的选择、红树植物种类的配置、生境的管理等措施,降低有害生物灾害的发生频率及其影响,确保红树林恢复工程的成功。值得强调的是,应从生态系统的角度看待红树林有害生物:无论是红树林,还是红树林的有害生物,都是红树林生态系统的生物组成部分之一。有害生物对红树植物造成危害,而红树植物也会对有害生物的危害做出响应以提高适应能力。两者的关系是生态系统内生物间相互依赖、相互影响的具体体现之一,也是红树林生态系统进化的驱动力之一。

第8章　人类活动对红树林的影响

千百年来,红树林一直是海岸带地区重要的森林资源,为当地居民提供燃料、木材、药材、化学品等资源。红树林及其周边也是重要物种的栖息地和水产养殖场所。工业革命以前,人类对红树林的利用并未在很大程度上影响红树林面积和生境质量。但如今,人类对红树林资源的开发逐年增加,并在近50年达到顶峰。目前,全球约37%的人口居住在距海岸100 km的范围内。人口膨胀和城市扩张导致红树林资源过度开采、水体严重污染,这些都给红树林造成方方面面的影响和前所未有的压力(图8-1)。

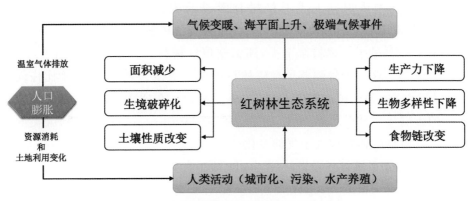

图 8-1　人类活动对红树林生态系统的影响

20世纪50年代以来,我国红树林面临的最大威胁来自人类活动的直接干扰。我国的沿海地区是经济发展的重点区域。由于沿海城市人多地少、用地紧张,向海洋要地已成为过去几十年来沿海各地不约而同的选择。围海造田、围塘养殖和城市化等人为干扰是目前限制和破坏红树林生态系统的主要原因。生活污水和养殖废水的输入、城市建设导致的红树林生境破碎化、大型电厂建设引起周边水体的增温等干扰对于红树林的影响更不容忽视。近年来,我国实施监测的河口、海湾、滩涂湿地、珊瑚礁、红树林和海草床等海洋生态系统中,处于健康、亚健康和不健康状态的生态系统分别占23%、67%和

10％（潘新春等，2014）。

人类活动对红树林生态系统的影响是深远的。相当部分红树林已演变为灌木，甚至变成荒滩，原有的生态学特性所剩无几。这些变化已严重削弱了红树林在生态、经济、文化等方面的价值，使红树林生态系统无论在结构上还是在功能上都面临前所未有的危机。在全球许多区域，红树林大面积衰退和消失，生境破碎化，使得许多生物因此失去栖息地和繁衍场所，生物多样性降低。现今这一特殊的生态资源处于濒危状态。

8.1 全球红树林的现状

红树林分布在全球一百多个国家的海岸线上，提供了重要的生态系统服务，关系到海岸带地区民众的生计和福祉。尽管如此，人类活动对全球红树林的负面影响令人担忧。直到 20 世纪 70 年代卫星对地观测技术得到普及之后，科研人员才认识到人类对红树林影响的规模之大。2007 年，Norman Duke 等全球几十位学者共同发出了《一个没有红树林的世界》的警告：假设以每年 1％～2％ 的损失率持续下去，那么全球红树林将在本世纪末消失（Duke et al.，2007）。这一警告强调了红树林在历史上的损失之巨大，几乎比任何其他生态系统（如珊瑚礁或热带雨林）的衰退都快。在这个情况下，与气候变化有关的影响几乎可以忽略不计（Friess et al.，2020b）。这也就是说，人类的砍伐对于红树林的影响远大于气候变化。

《千年生态系统评估报告》中指出，自 1980 年以来，全球已丧失了 35％ 的红树林（World Resources Institute，2005）。在 1980 年之后，由于经济发展，我国红树林被大量砍伐，用于建设虾塘和海岸工程，其损失率高达 30％（表 8-1）。

表 8-1　基于不同研究方法和研究区域的全球红树林砍伐速率

地区	时段	砍伐率(%)	方法	文献
斯里兰卡	2000 年以前	2.00～8.00	无信息	
全球	多时间段	2.10	文献检索(数据来源于 46 个国家,代表全球约 60% 的红树林,经过标准化并上推到全球范围)	
全球 (联合国粮农组织统计)	1980—2000 年	1.10～1.90	文献检索(数据来源不同国家不同时间的研究,经过标准化并上推到全球范围)	Friess et al.,2020a
全球 (联合国粮农组织统计)	1980—2005 年	0.66～1.04	文献检索(数据来源不同国家不同时间的研究,经过标准化并上推到全球范围)	
全球	2000—2012 年	0.16～0.39	全球尺度的遥感分析	
中国	1980—2000 年	55	面积减少了 12,923.7 ha,建设虾塘等设施	国家林业局,2002
	2000 年以后	0	面积增加,修复和造林	国家林业局,2015

　　2017 年,研究人员收集了已发表论文、图书、会议报告和非政府组织的报告中的案例研究(1903—2010 年,跨越 100 多年的时间尺度),用于分析非洲、亚洲和拉丁美洲红树林损失的直接原因和潜在驱动因素,并发现水产养殖、木材产品采伐和基础设施建设导致了大量红树林被砍伐,生境斑块化和群落结构破坏(Chowdhury et al.,2017)。更严重的是,这些驱动力并不是孤立的,它们常与其他各类的驱动因素一起作用,例如作为经济驱动因素的水产养殖市场扩张,与潜在的驱动力(人口、经济、制度、技术和文化等因素)共同作用(Chowdhury et al.,2017)。区域经济发展和政策的提出是全球红树林快速消失的主要推手。在上述这些红树林面积消失的潜在驱动力中,经济因素占79%(34 例)、政策因素占 77%(33 例)。其中,政策因素包括两个方面,即促进森林砍伐的政策和土地所有权。在一些地区,红树林资源的所有权归属于当地社区集体所有,这种情况下特别容易受到其他利益相关方的破坏,例如为

了获取经济收益,将红树林用于发展水产养殖项目。

虾贸易是许多亚洲国家和南美洲国家的支柱产业,它也是这些国家红树林快速消失的主要原因。1969—2006 年间,厄瓜多尔红树林面积从 203,625 ha 减少至 147,229 ha;同期虾塘的面积从零增加到 1,706,489 ha(Chowdhury et al.,2017)。东南亚地区是全球红树林物种多样性最丰富的区域,其红树林面积约占全球红树林总面积的三分之一。在 2000—2012 年间,由森林砍伐造成东南亚地区平均每年的损失率为 0.18%,水产养殖和农业发展是导致红树林面积减少的主要原因(Richards,Friess,2016)。可见,红树林被围垦并被开发为农业和商业用地,这是世界各地面临的一个普遍问题(Kirwan,Megonigal,2013)。

所幸,在 2007 年 Norman Duke 等学者发出警告之后,全球红树林的损失率得到一定的改善,全球红树林消失的速度有所缓和(Friess et al.,2020b)。2000 年之后我国的大规模红树林保育和造林工作扩展了红树林面积,红树林砍伐的现象也得到缓解(表 8-1)。虽然面积并不是评估红树林发展趋势的唯一指标,但这些数据表明,红树林正在发生积极的变化。尽管如此,在许多生物多样性热点区域,如东南亚红树林,仍存在森林砍伐的现象。缅甸和马来西亚等国家在 2000 年之后仍然维持每年 0.70% 和 0.41% 的红树林损失率,远远高出全球平均水平;缅甸的水稻种植和马来西亚的油棕榈种植园开发是其中的主要原因(Richard,Friess,2012)。印度尼西亚在红树林周边发展大型农业以提高经济和粮食安全,其中部分计划也很可能会影响红树林的健康(Richards,Friess,2016)。

当今,我国红树林保护已走上了令人乐观的轨道。然而,要维持这一发展趋势,确保红树林保护的成果,并将其推广到其他国家,我们仍然任重而道远。

8.2 我国红树林的土地利用变化

陈宜瑜院士在《中国滨海湿地保护管理战略研究项目》中指出:"在过去的半个世纪里,中国有 60% 以上的天然沿海湿地消失,包括 73% 的红树林和 80% 的珊瑚礁。"目前,我国红树林总面积 1.9 万～3.4 万公顷(国家林业局,2015;Chen B et al.,2017),远低于历史上红树林资源最丰富的时期。所幸,现有的红树林得到了很好的保护。我国现有各种级别的红树林自然保护区 22 个,其中,国家级自然保护区 6 个,红树林保护区面积约占我国红树林总面积的 80% 以上(Chen L et al.,2009 a)。

8.2.1　我国滨海湿地的围填海现状

围填海是指将陆地、岛屿,甚至岛礁,沿边缘填埋成新的陆地;而填海造地是把原有的海域、湖区或河岸转变为陆地。一般可将二者等同。围填海是过去 30 多年来我国海岸开发利用的主要形式。然而,围填海对近海和滨海湿地生态系统带来了巨大的负面影响,致使海岸线发生变化,改变水文动力和泥沙冲淤动态平衡,加剧海岸线侵蚀和港口航道淤积(陈玮琪,王萱,2009)。更为严重的是,围填海使海岸带湿地面积急剧减少、海岸带濒危的红树林和珊瑚礁等生态系统破坏、生物多样性降低和海洋渔业资源匮乏。

历史上,我国曾经历了三次大的围填海过程。第一次是 20 世纪 50 年代的围填海晒盐,第二次是 20 世纪 60—70 年代的围垦海涂以增加农业用地,第三次是 20 世纪 80 年代中后期以来的围填海养殖。经过三轮围垦,我国的海岸线已经发生了很大的改变,自然岸线所剩不多。进入 21 世纪后,伴随着城市化、工业化和人口向沿海地区集聚趋势的进一步加快,沿海地区土地资源不足导致的用地矛盾,已成为制约沿海经济持续发展的重要因素。在这一背景下,沿海各地纷纷把发展的空间推向海洋,兴起了围填海造地热潮,成为我国海岸开发的主要形式;是我国沿海地区拓展城市区域、缓解人地矛盾的重要方式。

2002 年前后,中国大陆地区沿海有红树林分布的各省围填海面积统计如表 8-2 所示。

表 8-2　中国大陆地区沿海有红树林分布的各省填海面积统计表(数据来源:刘洪滨等,2010)

沿海各省	2002 年前(ha)	2002 年后(ha)	总填海面积(ha)
浙江	—	2043.41	2043.41
福建	62611.43	9757.82	72369.25
广东	1030.55	2354.22	3384.77
广西	470.01	1911.54	2381.55
海南	319.08	722.37	1041.45

毋庸置疑,围填海可解决土地资源缺乏的问题,促进沿海社会经济的繁荣;但它会对海域资源及海洋生态和环境造成不可逆的破坏,对海岸带生态系

统服务功能的负面影响不容忽视。红树林既是许多迁徙水禽的栖息地和生物多样性的保护基地,又是维持海陆动态平衡的缓冲区(宋红丽,刘兴土,2013)。围填海带来的负面效应极为显著。

8.2.2　围填海对我国红树林物种多样性的影响

我国 80% 的红树林处于海堤的前沿,植物群落结构单一。福建九龙江口有着发育良好的红树林;1988 年 2 月建立九龙江口龙海红树林自然保护区,总面积共 106.7 ha。这里也是全球秋茄的分布中心之一,秋茄树高可达10 m(林鹏,傅勤,1995)。但是,海堤的修建和围塘养殖使这里成为典型的堤前红树林(图 8-2)。在九龙江口,红树林向海的前缘根部可见裸露的树根,且有较大的高程差,这是海浪侵蚀作用造成的。

图 8-2　福建九龙江口的海堤和红树林(陈鹭真摄)

同处于九龙江口的厦门,海岸线长 254 km,滩涂面积广阔。由于九龙江的淡水补充和潮汐的共同作用,此处非常适宜于红树林的生长。厦门周边曾经分布有大面积的红树林。据记载,直至 1979 年厦门还有近 106.7 ha 红树林(王文卿等,2000)。此后,由于港口建设和城市发展,厦门周边进行了多次的围填海,天然红树林被围填而损失殆尽。其中,面积最大的位于海沧东屿湾的白骨壤林因围填海遭受严重的破坏;位于集美凤林的白骨壤林、杏林的白骨壤林也由于滨海路的建设被围垦殆尽(表 8-3)。

表 8-3 厦门地区红树林的历史分布和现状(数据来源:王文卿等,2000)

地点	红树植物群落类型	2000 年		现状
		面积(ha)	受保护状况	
海沧东屿	白骨壤林	23.3	破坏严重	被部分围填
海沧码头	白骨壤-桐花树-秋茄林	0.3	已被围于船闸内	被全部围填
海沧镇后井村	秋茄林	0.1	一般	被全部围填
海沧青礁	秋茄林	0.3	良好	被部分围填
杏林	白骨壤林	0.4	一般	被全部围填
集美凤林	白骨壤林	7.3	良好	被全部围填
同安鳄鱼屿	白骨壤林	0.1	一般	保留

一般而言,建造海堤或水泥混凝土的人工岸线时,围垦的是中高潮位的红树林。这破坏了演替中后期的成熟植物群落,如木榄群落、角果木群落。剩下的堤前红树林一般由先锋树种白骨壤或桐花树组成的群落,有些中潮带的秋茄群落也可保存下来。这使区域内红树林的物种多样性显著降低。海南清澜港红树林是高—中—低潮位最为完整的红树植物群落,群落中有自然过渡的演替后期植被类型的物种,如木榄和银叶树等,群落类型多样,物种丰富度高(涂志刚等,2015)。在福建、广东、广西等地的红树林区,海堤的建设和滩涂的围垦导致了大量处于演替后期的红树植物成为濒危物种或者灭绝;其中,广东的角果木和银叶树、福建的木榄和海漆、广西的榄李等已成为濒危物种(王文卿,王瑁,2007)。

8.2.3 围填海导致红树林萎缩和退化

围填海对植被的影响最为显著,直接导致红树林、海草床、芦苇丛等典型湿地植被大量消失。受到水文、植被和土壤共同作用,围填海不仅造成红树林面积缩减,更严重的是造成生境退化。

海堤堵截了红树林滩涂的自然海岸地貌,干扰了陆地生态系统和海洋生态系统的物质、能量和信息的交流,进而影响红树林生态系统的自我维持能力(王文卿,王瑁,2007)。海堤还加剧了海岸侵蚀,降低了潮滩的沉积速率,干扰了河口地区的自然水文过程(范航清,黎广钊,1997;Saenger,2002;Lovelock,Ellison,2007)。在海平面上升的情况下,其天然岸线上的红树林,其繁殖体可以向陆向传播,使其后代生长在潮位更高的潮间带,进而抵御海平面上升造成的淹水胁迫。但是,海堤阻碍了红树植物繁殖体的陆向传播。海堤的存在使红树林面临海平面上升时无法陆向迁移,而成为敏感而脆弱的群落(Lovelock,Ellison,2007),在海岸挤压(Coastal Squeeze)作用下,红树林将退化和消失(Borchert et al.,2018)(图8-3)。

因此,围填海对红树林生境破碎化的影响极其深远。2018年,我国出台最严格的围填海管控措施,以期实现海洋资源的严格保护和有效修复。未来,围填海导致红树林萎缩的状况将得以缓解。

图8-3 海平面上升和海堤共同作用导致海岸挤压下红树林的陆向迁移示意图

(a. 海平面上升增加了红树植物的淹水深度;b. 先锋红树林退化或者死亡;

c. 海平面上升后,海堤的阻挡使红树林丧失陆向迁移的退路而死亡。)

8.2.4　海堤增加了红树林修复的难度

海堤的存在增加了红树林湿地生态修复的难度。由于修建海堤时的就地取土,土方的挖掘使堤前形成更深的潮沟,使堤前红树林淹水时间变长,群落退化。在广东湛江、福建九龙江口等地,由于海堤建设占据红树林宜林地,导致幼树成活率低,生长困难(图 8-4)。由海洋和林业部门主导的大型红树林修复工程常常是在大堤外的非宜林地造林,投入的人力物力虽大,但收效甚微。在红树林修复中,宜林地的选择必须综合考虑潮位、淹水时间、潮速、海流速度、土壤和海水盐度(最适盐度 0.5～2.5)和种苗自身的特性(如不同种类的耐淹水能力等)(林鹏,2003)。以 2004 年厦门沿海红树林修复项目为例,面积108.3～198.4 ha 的宜林滩涂中,仅 30.0～35.3 ha 属于整地即可种植的区域,另有 78.3～163.1 ha 的滩涂需要填土后才能种植;宜林滩涂仅 21%～38%(林鹏等,2005)。

作为沿海防护林的最前缘,红树林是生态安全的第一道防线,在抵御台风、风暴潮和海啸等方面具有显著的作用。围填海不仅造成红树林面积缩减,还造成我国原生红树林退化、物种多样性降低、群落结构单一的现状,导致修复难度大大增加。红树林的生态系统服务功能将随着围填海过程和人为干扰的加剧而显著削弱;进而影响其防灾减灾功能的维持,影响海岸带生态安全。

图 8-4　广东湛江红树林区的堤前红树林修复工程(陈鹭真摄)

8.3 传统养殖业和农业对红树林的影响

海水养殖是热带和亚热带沿海地区最重要的经济活动之一。随着 20 世纪全球人口的快速增长，人类对水产品的需求不断增加，刺激了水产养殖业的发展。红树林周边开展的水产养殖业，水产品的营养价值高，可获得更多的经济收益。自 1980 年以来，我国红树林周边建造了许多水产养殖塘。水产养殖和农业是红树林区土地利用模式改变的具体形式。这些依靠红树林的生产经营活动，使已经饱受污染和围垦之苦的红树林处于更严峻的环境胁迫之中。

8.3.1 挤占红树林空间

养殖塘挤占红树林空间的情况在我国红树林分布区普遍存在。在福建云霄红树林，由于水产养殖和互花米草入侵光滩，这里基本上形成了互花米草-红树林-海堤-鱼塘的景观格局(图 8-5)。在东寨港，1988—2016 年间养殖水面占区域总面积的比例从 1.6% 增长到 11.9%，养殖水体的增加加剧了景观的破碎化(吴庭天等，2020)。实际上，在全球范围内水产养殖也是导致红树林面积萎缩的主要原因。东南亚国家和厄瓜多尔由于水产养殖业发展的需要，红树林被大量砍伐(Richards，Friess，2016；Chowdhury et al.，2017)。我国是水产养殖大国，在未来的退塘还林过程中，养殖塘将成为红树林造林的主阵地(范航清等，2018)，探寻红树林保育与区域经济发展和谐共存的发展模式，是当前的迫切需求。

图 8-5　福建漳江口的互花米草-红树林-海堤-鱼塘的景观格局(冯虹毓摄)

8.3.2　水体和土壤污染

污染的类型多样,如生活污水与垃圾、农林化学药剂、工业"三废"等,它们以不同的形式进入红树林生态系统并产生负面影响。水体富营养化与重金属(铅、铜、铬等)离子富集是红树林污染的主要类型。水体富营养化使水体透光性降低,氧含量降低,浮游植物的初级生产力受到严重影响。其中,磷的富集能使水体氮磷比(N∶P)降到 1∶1,远远偏离 16∶1 的正常值。不正常的氮磷比使藻类与细菌物种组成迅速发生变化,一些物种排斥其他物种而占据优势地位。同时,硝化作用和反硝化作用等一系列生物化学循环过程都受到影响。水体富营养化为一些藻类的大量增殖提供了条件,引发赤潮,从而使水体缺氧严重,光照微弱,底栖动物和固着植物难以生存。

我国南方地区的许多高位水产养殖区,清塘废水和塘泥常被排放到毗邻的红树林中,也会引起富营养化。水产养殖的过剩饲料以不同的形式排入鱼塘,通过清塘等方式,再排入红树林水体中,引发水体污染等问题(吴浩等,2011)。在一个养殖周期内,鱼塘水体需要进行多次更换。这些过剩饲料直接排入红树林中的底泥,导致红树林沉积物中的有机质含量增加(张杨,2011)。养殖废料的排入还可引起红树林中氧化亚氮(N_2O)等温室气体的排放,进而改变红树林的碳氮循环(陈家辉,2019)。在虾池的消毒和病害防治中使用的抗生素,也将随着清塘行动被排入红树林中,对近岸的水域和微生物群落产生直接影响(唐飞龙,2010)。

红树植物根系对重金属离子的毒害有一定的抵抗能力,吸收的重金属离子能在体内积累,而不表现出明显的症状,但这种能力有一定限度。重金属离子达到一定浓度时,红树植物表现出明显的中毒症状,如叶片退色、萎蔫、坏疽等,对其内在生理的影响显著。很多碳氢化合物(如石油产品、杀虫剂、除草剂等)能在土壤中残留几十年之久,不仅降低土壤肥力,影响红树根系和幼苗的正常生长发育,更可使贝类等软体动物发生中毒。例如,石油产品污染使树木落叶、死亡,与之伴生的各种动物、细菌也将消失。一次原油污染能使超过80%的红树幼苗死亡或被油污沾染,而只留下 5% 的健康植株,残留的油污又导致植株更新减慢,突变率增加。

8.3.3 水体富营养化和团水虱爆发

2012 年 8 月,海南东寨港红树林团水虱(*Sphaeroma*)大爆发,导致大片红树林受害死亡。之后数年,在广西北海、广东湛江和海南等多地的红树林区相继发生团水虱侵害,造成红树林大量死亡(范航清等,2014;李秀锋,2017;陈颖等,2019)。团水虱爆发事件均发生在人为干扰强烈的海区,水体富营养化严重。2012 年东寨港红树林内有海鸭养殖场 39 个,家鸭数量达 4.5 万羽以上;区域内的罗牛山生猪养殖场养殖 10 万头生猪,离保护区的直线距离是 4 km,且有河道与红树林区相连。此外,东寨港红树林周边分布着约 1,300 ha 的高位虾池。海鸭和生猪养殖的污水直接排入红树林中。在广西北海,草头村红树林的主要污染源是养殖污水;北海银滩冯家江为污水混合排放区,城市的一部分生活污水、屠宰场废水、生猪养殖废水和养殖污水均未经处理汇入冯家江,涨潮时部分污染物扩散到红树林区,并在向海的林缘扩散(范航清等,2014)。在广西钦州康熙岭和防城港北仑河口均邻近当地的高位虾池(陈颖等,2019)。污水的排入使这些区域红树林水体富营养化严重。

据推测,团水虱的爆发可能与水体污染密切相关。团水虱主要摄食浮游生物,红树林区水体的富营养化,促使浮游生物大量繁殖,为团水虱提供了充足的食物来源,因此,团水虱能够快速繁殖,呈现爆发式增长。过度发展虾塘养殖和海鸭养殖等引起的污染,也可能给红树植物的生长带来不利的影响,使其处于亚健康状态,并为团水虱钻洞栖息创造了有利条件。过度捕捞还会导致蟹类等团水虱的天敌减少,这也可能是团水虱爆发的原因之一。

1. 团水虱的生态习性

团水虱是一类常见的海产等足类动物,隶属于节肢动物门(Arthropoda)甲壳动物亚门(Crustacea)软甲纲(Malacostraca)等足目(Isopoda)团水虱科(Sphaeromatidae)。全世界团水虱属动物计有 37 种(李秀锋,2017),我国 6种,分别是三口团水虱(*Sphaeroma triste*)、有孔团水虱(*S. terebrans*)、光背团水虱(*S. retrolaeve*)、瓦氏团水虱(*S. walkeri*)、福建团水虱(*S. fujianensis*)和中华团水虱(*S. sinensis*)(于海燕,2002)。团水虱的地理分布范围很广,淡水、半咸水、潮间带及深达 1,800 m 的深海均有分布。在我国,团水虱主要分布在渤海、东海和南海等海域,尤其是长江口以南各省的海岸带(蔡如星等,1962)。在我国红树林区,有 3 种团水虱,分别为有孔团水虱、光背团水虱和福建团水虱(周时强,李复雪,1986;陈颖等,2019)。但也有学者认为,我国红树林区还有三口团水虱分布(Li et al.,2016)。团水虱营自由生活,在木头中钻洞,泥沙里、礁石底下、海藻丛中以及海绵动物的孔隙中均可生活。

团水虱是滤食性的,其食物主要是浮游动植物、有机碎屑和细菌等。团水虱体内含有纤维素酶,有利于钻蛀木质孔洞(Messana et al.,1994;Thiel,1999;Wilkinson,2004)。在潮间带生态系统中,团水虱是营养传递的重要一环。它们钻孔的过程可以为其他生物提供碎屑,废弃的孔洞为其他生物提供栖息场所(Macnae,1969;Wilkinson,2004)。团水虱生活在木质孔洞内,并在孔洞内完成交配和繁衍。雄性团水虱在交配完成后会离开蛀孔,而雌性团水虱会一直留在孔洞内,孕育、生产并照料子代团水虱。繁育期的团水虱常年均存在,但是繁殖的高峰期一般是在秋季和春末夏初这两个时间段(Messana et al.,1994)。雌虫产卵时,将卵包在母体胸部育卵囊中直接孵化成幼体,每次抱卵数为 5～20 个。不经过浮游幼体阶段,这是等足类的团水虱与大多数甲壳类动物的不同之处。团水虱的子一代孵化率高,繁殖周期短,一年可以繁殖数次。同时,团水虱雌虫所产的幼虫可以在母体穿凿的洞穴中继续穿凿,形成新的孔或通过水流漂流到新的红树林,继续危害。

2. 红树林的团水虱危害

1968 年,团水虱类动物对红树林的危害得到关注(Macnae,1969)。团水虱能在支柱根、气生根和胚轴的内部蛀孔,引起大量红树植物倒伏(Rehm,

Humm,1973)。周时强和李复雪(1986)对福建九龙江口红树林内团水虱类大型底栖动物的群落生态进行调查。其后,黄戚民等(1996)系统地研究了福建红树林团水虱等钻孔动物的生态,发现5种红树林钻孔动物中,光背团水虱和两种软体动物是破坏红树林的主要的钻孔动物。在海南东寨港三江秋茄幼林中的团水虱危害株率达17%～30%(贾凤龙,2001)。

团水虱一般钻凿红树的浅层木材,数量多时呈蜂窝状。被团水虱大量钻凿的植株,其输导组织和机械组织被严重破坏,植株发育不良而枯萎,同时抵御不住风浪的冲击而倒伏死亡(黄戚民等,1996)。红树植物一旦受团水虱感染,根系的生长会减缓55%(Wilkinson,2004)。

范航清等(2014)曾对我国红树林团水虱的危害情况进行调查,并发现:截止2013年,我国红树林团水虱危害总面积为35.66 ha,死亡的红树林面积达5.89 ha。其中,海南东寨港红树林受害面积为33.33 ha,死亡面积为5.39 ha,植物死亡数量达11,400株,以海莲和木榄为主,蛀木生物为有孔团水虱(此前误定为光背团水虱,见邱勇等,2013)。2010年,海南东寨港已有10个红树林斑块爆发了团水虱危害,造成1.17 ha红树林的死亡。点状爆发、周边扩散是团水虱危害红树林的一个基本特征(范航清等,2014)。从受害群落看,处于演替后期的成熟林是团水虱的主要攻击对象,其对树种的选择性攻击顺序为:海莲、木榄>尖瓣海莲、角果木>白骨壤、秋茄>桐花树(范航清等,2014)。陈颖等(2019)发现广西北海红树林的团水虱,主要侵蚀白骨壤,其次为秋茄,而桐花树被蛀孔最少。广西北海红树林受害面积为2.33 ha,死亡面积为0.50 ha,植物死亡数量达781株,以白骨壤为主,蛀木生物为有孔团水虱和光背团水虱。在钦州康熙岭,团水虱主要蛀孔于无瓣海桑,桐花树则未发现被蛀孔。在福建红树林中,团水虱危害程度则以桐花树为甚,秋茄和白骨壤明显较低(黄戚民等,1996)。

因此,不同红树种类受害程度有所不同,并与地理纬度和群落类型有关。当然,也存在一种可能,即团水虱蛀木时对红树树种可能没有选择性,被选择蛀孔的树种只是处于不健康状态。换言之,当植物都处于健康状态时,团水虱可能不蛀木,而去选择泡沫块或沉积岩等其他底质。因此,团水虱或许并不是致使红树林大量衰退或死亡的直接原因,而是人类活动造成的环境胁迫导致红树林退化,为团水虱侵蚀红树林提供有利条件从而加速红树植物死亡。

3. 团水虱爆发的防控

　　蛀木团水虱以穴居为主（图 8-6a），没有浮游幼虫阶段，兼之天敌较少，因此，对其进行有效防治较为困难。国内外防治团水虱的技术主要体现在对团水虱生物体的灭杀上，如采用高盐、石灰或其他化学制剂涂抹或喷洒，或实行烟熏处理等，但相关技术需要进行每木处理，操作烦琐、成本较高，也不能从根本上消除团水虱的危害（刘文爱等，2020b）。还有一些处理方法是在树干基部堆土，以减少团水虱对其侵袭（图 8-6b）。海绵和海鞘类可作为物理屏障来阻止等足类动物的定殖。例如，在伯利兹南部沿岸河口处，有孔团水虱对红树林气生根破坏达 100%，其原因是该河口的红树林里缺乏浅海底栖动物，缺少等足类动物的天敌（Ellison，Farnsworth，1990）。因此，有学者建议采用牡蛎、藤壶阻止等足类动物的定殖（Conover，Reid，1975），但牡蛎、藤壶同时会对红树植物根系造成损伤。腹足类如蟹守螺（*Cerithium* sp.）、波褶岩螺（*Thais kiosquiformis*）和寄居蟹（*Clibanarius panamensis*）均可捕食有孔团水虱，能够减少后者对红树林 0～75 cm 高度的根系侵袭（Perry，1988）。因此，利用生态系统的食物链关系，可以对团水虱加以控制，但目前未见成功案例的报道。

图 8-6　团水虱及其侵害的红树植物树干(a. 钟才荣摄)和海南东寨港的团水虱防治(b. 陈鹭真摄)

其实,从团水虱爆发的原因来看,一种合理控制团水虱数量的方法就是降低人为干扰,减轻水体的污染程度,从污染源头控制开始。例如,东寨港保护区内已关闭对其有影响的养猪场、养鸭塘及养虾塘,对沿岸海餐馆的生活污水排放也进行了治理,期望能减少团水虱的数量,达到控制目的。从该角度出发,控制团水虱的种群数量和维持健康的红树植物群落可能是控制团水虱危害的关键。

8.4　城市发展对红树林的影响

全球热带森林砍伐存在五种主要驱动力,即人口、经济、制度、技术和文化(Geist,Lambin,2002)。我国的红树林分布区也是我国城市化节奏最快的地区,城市化对红树林的影响极为显著。

在 20 世纪 90 年代初红树林的生态和经济价值尚未得到认可之前,红树林经历了传统的木材和木炭加工、水稻种植、海堤修建和鱼塘挖掘的影响。此后,城市化是中国红树林面临的主要压力之一,尽管城市化没有立即导致红树林面积缩减,但导致了红树林生态系统退化、污染加剧、病虫害频发等生态问题。广东的红树林是受到城市化影响最显著的区域。1979 年,深圳市开始建设经济特区;40 年来,城市中心扩张了几十倍。深圳福田红树林是全国唯一处于城市腹地的红树林生态系统(图 8-7)。从 1979 年到 1998 年,深圳福田红树林面积稳步减小;1998 年以后,由于保护区内及周围的红树林得到保护,红树林面积有所增加(表 8-4)(陈保瑜等,2012)。但是,红树林保护区周围摩天大楼林立,城市交通带来噪音干扰鸟类栖息,更有城市生活污水的影响,保护区生态系统脆弱、健康水平下降。

图 8-7　深圳福田红树林(周海超摄)

表 8-4　深圳市 1979—2009 年红树林、鱼塘和城市面积的变化(引自陈保瑜等,2012)

年份	红树林面积/ha	鱼塘面积/ha	城市面积/ha
1979 年	79.56	227.25	508.95
1989 年	58.59	431.28	708.48
1998 年	52.65	100.26	1194.57
2003 年	72.99	60.39	1895.85
2009 年	81.00	30.15	2072.50

　　我国几乎所有现存的天然红树都已纳入自然保护区的范围。然而,城市化使人类的居住区更靠近红树林,这加剧了间接的干扰。在深圳,过去几十年的土地利用变化与显著的经济增长息息相关,红树林面临的威胁也有所改变。然而,在大规模城市化进程中,公众也认识到红树林生态系统所提供的生态系统服务,城市人口越来越依赖红树林生态系统的旅游和教育潜力。这种文化和政策的改变也将成为未来遏制红树林消失甚至扩大红树林面积的力量。

　　综上所述,人类活动使世界上很多沿海地区的红树林遭到破坏。近几十年来,海岸地区快速的人口增长和经济发展导致天然红树林大面积减少。我国东南沿海是红树林的天然分布区,也是经济飞速发展和人类活动最活跃的地区之一。快速城市化进程决定了我国红树林面临更多元的人为干扰,红树林湿地面积减少、生态系统退化、污染和富营养化频繁发生等问题突出。近年来,随着红树林的生态系统服务被认知、红树林生态修复的大规模开展,我国红树林的保护状况也将得到改善。

第9章　全球变化的控制试验案例

得益于全球研究计划(如国际地圈生物圈计划 IGBP、世界气候研究计划 WCRP 和国际生物多样性计划 DIVERSITAS)的兴起,全球变化的生态系统研究自 20 世纪 60 年代初开始形成和发展,成为生态学的重要分支领域。2014 年,"未来地球"(Future Earth)计划的发起标志着全球变化研究进入了新的深度和广度(牛书丽,陈卫楠,2020)。位于海陆交错区的红树林,同时受到海相及陆相气候的双重影响、也受到人类活动的干扰,是全球变化的敏感区域。在 1991—2020 年的 30 年间,红树林全球变化研究得到很大发展,论文发表数逐年增多,占红树林研究的 21.2%。美国地质调查局、中国科学院、昆士兰大学、佛罗里达国际大学和厦门大学是红树林全球变化研究发文最多的机构(1991—2020 年,Web of Science)(图 9-1)。

多因子控制试验是全球变化研究中的一个重要手段,是了解植物个体之间、植物与环境之间相互作用关系的有效手段。在全球变化生态学中,控制试验的设置可以帮助研究人员从野外众多纷杂的环境因子中,找出影响生态系统的主要因子;通过掌握各种因子对生态系统影响的阈值,进行模型预测。在陆地生态系统中,科研人员围绕温度升高、降水格局变化、氮沉降增加、CO_2 浓度升高、物种多样性改变以及紫外辐射和臭氧(O_3)浓度的变化开展了一系列控制试验(Song et al.,2019)。2000—2019 年,全球利用实验方法开展陆地生态系统全球变化研究共发文 5,000 多篇,大型野外控制试验技术是主要研究方法(牛书丽,陈卫楠,2020)。

由于受到潮汐涨落、风暴潮和潮间带恶劣生境的制约,红树林的气候变化研究比陆地生态系统的起步更晚。例如,在陆地生态系统中,生态系统尺度的野外增温控制试验已经有 30 年左右的积累,但一直到最近 10 年才开始在红树林中应用。随着研究技术的提升,近年来对红树林的增温、CO_2 倍增、海平面上升等的模拟研究方案,也陆续从室内走向现场,模拟的周期也从短期(3个月)趋向多年。红树林应对全球气候变化的研究也出现了多因子控制试验方案。本章收集了国内外在红树林生态系统中开展的全球变化控制案例,以及部分在潮间带盐沼的研究案例。

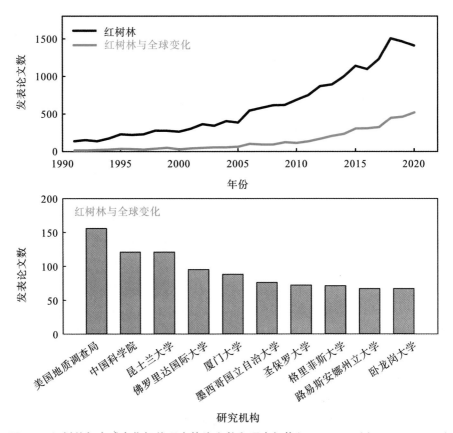

图 9-1　红树林与全球变化相关研究的论文数和研究机构(1990—2020)(Web of Science)

9.1　气候变暖和增温的模拟研究

全球已经开展了大量生态系统尺度的野外增温控制试验,探讨生态系统碳收支的响应,为地球系统进行精确的模型预测(朱彪,陈迎,2020)。气候变暖和增温对植物的影响可以分为气温上升和土壤温度上升;相应地,模拟气候变暖的手段也分为大气增温和土壤增温两类。在大气增温的模拟中,由于控制条件不同,又分为被动增温和主动增温两类。目前,它们在红树林等滨海湿地的气候变暖研究中均有所应用。

9.1.1　培养箱或温室的增温系统

这类增温处理,通常在光照培养箱或温室中进行,辅以空调和热风机等,操作比较简单。在红树林的研究中,室内增温易于处理,可以排除其他环境因子的干扰;在早期红树林增温响应研究中广为应用(陈鹭真等,2012;Fansworth et al.,1996;McKee,Rooth,2008)。但是,这种控制方法有缺陷:在人工条件下进行,无法与外界气体进行交换及模拟自然的状况,而且控制平台小,无法满足植物长期生长的需求。因此,除了一些机理机制的探讨,这种处理方式不适于长期研究观测。

9.1.2　开顶箱的被动增温系统

开顶箱(Open-Top Chamber,OTC)是最简单和最普遍的一种被动增温方法(Richardson et al.,2000)。其最大的优点是不需要供电,而是通过温室效应在密闭或者半开放的系统中实现温度的提升。OTC 是开顶式的各种材料(塑料膜、纤维板、玻璃等)和形状(六边形、圆形等)制作而成的箱体。通过温室效应将地面释放的长波辐射部分反射回植物和表层土壤,而对生态系统进行增温的技术(朱彪,陈迎,2020)。OTC 可用于偏远的没有电力供应的生态系统,例如北极、高山苔原等,且操作简单、成本较低。它们一般可以增加大气温度 2～6 ℃,但具体的温度要根据实验目的和环境而定。另外,OTC 不仅用于增温,还可以用于其他气候变化因子的处理,如光照强度和光质变化、CO_2 倍增等。不足之处是,它们提供植物生长的空间小,只适用于植株矮小的生态系统,在森林生态系统中难以应用。

在红树林生态系统中,OTC 的应用受限于空间,更常见于红树林分布区的北缘,如美国的佛罗里达州和我国的浙江温州等。这里的红树植物植株矮小,整个生长季均可在 OTC 中生长(图 9-2)。温州是我国红树林引种的北界,董滢(2020)在温州平阳鳌江口开展 OTC 增温控制试验(图 9-2a);整个试验期间,被动增温使 OTC 内的温度比对照组高 1～2 ℃(图 9-3)。自 2010 年开始,浙江海洋研究所建造野外 OTC 系统,通过被动增温和热风机辅助供暖,对 OTC 里的秋茄进行增温处理(图 9-2b)。在美国佛罗里达州的红树林分布北界,Coldren 等(2017,2019)通过两套 OTC 系统(塑料薄膜制作的 OTC 和透明阳光板制作的 OTC),实现红树林-盐沼的被动增温(图 9-2c 和 9-2d)。在厦门大学校园内,也有一套玻璃材质的 OTC,可在内置的潮汐池中种植红树植物和盐沼植物开展增温试验(图 9-2e)。

图 9-2　用于红树林和盐沼的 OTC 增温设施

（a. 浙江温州鳌江秋茄群落的 OTC 增温系统,陈鹭真摄;b. 浙江温州西门岛秋茄群落的
OTC 增温系统,郑春芳摄;c、d. 美国佛罗里达州萌芽白骨壤-互花米草的 OTC 增温系统,
c 图为 Mike Dixon 摄;d 图为 Samantha Chapman 摄;e. 厦门大学校园内的 OTC 红树林-盐
沼增温试验,陈鹭真摄）

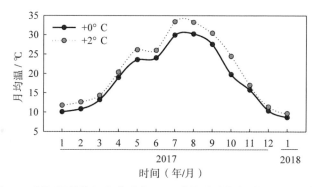

图 9-3　浙江温州鳌江秋茄群落 OTC 增温试验期间增温组(＋2 ℃)
和常温组(＋0 ℃)的月均气温(董滢,2020)

OTC 在盐沼生态系统中的应用较为成熟。由于盐沼是草本植被,高度不超过 2 m,更适合用 OTC 控制。在辽河口,由自然资源部中国地质调查局青岛海洋地质研究所建造的 OTC 增温系统可用于芦苇湿地的野外增温研究(图 9-4a)。美国史密森尼环境研究中心(Smithsonian Environmental Research Center)是全球最早开展盐沼湿地气候变化研究的机构,自 1987 年起就利用 OTC 开展研究;图 9-4b 是该研究中心对入侵植物芦苇的 CO_2 倍增实验、具增温效果。欧洲也有类似的研究,如德国汉堡大学的盐沼增温系统(图 9-4c)。

图 9-4　野外盐沼生态系统中的 OTC 增温设施

(a. 辽河口芦苇湿地增温系统,叶思源供图;b. 美国史密森尼环境研究中心芦苇 OTC 系统,聂明摄;

c. 德国汉堡大学的盐沼增温系统,照片来源:www. leibniz-zmt. de,Kai Jensen 摄)

9.1.3 红外线辐射器加热法

红外线辐射器加热装置是通过悬挂在样地上方、可以辐射红外线的灯管来实现的（Shaver et al.，2000）。这种增温装置先后被用于草地生态系统和青藏高原高寒草地（Luo et al.，2001；Wang et al.，2012；Liu et al.，2018）。由于该种加热装置所覆盖的面积有限，它在森林生态系统中的应用受到限制。在红树林中，受限于潮汐影响，红外辐射器的应用更多用于温室内的增温设施。在清华大学深圳研究院温室，科研人员应用红外辐射器对红树植物幼苗进行增温处理，研究增温对土壤呼吸和温室气体排放的影响（Cui et al.，2017；Yang et al.，2018；Zheng et al. 2018；Song et al.，2020）（图9-5）。将红外辐射器的加热装置安装在盐沼生态系统中的应用也比较成熟。在美国史密森尼环境研究中心的盐沼生态系统中，通过植物冠层上的辐射增温装置和土壤中埋设的电缆加热管，可实现地上地下同步加热（图9-6a和图9-6b）。中国科学院黄河三角洲滨海湿地生态试验站也用此方法在芦苇群落开展为期6年的增温研究（图9-6c）。

图 9-5　清华大学深圳研究院温室的红树林红外辐射器增温设施（宋维民摄）

图 9-6　野外盐沼生态系统中的红外辐射增温设施

（a—b. 美国史密森尼环境研究中心盐沼生态系统的辐射增温装置和土壤中埋设的加热电缆，
卢蒙摄;c.中国科学院黄河三角洲滨海湿地生态试验站盐沼生态系统的辐射增温装置,陈鹭真摄)

9.1.4　土壤增温的电缆加热法

早在 20 世纪 70 年代,土壤加热管就被用于农业研究中。在俄勒冈州立大学,Rykbost 等(1975)利用发电厂的废热水,通过埋在地下 92 cm 深处的管道对作物和蔬菜进行增温处理。Van Cleve 等(1983)用同样的方法在阿拉斯加森林生态系统进行了土壤增温实验。尽管这种装置需要电力,在没有电力设施的地方应用受到限制,但它依然是目前研究气候变暖对于森林生态系统影响的可行手段。在滨海湿地的研究中,土壤增温仅见于盐沼生态系统中(图 9-6b);在红树林中的应用还未见报道,这可能受限于它在潮间带应用的安全性。

9.2　大气 CO_2 浓度升高的模拟研究

　　精密的中尺度气候室（Mesocosm）试验或者 FACE 试验可以实现生态系统水平的 CO_2 浓度升高模拟，在陆地生态系统中有较多的应用（Poorter，Navas，2003）。但是，由于红树林生存环境恶劣，常年受到潮汐和风暴潮的影响，这些控制装置在野外难以实现或难以维持。红树林是木本植物，除了亚热带分布的红树植物群落较为矮小外，多数树体高大，在野外也难以开展 CO_2 浓度升高的模拟。受限于环境条件，目前关于红树林 CO_2 浓度升高的研究多集中为中小尺度的控制试验（Jacotot et al.，2018，2019；Howard et al.，2018）。

9.2.1　中尺度的封闭系统

　　早期红树林的 CO_2 浓度升高的模拟多以小型培养箱进行短期的模拟为主（Farnsworth et al.，1996；Ball et al.，1997）。McKee 和 Rooth（2008）报道了美国地质调查局湿地研究中心的 Mesocosm 精确模拟了 CO_2 浓度倍增对 1 年龄红树植物幼苗的影响。Cherry 等（2009）和 Howard 等（2018）利用同一套气候室研究红树林和盐沼的生长和沉积过程的变化。该气候室可通过中央控制室对各个气候室中的大气 CO_2 浓度进行实时校正；在单个气候室内部，通过风扇混匀气室里的空气，将 CO_2 浓度保持在未来（2100 年）的大气 CO_2 浓度。气候室中的光照、温度均顺季节变化（图 9-7）。该系统可种植红树植物幼苗和盐沼，是全球第一套用于红树植物幼苗和幼树的 CO_2 浓度倍增封闭系统。此后，在新喀里多尼亚、澳大利亚等地，也相继出现此类封闭系统。Jacotot 等（2018）利用同类的气候室研究白骨壤和红海榄的光合响应；Reef 等（2017）利用同类的气候室和开顶箱开展了短期白骨壤和盐沼的植物生长与高程变化研究。

　　中尺度气候室能够精确模拟大气 CO_2 浓度变化，若结合潮汐模拟装置还可以实现潮汐淹水时间和频率的模拟，适用于红树林生态系统水平的适应机理研究。在厦门大学的校园内有一套能精密控制 CO_2 浓度倍增的中尺度气候室，并用于红树林、盐沼生态系统的研究（图 9-8）。该系统可以模拟大气 CO_2 浓度，辅以人工潮汐池进行淹水时间的模拟。封闭系统的优势是可以排除潮间带恶劣生境的干扰，在可控的条件下开展研究，但不足在于该系统不能完全模拟自然环境。

图 9-7　美国地质调查局湿地研究中心的中尺度 CO_2 倍增气候室（陈鹭真摄）

图 9-8　厦门大学的中尺度 CO_2 倍增气候室（陈鹭真、陈巧思、顾肖璇摄）

（a. 中尺度 CO_2 倍增气候室群；b. 中尺度 CO_2 倍增气候室；c. 人工潮汐桶；d. LED 光源；
e. 光照强度传感器）

9.2.2 开顶箱中的半开放系统

OTC 系统应用于 CO_2 浓度升高的模拟比封闭系统更趋近于自然。与增温实验使用的 OTC 类似,用于 CO_2 浓度升高模拟的 OTC 也是由半封闭的塑料薄膜或高透光的玻璃材质建造。OTC 中的空气可以与大气进行自由交换;外源 CO_2 的输入可以维持 OTC 内的气体组成较为稳定。玻璃或薄膜的遮挡,减少了风的干扰,使控制更为稳定。然而,由于改变了气室内部的微气象条件,如气温、相对湿度、光合有效辐射和气体扰动等,其结果可能导致气体浓度升高的影响被低估或不够真实(Whitehead et al.,1995;Feng et al.,2018)。

目前,在全球滨海湿地生态系统中,利用 OTC 进行 CO_2 浓度升高的控制实验非常有限;较为成功的案例是美国史密森尼环境研究中心在盐沼生态系统中开展的研究。这项研究开始于 1987 年,至今还在持续进行(图 9-9)。另外,在英国剑桥大学植物园中也有一套用于盐沼湿地研究的 CO_2 倍增 OTC 研究平台(Reef et al.,2017)。由于我国的红树林所处的野外环境通常是强潮差海区(如福建、广东),开展这样的研究难度很大。

图 9-9 美国史密森尼环境研究中心的 CO_2 倍增 OTC 野外研究平台
(a. CO_2 倍增与增温交互试验;b. CO_2 倍增试验;聂明摄)

9.2.3　大型开放的 FACE 系统

比 OTC 的半开放系统更开放的,是大型的 FACE 系统。它是目前在野外条件下模拟 CO_2 浓度升高对陆地生态系统影响的典型研究手段(冯兆忠等,2020)。FACE 实验完全建立在野外条件下,通过管道将高浓度的 CO_2 释放到植物冠层,模拟未来大气中 CO_2 浓度升高的影响。除了对 CO_2 浓度进行模拟,还可以释放 O_3 等气体模拟其他气体浓度变化(Feng et al.,2018)。FACE 系统可以开展生态系统尺度的研究。它的实验空间大,实验植物都可直接种植于大田中,还能开展连续多年的研究。FACE 系统研究区域内温度、湿度、光照和风速等条件与自然生态环境十分接近,在全球变化对陆地生态系统中广为应用,如农田、森林、草地和荒漠生态系统(冯兆忠等,2020)。FACE 系统在红树林的研究还未见报道。

9.3　降水格局的模拟研究

降雨格局改变也是目前红树林生态系统面临的气候变化影响之一。在增温作用下,水汽环流发生改变,进而导致海岸带区域的降雨格局发生剧烈变化,一般表现为降雨减少(Osland et al.,2018)。因此,在控制研究中也可见对降雨格局进行的模拟。

9.3.1　人工增雨设施

人工增雨的模拟常和氮沉降、养分循环的模拟一起处理。模拟人工增雨的方式比较简单,通常利用喷灌系统定期进行喷施,即可以起到比较好的效果。

9.3.2　人工减雨设施

人工减雨的模拟需要一定的设施来支撑。常见的是对植物冠层进行减雨的模拟,通常需要搭盖一个透明塑料或高透光玻璃材质的挡雨棚(图 9-10)。挡雨棚上安装 V 形的挡雨板。经过挡雨板的降雨被引流到样地外;而经由挡雨板间隔的降雨就落到样地内。可以通过调整挡雨板的间隔实现不同水平的减雨处理。在对照组中,安装同样间隔的挡雨板以实现一致的光照条件,但对照组的挡雨板是倒 V 形安装的,这样所有的降水都能落到样地内。目前,在盐沼湿地的人工减雨试验已有应用,但在红树林中,还未见报道。

图 9-10　中国科学院黄河三角洲滨海湿地生态试验站盐沼生态系统的人工减雨控制实验
（a. 人工减雨设施，b. 人工减雨的对照组的倒 V 形挡雨板，c. 人工减雨处理组的 V 形挡
雨板。陈鹭真摄）

9.4　海平面上升的模拟研究

由于红树林的生长受到潮汐淹水的影响，潮汐涨落对红树植物的扰动作用表现在淹水时间和淹水频率上。但受限于潮汐涨落和风暴潮等极端气候事件，对海平面上升的野外模拟更多是借助潮间带天然形成的高程梯度来进行（陈鹭真等，2006；He et al.，2007）。

9.4.1　人工潮汐的模拟系统

在国内外红树林研究领域，已有一些能逼真模拟潮汐涨落动态的模拟装置。这些人工系统多半是对潮汐淹水时间、频率或深度的控制。图 9-11 是厦门大学模拟潮汐淹水时间的实验装置,已经在红树林幼苗的潮汐淹水研究中广为应用(Chen L et al.,2005,2012)。该装置采用连通器原理,模拟潮间带不同高程潮位的潮水时间梯度,可开展 3 个月到 1 年期幼苗的研究。陈鹭真(2005)应用该装置对我国主要红树植物的淹水胁迫响应机制进行系统研究。中国林业科学院热带林业研究所的另一款潮汐控制装置,可以对单个潮汐池进行控制,也用于红树植物幼苗的研究(张留恩等,2011)(图 9-12)。

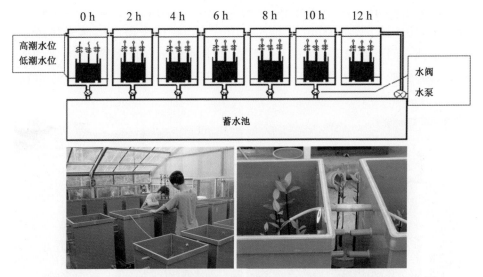

图 9-11 厦门大学用于准确控制潮汐淹水时间的人工潮汐模拟系统(陈鹭真摄)

图 9-12 中国林业科学院热带林业研究所的红树林人工潮汐模拟系统(陈鹭真摄)

9.4.2 野外水位平台法

野外水位平台 Marsh Organ 最早由 James Morris 设计并运用到盐沼生态系统的野外控制试验中(Morris,2002),由于形状酷似管风琴(Organ)而得名。它的原理是利用人工手段在小空间内设置不同的高程差并种植植物,实现不同淹水梯度的处理。这套装置在滨海盐沼等植株个体较小的区域有较为广泛的应用(图 9-13a 和图 9-13b)。在美国东部潮差较小的海区,这种装置的结构较为简单,通过较小的高程差异(如 10 cm)就能产生显著的控制效果(Morris,2007;Kirwan,Guntenspergen,2012)。我国东南沿海属于强潮差海区,涨退潮之间形成较大幅度的水位差异,野外水位平台的设置需要更大的体积和高度差,例如,河海大学在江苏条子泥湿地布设的大型水位平台(图 9-13c)。

图 9-13　盐沼生态系统的野外水位平台(Marsh Organs)

(a—b. James Morris 和他设计的野外水位平台,James Morris 供图;c. 河海大学在江苏条子泥设置的野外水位平台,辛沛供图)

在我国红树林中开展的潮汐淹水实验,需要一个更大的水位控制平台,才能模拟较大的水位差。Peng 等(2018)在福建漳江口红树林设置了两套水位平台,分别位于高潮区和低潮区,可以实现多梯度的高程模拟,并在不同高程种植红树植物和互花米草,探讨植物的最适分布区和生态特性(图 9-14a-c)。该平台还能设置不同情景下未来的海平面上升情景,对红树植物的响应开展预测研究(图 9-14d,郭旭东,2018)。

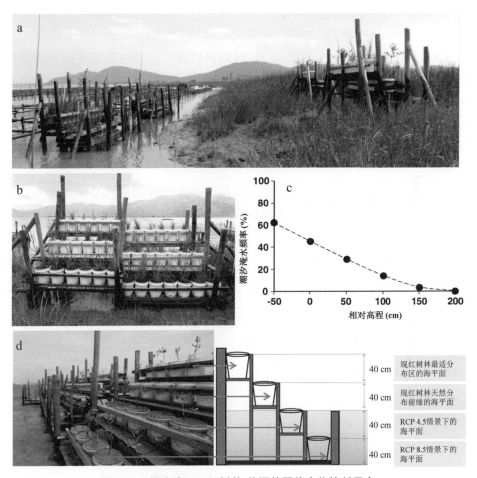

图 9-14　福建漳江口红树林-盐沼的野外水位控制平台

(a—c. 红树林-互花米草潮汐淹水试验,a 图张宜辉摄,b 图韩伟鹏摄;d. 红树林应对海平面上升的淹水试验,郭旭东供图)

由于红树林恶劣的环境条件,与之相关的全球变化响应研究还很有限。它们多为短周期和单因子研究,少数涉及长周期(>3 年)或多因子(2~3 个)的研究也基本上是施肥和竞争等受潮汐涨落影响较小的设置。在红树林生态系统中开展模拟研究,还可以整合氮沉降、盐度变化和海平面上升等因子,实现多因子协同影响。例如,CO_2浓度倍增和施氮的协同作用(McKee,Rooth,2008;Song et al.,2020)、增湿和海平面上升的协同作用(胡娜胥,2016)、海平面上升与CO_2、N含量增加的协同作用(Langley et al.,2009)、CO_2倍增和海平面上升以及物种竞争的协同作用(Reef et al.,2017;Jacotot et al.,2018)。

　　全球变化是一个错综复杂的过程。未来,红树林将面临更多、更复杂的环境因子的协同作用。红树林的全球变化模拟,应当考虑和整合更多的可控因素。同时,随着控制技术的不断提升,这类研究有望从室内全面走向野外。目前,陆地生态系统的全球变化研究已经进入全生态系统水平,即包括地上植物和地下过程在内的全生态系统。例如,美国能源部资助的明尼苏达州云杉林—泥炭地生态系统中,开展了包括 5 个温度水平以及 2 个CO_2浓度的野外大型试验(Spruce and Peatland Responses Under Changing Environments,SPRUCE)(Hanson et al.,2017);美国史密森尼环境研究中心开展多套CO_2倍增、大气和土壤增温、氮沉降等野外大型研究。这些控制实验都能为更好地开展红树林生态系统全球变化研究提供借鉴和参考。未来,在全球尺度上,还可以通过大尺度的联网研究,整合全球不同区域、不同类型红树林对未来气候变化的响应,实现更精准的预测。

第 10 章　红树林蓝碳

生态系统服务是人类从生态系统中获得的多种多样的利益,包括支持(Supporting)、供给(Provisioning)、调节(Regulating)和文化(Culture)等服务(World Resources Institute,2005)。作为陆海间重要的滨海湿地生态系统,健康的红树林可为沿海地区居民提供赖以生存和发展的资源,支持健康的元素循环,维持极高的生物多样性,调节区域气候和水平衡,提供科教、文化和生态旅游的场所(图 10-1),具有很高的生态系统服务价值(Costanza et al.,1997;Friess et al.,2019)。

图 10-1　红树林的生态系统服务

海岸带地区的气候变化、海平面上升和风暴潮,以及频繁的人类活动干扰了红树林生态系统健康,影响其生态系统服务。我国过去40年沿海经济发展中,大约有55%的红树林丧失并转变为鱼塘虾池(范航清,王文卿,2017)。人为干扰的加剧使生活污水排放增加,导致红树林退化,并处于亚健康状态。养殖业污水的排放,特别是在养殖过程中使用的抗生素和农药,对底栖动物、鱼类和鸟类造成更为深远的影响。全球化的进程对红树林保护和发展也带来了极大的挑战。未来,保护红树林与海岸带可持续发展仍然是全球共同面对的议题(Friess et al.,2020b)。

当今世界正面临着由气候变暖所带来的一系列挑战。科研人员、环境管理者和决策者也在探寻不同的方法来缓解气候变暖的影响。例如,REDD+(Reducing Emissions from Deforestation and Forest Degradation in Developing Countries)项目,被认为是"森林保护的新方向";它通过提供森林管理等财政上的激励方案,成为减缓碳排放的有效措施(Miles,Kapos,2008;Beymer-Farris,Bassett,2012)。最近几年,基于大量红树林碳储量和固碳机制的研究(如 Alongi,2014;Twilley et al.,2018;Macreadie et al.,2019),以红树林"蓝碳"为试点的海洋碳贸易模式正在兴起,有望成为缓解气候变暖、实现碳中和的全球新战略之一(McLeod et al.,2011;Lovelock,Duarte,2019;Kelleway et al.,2020)。以红树林、盐沼和海草床为主要植被类型的滨海蓝碳生态系统,提供了许多有益于人类健康的生态系统服务,也将成为海岸带地区平衡人与自然用地之争、协调沿海地区自然保护和经济发展矛盾的可持续发展模式。

10.1 红树林的生态系统服务

红树林是我国南方滨海湿地的主要类型,具有固碳、调节陆海物质交换、维持生物多样性、固岸护堤、防风消浪、降解污染物、调节区域气候、维持海岸带地区生态安全等重要的生态服务功能(林鹏,1997)。与其他物种丰富的生态系统一样,红树林生态系统拥有较高的初级生产力和调节功能,可以通过碳埋藏的方式缓解气候变暖。近年来,随着人们对气候变化关注的提升和对红树林碳汇能力认识的深入,红树林的固碳减排效应得到很多关注。

此外,红树林还提供其他类型的生态系统服务,从有形(旅游、娱乐、教育)

到抽象(文化遗产、美学、地方荣誉感)。在位于香港和深圳交界处的深圳湾，红树林把生态旅游、自然教育和生态保育结合起来，发挥教育、娱乐和美学的功能，对居民和游客开展宣传和教育(图 10-2)。作为深圳市的第二市树，红树林是市民心中的文化符号，也是深圳的生态名片。在深圳湾东南侧的香港米埔湿地公园是一个 64 ha 的城市湿地，与城市的高楼形成天然对比，已成为热门的旅游目的地；自 2006 年开放以来，接待了数百万的游客。

图 10-2　深圳福田红树林的自然教育(杨琼供图)

红树林还为沿海地区居民提供衣食住行所需的物资(图 10-3)。广西北海特色菜肴"车螺焖榄钱"的原料——"榄钱"，就是白骨壤的果实；在当地语言中"榄"和"揽"同音，"榄钱"寓意多子多财(范航清，2018)。在东南亚，水椰俗称"亚答"(Attap)，也有妙用。水椰果实中的胚乳能食用，花序轴的汁液能制糖(亚答糖，马来语为 Gula Apong)或者酿酒，树叶能制作屋顶以通风凉爽，因此，水椰被热带海岸带居民广为种植。在孟加拉国，无瓣海桑的果实能制作果酱和果汁。在马来西亚和印度尼西亚，红树的主茎可以被疏伐，用于制作高级的无烟木炭。红树林中大量鱼虾贝类也是可口的海鲜。在印度尼西亚的沿海地区，红树林还有着缓冲巨浪、抵御风暴潮和减缓海啸灾难性影响的作用，是海岸带的生态屏障。在我国的海南、广东、广西和福建沿海，当地民众将红树林视为避风港(林鹏，傅勤，1995)。

图 10-3 红树林的生态系统服务

（孟加拉国孙德尔本斯红树林捕获的虾、无瓣海桑的果汁和果酱和水椰叶搭盖的草屋，陈鹭真摄；马来西亚的水椰果冰沙、水椰糖和三色奶茶，照片来源于网络；广西北海菜肴"车螺焖榄钱"，邱广龙摄）

10.2 蓝碳：红树林的机遇和挑战

2009 年，联合国环境规划署提出了"蓝碳"的概念。蓝碳，特指海洋活动及海洋生物吸收大气中的 CO_2，并将其固定、储存在海洋生态系统中的过程、活动和机制（Nellemann et al.，2009）。它是相对于陆地生态系统固定的碳（即"绿碳"）而言的。预计海洋生物能够固定的碳占全球生态系统固碳总量的 55%。2011 年，联合国教科文组织、政府间海洋学委员会、联合国发展计划组织、国际海事组织以及联合国粮农组织等机构联合发布了《海洋及沿海地区可持续发展蓝图》报告，报告提出了保护海洋生态系统、建立全球性蓝碳市场的目标。因此，蓝碳市场的开发将为经济发展提供新思路和新模式，也将成为红树林保护和恢复的新机遇。

10.2.1　红树林的储碳特征

红树林、盐沼和海草床，能够捕获和储存大量碳并永久埋藏在海洋沉积物里。这三种生态系统又称为滨海蓝碳生态系统（Nellemann et al.，2009）。红树林是滨海湿地蓝碳碳汇的主要贡献者之一，具有降低大气 CO_2 浓度、减缓气候变暖等重要功能。红树林的净初级生产力与热带雨林相当，固碳量占全球热带森林固碳量的 3%（Alongi，2014）。与陆地森林相同的是，红树林作为热带地区的木本植物，它们能通过光合作用固定大气中的 CO_2 并存储在植物体内，如茎干和地下根系。不同的是，红树林沉积物中的碳具有两个不同的来源（图 10-4）：内源性碳（Autochthonous Carbon）和外源性碳（Allochthonous Carbon）。低氧生境和高外源性输入使得红树林沉积物蕴含的碳高于同纬度热带雨林，使红树林成为地球上固碳效率最高的生态系统之一（Donato et al.，2011；Lu et al.，2017）。

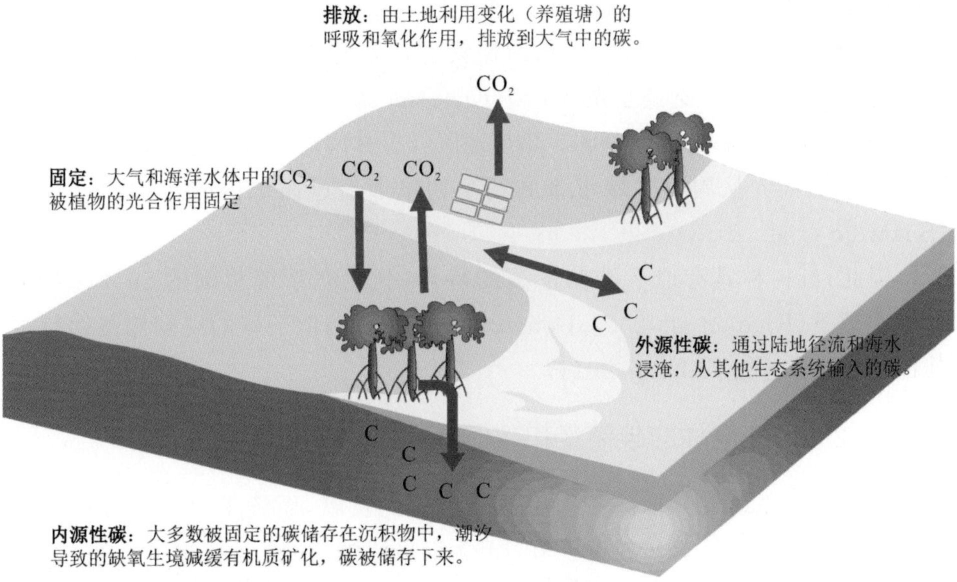
排放：由土地利用变化（养殖塘）的
呼吸和氧化作用，排放到大气中的碳。
CO_2
固定：大气和海洋水体中的CO_2
被植物的光合作用固定
CO_2　CO_2
C
C　C
外源性碳：通过陆地径流和海水
浸淹，从其他生态系统输入的碳。
C
C
C　C　C
内源性碳：大多数被固定的碳储存在沉积物中，潮汐
导致的缺氧生境减缓有机质矿化，碳被储存下来。

图 10-4　红树林生态系统碳输入和输出机制（引自陈鹭真等，2018；Howard et al.，2014）

一方面,红树林土壤固碳来源于凋落物分解或埋藏、细根周转及其埋藏。潮间带的低氧生境减缓了有机质的分解速率,使大量细根就未分解就形成泥炭埋藏下来。由此,红树林有别于热带和亚热带森林,形成富碳的有机土;其有机质含量超过20%,有机质的保存率高、矿化速率低(范航清,林鹏,1994;毛子龙等,2012;Lunstrum,Chen,2014;Gao et al.,2018)。在一些人为扰动小的区域,甚至拥有约 3 m 深的有机土,碳储量远高于陆地森林(陆地森林土壤碳累积通常不超过 30 cm)(Howard et al.,2014)。在伯利兹一处保护良好的红树林中,泥炭的深度超过 10 m,并可追溯到 7000 年前,土壤碳储量相当可观(McKee,2007)。因此,红树林的低分解速率和高凋落物量及细根埋藏,贡献了较高的内源性碳。地表藻膜和凋落物对表层土壤的有机碳也有不少贡献(Mazda et al.,1997;McKee,2011)。

另一方面,处于河口海岸的红树林生态系统还有来自相邻生态系统的外源性碳。这是红树林有别于同纬度陆地森林的最显著特征。红树林的横向输入包括通过沉积或侵蚀等物理过程固定或释放到土壤中的碳,这也是红树林土壤碳储量的重要来源(Alongi,2014)。植被和气生根等地上结构,通过衰减波浪而捕获细颗粒泥沙,提高碳累积(Furukawa,Wolanski,1996)。例如,气生根具有潜在降低水流速度的作用,其密度和沉积速率成正相关(Young,Harvey,1996)。而且不同类型红树林气生根对沉积物的捕获也有显著差异:红树支柱根的沉积速率高达 11.0 mm $\cdot$ a^{-1},远高于光滩生境(Krauss et al.,2003)。气生根也通过捕获作用影响了来自凋落物的那部分碳。热带地区红树林凋落物量高达 44.4~66.2 t $\cdot$ ha^{-1} $\cdot$ a^{-1};由潮汐从周边区域带来的凋落物量远超过系统内的年均凋落物量(Sukardjo et al.,2013)。

因此,红树林具有地下碳储量高的特点,其生态系统总碳的50%~90%存储于地下(Khan et al.,2007;Donato et al.,2011),地下碳的总碳储量远超过其他森林生态系统(Alongi,2014)。

10.2.2　红树林的碳储量和碳汇能力

森林生态系统在全球碳平衡中具有巨大的贡献,而学术界对于红树林生态系统碳收支的研究起步较晚。在 1997 年出版的《中国红树林生态系》一书中,林鹏教授根据海南东寨港、广西英罗湾和福建九龙江口等三个红树林的定位研究和为期 6、5 和 11 年的连续观测,计算了海莲林、红海榄林和秋茄林的现存量分别为 420、290 和 162 Mg $\cdot$ ha^{-1},生产力分别达到 29.5、15.4 和 23.5

$Mg \cdot ha^{-1} \cdot a^{-1}$,年凋落物量为 12.6、6.3 和 9.2 $Mg \cdot ha^{-1} \cdot a^{-1}$,落叶半分解期为 20～71d(林鹏,1997)。据此,林鹏教授提出了我国红树林具有"三高"特性,即高生产率、高归还率、高分解率,也证明了红树林高效的固碳和储碳能力。

　　基于样地和模型的整合研究,全球尺度红树林地上生物量和土壤碳库的格局逐渐被揭示(Rovai et al.,2016;Rovai et al.,2018)。在全球范围内,红树林总碳储量和土壤碳储量存在较大的空间差异。其中,地上生物量的固碳具有明显的区域特征,即东南亚一带热带区域的生物量高,而亚热带区域相对较低(Hutchison et al.,2014)。这与热带地区红树植物种类丰富、光合固碳效率和生产力高、亚热带区域的红树林生物量相对较低有关,也和物种特征有关。台湾南部和北部两个隶属于热带和亚热带的红树林,其生物量碳储量存在显著差异(Li et al.,2018);海南的热带与福建的亚热带区域的红树林土壤碳储量也存在显著差异(Gao et al.,2019)。总体上,全球红树林地上部分生物量平均碳密度约为 184.8 $MgC \cdot ha^{-1}$(Hutchison et al.,2014)。综合现有研究,在全球尺度红树林植被(地上和地下生物量)和土壤碳储量为 8.92 PgC,固碳速率达 83.7 $TgC \cdot a^{-1}$;中国大陆地区的红树林植被和土壤碳储量为 5.5 TgC,固碳速率达 0.28 $TgC \cdot a^{-1}$(表 10-1)。全球气候变化对红树林的固碳能力存在很大的影响。因此,气候变化如何影响蓝碳生态系统的恢复,如何影响现有稳定生态系统碳累积,也是未来蓝碳研究十个重要议题之首(Macreadie et al.,2019)。

表 10-1　全球和我国红树林的碳储量与固碳速率

区域	植被碳密度 (Mg·ha⁻¹)	土壤碳密度 (Mg·ha⁻¹)	总储碳量 (PgC)	植被固碳速率 (TgC·a⁻¹)	土壤碳埋藏速率 (TgC·a⁻¹)	总固碳速率 (TgC·a⁻¹)	参考文献
全球	184.8	336.6	8.92	60	22.5～24.9	83.7	Breithaupt et al.,2012 Alongi et al.,2014; Rovail et al.,2016; Atwood et al.,2017; Duarte et al.,2017;
中国	51.3	137.6	0.0055	0.22	0.056	0.28	焦念志等,2018; Wang et al.,2019; Wang et al,2021 陈鹭真等,未发表

10.2.3 蓝碳生态系统的保护和恢复

当前,国际上对于蓝碳的研究主要集中在固碳和储碳机制、蓝碳现状和评估,以及蓝碳产业的可行性等方面(焦念志等,2018)。虽然全球红树林分布面积十分有限,但红树林对维持海岸带区域的有机碳储存具有重要作用(Charles et al.,2019)。当红树林被砍伐后,储存的碳将被返回到大气中。以印度尼西亚为例,红树林的碳储量很高,当红树林被砍伐后,有相当于其国土面积所有碳排放的 10%～31% 的碳将被释放(Murdlyarso et al.,2015)。随着研究的深入,全球尺度和区域尺度的红树林碳储量、净初级生产力逐步得到估算。红树林的蓝碳发展潜力得到广泛认可,红树林的保护和修复也成为缓解大气 CO_2 增加和气候变暖负面效应的有效措施之一。目前,红树林已经被《联合国气候变化框架公约》(UNFCCC)认可,并作为清洁发展机制(CDM)参与碳证贸易的 REDD 碳汇林(Yee,2010),也纳入核证碳减排(VCS)。这使红树林的保护、管理和恢复更具潜在的意义——将成为缓解气候变暖的全球战略之一。

10.3　蓝碳与可持续经济

碳汇交易是基于《联合国气候变化框架公约》和《京都议定书》对各国分配的 CO_2 排放指标的规定,而创设出来的一种虚拟交易。目前,绿碳碳汇交易较为常见,但在红树林蓝碳中的应用案例十分有限。肯尼亚 Gazi 湾的 Mikoko Pamoja 项目、印度孙德尔本斯红树林修复和养殖项目是在自愿碳交易市场中应用于湿地保护、恢复和重建的碳信用开展的。厦门的红树林"碳中和"项目是通过造林参与的自主减排。与陆地绿碳生态系统相比,由于覆盖面积相对较小、相关排放因子尚未得到独立量化和红树林的减排潜力被低估等原因,对于蓝碳的收益尚未达成一致的模式(Macreade et al.,2019)。

目前,红树林蓝碳相关的政策制定、收益核算和管理执行等工作刚刚起步。如果将蓝碳纳入国家温室气体排放清单,可通过保护和恢复红树林的活动而增加在固碳或减排等方面的收益,在自愿碳市场交易(Hiraishi et al.,2014),或通过《联合国气候变化框架公约》的清洁发展机制记入贷方。蓝碳生态系统的自愿性市场方法只在部分地区进行尝试,如美国碳登记处(American

Carbon Registry)公布蓝碳进入自愿性市场(Deverel et al.,2017)。一些国家正在制订以蓝碳为重点的气候变化缓解计划,以激励经济发展。将红树林纳入国家碳减排目标(国家自主贡献,NDCs),可以帮助红树林面积大的国家实现对《巴黎协定》的承诺。

10.3.1　红树林蓝碳交易的案例

美国、澳大利亚等国家的科研人员已经开展了一些针对滨海蓝碳的试点工作。在美国路易斯安那州,科研人员针对其滨海蓝碳现状,提出相应的政策建议,用于湿地的保护与固碳功能修复(Emmentt-Mattox,Crooks,2014)。在澳大利亚,科研人员通过评估提出,按照固碳量每吨 15 美元的标准计算,菲利普湾及西部港沉积物表层 30 cm 的蓝碳价值 15,378,048 美元(Carnell et al.,2015)。目前,在自愿碳交易市场,用于滨海湿地保护、恢复和重建的碳计量和信用工具已经存在。例如,应用于肯尼亚 Gazi 湾的 Mikoko Pamoja 项目是全球最早开展的进行碳汇交易试点的项目。该项目通过对红树林蓝碳生态系统服务付费的方案,成为使当地社区受益的一种替代生计,也成为在自愿碳交易市场中应用于滨海湿地保护、恢复和重建的碳信用工具。

肯尼亚 Gazi 湾的社区居民中 80% 以捕鱼为生;红树林为社区居民提供建材、旅游和海岸带保护等生态系统服务。由于过度开发与砍伐,Gazi 湾红树林面临着退化和面积萎缩的现状。Mikoko Pamoja 项目是肯尼亚 Gazi 湾的一个红树林恢复和造林项目,共包括 117 ha 国有红树林。该项目由社区主导,由自愿碳信用贷款资助。它的目的是恢复红树林生态系统,加强生态系统服务功能(包括蓝碳功能),促进社区发展红树林相关的产业以获得可持续的收入(Crooks et al.,2014)。Gazi Bay 社区已经与 Plan Vivo Certificates(生存计划方案,PVCs;PVCs 代表了真实的、额外的、可验证的减排效应,即 1 个 PVC 等于封存或减排 1 t CO_2 气体)签订了生态系统服务付费协议,由 Plan Vivo 负责管理碳信用,并且对固碳潜力进行超过 5 年的研究。目前,这些碳信用只包括红树植物储存的碳,不包括土壤中的碳。直至 2016 年,Mikoko Pamoja 项目已成功实施,碳信用的年销售额为 12,500 美元,出售碳信用所得的收入都用于项目执行(支付一名全职工作人员负责红树林种植和养护的费用)和开展社区发展项目。除了出售 PVCs 外,该项目增加了红树林保护面积,还提供了渔业、生物多样性保护和海岸带保护等生态系统服务,成为一种对红树林蓝碳生态系统服务付款、使当地社区受益、发展替代生计的方案(Kairo et al.,

2009)。得益于红树林保护,社区也增加了多样化的收入来源,如养蜂和生态旅游,项目利润资助学校建设、购买书籍和安装水泵。项目由当地妇女管理,因此,项目最大的收获是给当地妇女提供就业机会。

2020年,自然资源部第三海洋研究所与广东湛江红树林国家级自然保护区管理局合作开发了湛江红树林核证碳减排项目,将保护区内2015—2020年种植的380 ha红树林参照VCS+CCB(核证碳减排+气候/社区/生物多样性)标准开发为蓝碳交易项目。这是我国首个红树林的碳汇交易项目。

目前,国际上还有不少区域已经开始对蓝碳碳汇交易进行试点,如越南的MAM(Markets and Mangroves)项目、印度孙德尔本斯红树林恢复项目(India Sundarbans Mangrove Restoration Project)等(Wylie et al.,2016)。在印度尼西亚、塞内加尔、缅甸等地还有一些依据CDM方法学开发的红树林蓝碳项目。这些试点都表明,红树林生态系统的碳交易都可以获得实质性的收益。

10.3.2　蓝碳应用的碳中和案例

碳中和(Carbon Neutral)是指企业、团体或个人通过计算一定时间内的CO_2的排放总量,以植树造林、节能减排等方式把这些排放量吸收掉,最终达到"零碳排放"的目的。在陆地森林中,应用绿色碳汇概念,实施造林、再造林和森林管理,进而达到造林减排的效果。随着人们对蓝碳减缓气候变化认识的深入,保护和恢复红树林生态系统也得到越来越多的关注。体现在国际和国家减缓气候变化政策和财政机制中,应用红树林作为碳汇林或者进行碳中和的尝试也随之出现。

2010年以来,我国主办的政府间国际会议陆续采用碳中和模式实现零碳排放目标,即通过植树造林等碳汇手段吸收会议交通食宿、会场用电产生的CO_2排放量;这些主要在陆地森林中应用。2017年的金砖国家领导人厦门会晤碳中和项目是我国首例应用红树林蓝碳开展的大型会议碳中和项目。厦门市于2018年3月在下潭尾滨海湿地公园营造红树林38.7 ha(图10-5),预计在未来20年完全吸收会晤期间产生的碳排放(约3,095 t CO_2当量),实现零排放的目标。这是继2010年联合国气候变化天津会议、2014年亚太经济合作组织(APEC)领导人北京会议、2016年 G20杭州峰会之后,在我国实施的以植树造林方式实现碳中和的大型国际会议。

图 10-5　厦门市下潭尾滨海湿地公园营造的红树林(张家林摄)

10.3.3　"蓝碳＋养殖"的蓝色经济模式

自然资源部、国家林业和草原局在 2020 年 8 月出台《红树林保护修复专项行动计划(2020—2025)》,提出到 2025 年营造和修复红树林面积 18,800 ha 的目标,其中,营造红树林 9,050 ha,修复现有红树林 9,750 ha。红树林鱼塘和虾池将成为未来红树林修复的主阵地(范航清,2018)。水产养殖业是我国沿海地区的支柱产业,是红树林周边社区居民主要的收入来源,也是支撑"蓝色经济"的传统海洋产业。未来开展的退塘还林等工程对传统养殖业存在冲击。如何使红树林的"绿水青山"变成沿海经济的"金山银山",探索一条平衡沿海经济发展和自然保护之间矛盾的有效途径是学术界共同关注的议题。

生态养殖是解决现有养殖业困境的途径之一。目前,广东深圳的海上田园,海南文昌、儋州、澄迈等地的红树林生态养殖已经初见成效。广西红树林研究中心的"地埋管网红树林原位生态养殖模式",对养殖塘、海堤和光滩的典型滨海湿地进行综合利用,通过红树林种植和鱼塘改造而发展可持续的养殖模式(图 10-6)(范航清,2018)。在防城港珍珠湾的案例中,可在地埋管网中混养乌塘鳢、日本鳗鲡、贝类、甲壳类和星虫等,在地上光滩进行红树林的种植和光滩修复。该系统运行了 10 年,养殖产量为 $675 \sim 1,125$ kg·ha^{-1}·a^{-1},收益为 $17.2 \sim 28.7$ 万元·ha^{-1}·a^{-1},修复的红树林净固碳量为 $675 \sim 1,125$ kg·ha^{-1}·a^{-1}(Chen L et al.,2021 in press)。在该系统运行中,红树林生态养殖的产出和蓝碳的收益得到有机结合,红树林地下管道中良好的水循环系统为养殖动物的生长提供良好的水质,同时养殖废物的 N、P 输出为红树植物的生长提供养分(苏治南,2020)。该系统使蓝碳成为红树林生态效益的巨大"附加价值",在实现生态效益的同时,可以在碳交易和养殖收益两个方面取得"共赢"。

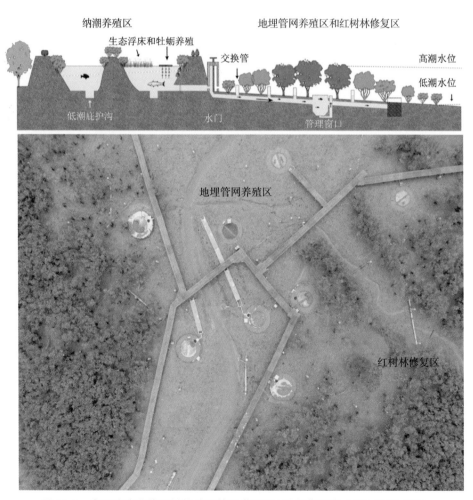

图 10-6　广西防城港的红树林地埋管网养殖区(引自范航清,2018;邱广龙摄)

　　然而,我国在蓝碳生态系统动态的研究和当前减排政策的科学数据支持方面还存在较大的知识空白。红树林的退化不仅会减缓单位面积的固碳速率,还会将过去红树林土壤中永久固定的碳释放到大气中,使红树林转变为碳源。因此,对于现有红树林的管理,以保育和功能性恢复为主。其次,红树林被砍伐并转变为养殖塘是过去 40 年我国东南沿海面临的普遍问题;但这反过来说明了我国发展红树林蓝碳的潜力很大。未来,大规模的"退养还湿"和"退塘还林"等工程,可通过恢复红树林而获得新的蓝碳资源。同时,红树林资源保护和功能修复还提供生态系统的附加价值,即建成集生态农场、生态公园或休闲与宣教结合的红树林人工林。这不仅对减缓气候变暖特别重要,对应对海平面上升、保障粮食供给和生态安全等生态系统功能维持而言,也是极为重要的。

　　综上所述,红树林为许多海洋动物提供栖息和觅食的理想生境,是全球水鸟迁徙的补给站和繁殖地,为重要的或濒危的海洋生物提供栖息地。红树植物支撑着近海的碎屑食物链和捕食食物链等多样的食物关系;还能过滤陆地径流和过滤内陆带来的有机物质和污染物,调节海岸带区域的水质和养分循环,成为天然的净化器。作为抵御风暴潮的天然屏障,红树林还能有效减缓风速,保护沿海村庄或社区,被称为"海岸卫士"。

　　红树林关系着人类的福祉与未来,也面临着挑战、孕育着机遇。近年来,随着红树林生态系统服务功能不断被认知,红树林的生态修复工作大规模开展,红树林遭受的人为干扰状况已经得到极大改善。习近平总书记在 2017 年 4 月 19 日实地考察了广西北海金海湾红树林时,详细了解了红树林的生态功能,并指示"一定要尊重科学、落实责任,把红树林保护好"。未来,随着红树林固碳减排功能不断得到认可,将蓝碳的国际碳贸易与生态养殖模式相结合,兼顾碳汇和养殖两方面的收益,可以为海岸带地区生态文明建设和气候变化应对提供发展模式。我们相信,红树林蓝碳也将成为综合气候变化应对和生态系统服务的蓝色经济模式,将体现自然保护、经济发展和文化进步的可持续发展理念。

参考文献

英文参考文献

1. AINSWORTH E A，LONG S P. What have we learned from 15 years of free-air CO_2 enrichment（FACE）? A meta-analytic review of the responses of photosynthesis，canopy properties and plant production to rising CO_2[J]. New Phytologist，2005，165(2)：351-372.

2. ALLEN J A，KRAUSS K W，HAUFF R D. Factors limiting the intertidal distribution of the mangrove species *Xylocarpus granatum*[J]. Oecologia，2003，135(1)：110-121.

3. ALLEN J. Mangroves as alien species：the case of Hawaii[J]. Global Ecology and Biogeography Letters，1998，7(1)：61-71.

4. ALONGI D M. The impact of climate change on mangrove forests[J]. Current Climate Change Reports，2015，1(1)：30-39.

5. ALONGI D M. Carbon cycling and storage in mangrove forests[J]. Annual Review of Marine Science，2014，6：195-219.

6. ALONGI D M. Present state and future of the world's mangrove forests[J]. Environmental Conservation，2002，29(3)：331-349.

7. AN S Q，G U B H，ZHOU C F，et al. *Spartina* invasion in China：implications for invasive species management and future research[J]. Weed Research，2007，47(3)：183-191.

8. ANISFELD S C，HILL T D，CAHOON D R. Elevation dynamics in a restored versus a submerging salt marsh in Long Island Sound[J]. Estuarine，Coastal and Shelf Science，2016，170：145-154.

9. ASBRIDGE E F，BARTOLO R，FINLAYSON C M，et al. Assessing the distribution and drivers of mangrove dieback in Kakadu National Park，northern Australia[J]. Estuarine，Coastal and Shelf Science，2019，228：106353.

10. ASBRIDGE E，LUCAS R，ACCAD A，et al. Mangrove response to environmental changes predicted under varying climates：case studies from Australia[J]. Current Forestry Reports，2015，1(3)：178-194.

11. ATWOOD T B, CONNOLLY R M, ALMAHASHEER H, et al. Global patterns in mangrove soil carbon stocks and losses[J]. Nature Climate Change, 2017, 7(7): 523-528.

12. AYRES D R, STRONG D R. Origin and genetic diversity of *Spartina anglica* (Poaceae) using nuclear DNA markers[J]. American Journal of Botany, 2001, 88(10): 1863-1867.

13. BAHUGUNA A, NAYAK S, ROY D. Impact of the tsunami and earthquake of 26th December 2004 on the vital coastal ecosystems of the Andaman and Nicobar Islands assessed using RESOURCESAT AWiFS data [J]. International Journal of Applied Earth Observation and Geoinformation, 2008, 10(2): 229-237.

14. BALKE T, BOUMA T J, HORSTMAN E M, et al. Windows of opportunity: thresholds to mangrove seedling establishment on tidal flats[J]. Marine Ecology Progress Series, 2011, 440: 1-9.

15. BALKE T, WEBB E L, VAN DEN ELZEN, et al. Seedling establishment in a dynamic sedimentary environment: a conceptual framework using mangroves [J]. Journal of Applied Ecology, 2013, 50(3): 740-747.

16. BALL M C, COCHRANE M J, RAWSON H M. Growth and water use of the mangroves *Rhizophora apiculata* and *R. stylosa* in response to salinity and humidity under ambient and elevated concentrations of atmospheric CO_2 [J]. Plant, Cell and Environment, 1997, 20(9): 1158-1166.

17. BALL M C, SOBRADO M A. Ecophysiology of mangroves: challenges in linking physiological processes with patterns in forest structure[J]. Physiological Plant Ecology, 1999: 331-346.

18. BALL M C. Comparative ecophysiology of mangrove forest and tropical lowland moist rainforest[M]//MULKEY S S, CHAZDON R L, SMITH A P. Tropical forest plant ecophysiology. Boston: Springer, 1996: 461-496.

19. BALL M C. Ecophysiology of mangroves[J]. Trees, 1988, 2(3): 129-142.

20. BAO T Q. Effect of mangrove forest structures on wave attenuation in coastal Vietnam [J]. Oceanologia, 2011, 53(3): 807-818.

21. BARBIER E B. Natural barriers to natural disasters: replanting mangroves after the tsunami[J]. Frontiers in Ecology and the Environment, 2006, 4(3): 124-131.

22. BARNARD E L, FREEMAN T E. Cylindrocarpon galls on red mangrove[M]. Florida Department of Agriculture and Consumer Services, 1982.

23. BARR J G, ENGEL V, SMITH T J, et al. Hurricane disturbance and recovery of energy balance, CO_2 fluxes and canopy structure in a mangrove forest of the Florida Everglades [J]. Agricultural and Forest Meteorology, 2012, 153: 54-66.

24. BAUMEL A, AINOUCHE M L, LEVASSEUR J E. Molecular investigations in populations of *Spartina anglica* CE Hubbard (Poaceae) invading coastal Brittany (France)[J].

Molecular Ecology，2001，10(7)：1689-1701.

25. BAYLIS G T S. Root system of the New Zealand mangrove[C]. Transactions of the Royal Society of New Zealand，1950，78：509-514.

26. BEAUMONT L J，PITMAN A，PERKINS S，et al. Impacts of climate change on the world's most exceptional ecoregions[J]. Proceedings of the National Academy of Sciences，2011，108(6)：2306-2311.

27. BERGER U，ADAMS M，GRIMM V，et al. Modelling secondary succession of neotropical mangroves：causes and consequences of growth reduction in pioneer species[J]. Perspectives in Plant Ecology，Evolution and Systematics，2006，7(4)：243-252.

28. BEYMER-FARRIS B A，BASSETT T J. The REDD menace：resurgent protectionism in Tanzania's mangrove forests[J]. Global Environmental Change，2012，22(2)：332-329.

29. BORCHERT S M，OSLAND M J，ENWRIGHT N M，et al. Coastal wetland adaptation to sea level rise：quantifying potential for landward migration and coastal squeeze[J]. Journal of Applied Ecology，2018，55(6)：2876-2887.

30. BREITHAUPT J L，SMOAK J M，SMITH Ⅲ T J，et al. Organic carbon burial rates in mangrove sediments：strengthening the global budget[J]. Global Biogeochemical Cycles，2012，26：GB3011.

31. BRINKMAN R M，MASSEL S R，RIDD P V，et al. Surface wave attenuation in mangrove forests[C]. Pacific Coasts and Ports' 97：Proceedings of the 13th Australasian Coastal and Ocean Engineering Conference and the 6th Australasian Port and Harbour Conference；Volume 2，Centre for Advanced Engineering，University of Canterbury，1997：909.

32. BULGARELLI D，SCHLAEPPI K，SPAEPEN S，et al. Structure and functions of the bacterial microbiota of plants[J]. Annual Review of Plant Biology，2013，64：807-838.

33. CAHOON D R，HENSEL P，RYBCZYK J，et al. Mass tree mortality leads to mangrove peat collapse at Bay Islands，Honduras after Hurricane Mitch[J]. Journal of Ecology，2003，91(6)：1093-1105.

34. CAHOON D R，LYNCH J C. Vertical accretion and shallow subsidence in a mangrove forest of southwestern Florida，USA[J]. Mangroves and Salt Marshes，1997，1(3)：173-186.

35. CAHOON D R，TURNER R E. Accretion and canal impacts in a rapidly subsiding wetland Ⅱ. Feldspar marker horizon technique[J]. Estuaries，1989，12(4)：260-268.

36. CALLAWAY J C，CAHOON D R，LYNCH J C. The surface elevation table-marker horizon method for measuring wetland accretion and elevation dynamics[M]//DELAUNE RD，REDDY K R，RICHARDSON C J，et al. Methods in biogeochemistry of wetlands · Madison：Soil Science Society of America，2013，10：901-917.

37. CARNELL P, EWERS C, ROCHELMEYER E, et al. The distribution and abundance of "Blue Carbon" within Port Phillip and Westernport[R]. A report for the Port Phillip and Westernport Catchment Management Authority Commissioned by Emmaline Froggatt, Deakin University, Melbourne, 2015.

38. CASTANEDA-MOYA E, TWILLEY R R, RIVERA-MONROY V H. Allocation of biomass and net primary productivity of mangrove forests along environmental gradients in the Florida Coastal Everglades, USA[J]. Forest Ecology and Management, 2013, 307: 226-241.

39. CAVANAUGH K C, PARKER J D, COOK-PATTON S C, et al. Integrating physiological threshold experiments with climate modeling to project mangrove species' range expansion[J]. Global Change Biology, 2015, 21(5): 1928-1938.

40. CHAMBERS R M, MEYERSON L A, SALTONSTALL K. Expansion of *Phragmites australis* into tidal wetlands of North America[J]. Aquatic Botany, 1999, 64(3/4): 261-273.

41. CHANG Y, CHEN Y, LI Y. Flow modification associated with mangrove trees in a macro-tidal flat, southern China[J]. Acta Oceanologica Sinica, 2019, 38(2): 1-10.

42. CHANG Y, CHEN Y, WANG Y P. Field measurements of tidal flows affected by mangrove seedlings in a restored mangrove swamp, Southern China[J]. Estuarine, Coastal and Shelf Science, 2020, 235: 106561.

43. CHAPPELL J, SHACKLETON N J. Oxygen isotopes and sea level[J]. Nature, 1986, 324 (6093): 137-140.

44. CHARLES S P, KOMINOSKI J S, ARMITAGE A R, et al. Quantifying how changing mangrove cover affects ecosystem carbon storage in coastal wetlands[J]. Ecology, 2020, 101(2): e02916.

45. CHEN B, XIAO X, LI X, et al. A mangrove forest map of China in 2015: Analysis of time series Landsat 7/8 and Sentinel-1A imagery in Google Earth Engine cloud computing platform[J]. ISPRS Journal of Photogrammetry and Remote Sensing, 2017, 131(1): 104-120.

46. CHEN G, CHEN J, OU D, et al. Increased nitrous oxide emissions from intertidal soil receiving wastewater from dredging shrimp pond sediments[J]. Environmental Research Letters, 2020, 15(9): 094015.

47. CHEN G, GAO M, PANG B, et al. Top-meter soil organic carbon stocks and sources in restored mangrove forests of different ages[J]. Forest Ecology and Management, 2018, 422: 87-94.

48. CHEN H, LU W, YAN G, et al. Typhoons exert significant but differential impacts on net ecosystem carbon exchange of subtropical mangrove forests in China[J]. Biogeosciences, 2014, 11(19): 5323-5333.

49. CHEN L，CHEN Y，ZHANG Y，et al. Mangrove carbon sequestration and sediment deposition changes under cordgrass invasion[M]//SIDIK F，FRIESS D. Dynamic sedimentary environments of mangrove coasts. Elsevier，2020a：473-509.

50. CHEN L，FENG H，GU X，et al. Linkages of flow regime and micro-topography：prediction for non-native mangrove invasion under sea-level rise[J]. Ecosystem Health and Sustainability，2020b，6(1)：1780159.

51. CHEN L，TAM N F Y，WANG W，et al. Significant niche overlap between native and exotic *Sonneratia* mangrove species along a continuum of varying inundation periods[J]. Estuarine，Coastal and Shelf Science，2013，117：22-28.

52. CHEN L，WANG W，LI Q Q，et al. Mangrove species' responses to winter air temperature extremes in China[J]. Ecosphere，2017a，8(6)：e01865.

53. CHEN L，WANG W，LIN P. Photosynthetic and physiological responses of *Kandelia candel* L. *Druce* seedlings to duration of tidal immersion in artificial seawater[J]. Environmental and Experimental Botany，2005，54(3)：256-266.

54. CHEN L，FAN H，SU Z，et al. Enhancing carbon storage in mangrove ecosystems of China through sustainable restoration and aquaculture actions[M]//KRAUSS K W，ZHU Z Z，STAGG C L. Wetland carbon and environmental management. American Geophysical Union，Washington DC，USA，2021 (In press).

55. CHEN L，WANG W，ZHANG Y，et al. Recent progresses in mangrove conservation，restoration and research in China[J]. Journal of Plant Ecology，2009a，2(2)：45-54.

56. CHEN L，WANG W. Ecophysiological responses of viviparous mangrove *Rhizophora stylosa* seedlings to simulated sea-level rise[J]. Journal of Coastal Research，2017，33(6)：1333-1340.

57. CHEN L，YAN T，XIONG Y，et al. Food sources of dominant macrozoobenthos between native and non-native mangrove forests：a comparative study[J]. Estuarine，Coastal and Shelf Science，2017b，187：160-167.

58. CHEN L，ZAN Q，LI M，et al. Litter dynamics and forest structure of the introduced *Sonneratia caseolaris* mangrove forest in Shenzhen，China[J]. Estuarine，Coastal and Shelf Science，2009b，85(2)：241-246.

59. CHEN L，ZENG X，TAM N F Y，et al. Comparing carbon sequestration and stand structure of monoculture and mixed mangrove plantations of *Sonneratia caseolaris* and *S. apetala* in Southern China[J]. Forest Ecology and Management，2012，284：222-229.

60. CHEN L. Invasive plants in coastal wetlands：patterns and mechanisms[M]//AN S，VERHOEVEN J. Wetlands：ecosystem services，restoration and wise use. Cham：Springer，2019：97-128.

61. CHEN Y，Li Y，Cai T，et al. A comparison of biohydrodynamic interaction within man-

grove and saltmarsh boundaries[J]. Earth Surface Processes and Landforms, 2016, 41 (13): 1967-1979.

62. CHERRY J A, MCKEE K L, GRACE J B. Elevated CO_2 enhances biological contributions to elevation change in coastal wetlands by offsetting stressors associated with sea-level rise[J]. Journal of Ecology, 2009, 97(1): 67-77.

63. CHIMNER R A, FRY B, KANESHIRO M Y, et al. Current extent and historical expansion of introduced mangroves on O'ahu, Hawai'i[J]. Pacific Science, 2006, 60(3): 377-383.

64. CHOWDHURY R R, UCHIDA E, CHEN L, et al. Anthropogenic drivers of mangrove loss: geographic patterns and implications for livelihoods[M]//RIVERA-MONROY V H, LEE S Y, KRISTENSEN E, et al. Mangrove ecosystems: a global biogeographic perspective. Cham: Springer, 2017: 275-300.

65. CHURCH J A, WHITE N J, AARUP T, et al. Understanding global sea levels: past, present and future[J]. Sustainability Science, 2008, 3(1): 9-22.

66. COLDREN G A, LANGLEY J A, FELLER I C, et al. Warming accelerates mangrove expansion and surface elevation gain in a subtropical wetland[J]. Journal of Ecology, 2019, 107(1): 79-90.

67. COLDREN G A, PROFFITT C E. Mangrove seedling freeze tolerance depends on salt marsh presence, species, salinity, and age[J]. Hydrobiologia, 2017, 803(1): 159-171.

68. CONNER W H, DUBERSTEIN J A, DAY J W, et al. Impacts of changing hydrology and hurricanes on forest structure and growth along a flooding/elevation gradient in a south Louisiana forested wetland from 1986 to 2009[J]. Wetlands, 2014, 34(4): 803-814.

69. CONOVER D O, REID G K. Distribution of the boring isopod *Sphaeroma terebrans* in Florida[J]. Florida Scientist, 1975: 65-72.

70. COOK-PATTON S C, LEHMANN M, PARKER J D. Convergence of three mangrove species towards freeze-tolerant phenotypes at an expanding range edge[J]. Functional Ecology, 2015, 29(10): 1332-1340.

71. COSTANZA R, D'ARGE R, DE GROOT R, et al. The value of the world's ecosystem services and natural capital[J]. Nature, 1997, 387(6630): 253-260.

72. COSTANZA R, DE GROOT R, SUTTON P, et al. Changes in the global value of ecosystem services[J]. Global Environmental Change, 2014, 26: 152-158.

73. COTRUFO M F, INESON P, SCOTT A Y. Elevated CO_2 reduces the nitrogen concentration of plant tissues[J]. Global Change Biology, 1998, 4(1): 43-54.

74. COX E F, ALLEN J A. Stand structure and productivity of the introduced *Rhizophora mangle* in Hawaii[J]. Estuaries, 1999, 22(2): 276-284.

75. CRAFT C, CLOUGH J, EHMAN J, et al. Forecasting the effects of accelerated sea-level

rise on tidal marsh ecosystem services[J]. Frontiers in Ecology and the Environment, 2009, 7(2): 73-78.

76. CREAGER D B. A new *Cercospora* on *Rhizophora mangle*[J]. Mycologia, 1962, 54(5): 536-539.

77. CRONIN T M. Was pre-twentieth century sea level stable? [J]. Eos, Transactions American Geophysical Union, 2011, 92(49): 455-456.

78. CROOKS J A. Characterizing ecosystem-level consequences of biological invasions: the role of ecosystem engineers[J]. Oikos, 2002, 97(2): 153-166.

79. CROOKS S, ORR M, EMMER I, et al. Guiding principles for delivering coastal wetland carbon projects[M]. United Nations Environment Programme (UNEP), Center for International Forestry Research (CIFOR), 2014.

80. CUI X, LIANG J, LU W, et al. Stronger ecosystem carbon sequestration potential of mangrove wetlands with respect to terrestrial forests in subtropical China[J]. Agricultural and Forest Meteorology, 2018, 249: 71-80.

81. CUI X, SONG W, FENG J, et al. Increased nitrogen input enhances *Kandelia obovata* seedling growth in the presence of invasive *Spartina alterniflora* in subtropical regions of China[J]. Biology Letters, 2017, 13(1): 20160760.

82. DANGREMOND E M, FELLER I C. Precocious reproduction increases at the leading edge of a mangrove range expansion[J]. Ecology and Evolution, 2016, 6(14): 5087-5092.

83. DANIELSEN F, SØRENSEN M K, OLWIG M F, et al. The Asian tsunami: a protective role for coastal vegetation[J]. Science, 2005, 310(5748): 643-643.

84. DAVIS S E, CABLE J E, CHILDERS D L, et al. Importance of storm events in controlling ecosystem structure and function in a Florida gulf coast estuary[J]. Journal of Coastal Research, 2004, 20(4): 1198-1208.

85. DAY F P, MEGONIGAL J P. The relationship between variable hydroperiod, production allocation, and belowground organic turnover in forested wetlands[J]. Wetlands, 1993, 13(2): 115-121.

86. DE LANGE W P, DE LANGE P J. An appraisal of factors controlling the latitudinal distribution of mangrove (*Avicannia marina var. resinifera*) in New Zealand[J]. Journal of Coastal Research, 1994, 10(3): 539-548.

87. DELGADO P, HENSEL P F, JIMÉNEZ J A, et al. The importance of propagule establishment and physical factors in mangrove distributional patterns in a Costa Rican estuary [J]. Aquatic Botany, 2001, 71(3): 157-178.

88. DEMOPOULOS A W J, FRY B, SMITH C R. Food web structure in exotic and native mangroves: a Hawaii-Puerto Rico comparison[J]. Oecologia, 2007, 153(3): 675-686.

89. DEMOPOULOS A W J, SMITH C R. Invasive mangroves alter macrofaunal community

structure and facilitate opportunistic exotics[J]. Marine Ecology Progress Series, 2010, 404: 51-67.

90. DEMOPOULOS A W J. Aliens in paradise: a comparative assessment of introduced and native mangrove benthic community composition, food-web structure, and litter-fall production[D]. University of Hawaii, 2004.

91. DEVEREL S, OIKAWA P, DORE S, et al. Restoration of California deltaic and coastal wetlands for climate change mitigation[M]. American Carbon Registry, 2017.

92. D'IORIO M, JUPITER S D, COCHRAN S A, et al. Optimizing remote sensing and GIS tools for mapping and managing the distribution of an invasive mangrove (*Rhizophora mangle*) on South Molokai, Hawaii[J]. Marine Geodesy, 2007, 30(112): 125-144.

93. DONATO D C, KAUFFMAN J B, MURDIYARSO D, et al. Mangroves among the most carbon-rich forests in the tropics[J]. Nature Geoscience, 2011, 4(5): 293-297.

94. DRAKE B G, GONZÀLES-MELER M A, LONG S P. More efficient plants: a consequence of rising atmospheric CO_2? [J]. Annual Review of Plant Biology, 1997, 48(1): 609-639.

95. DUARTE C M, LOSADA I J, HENDRIKS I E, et al. The role of coastal plant communities for climate change mitigation and adaptation[J]. Nature climate change, 2013, 3: 961-968.

96. DUARTE C M, MIDDELBURG J J, CARACO N. Major role of marine vegetation on the oceanic carbon cycle[J]. Biogeosciences, 2005, 2(1): 1-8.

97. DUKE N C, MEYNECKE J O, DITTMANN S, et al. A world without mangroves? [J]. Science, 2007, 317(5834): 41-42.

98. DUKE N C. Australia's mangroves: the authoritative guide to Australia's mangrove plants [M]. Brisbane: The University of Queensland, 2006.

99. DUKE N C. Mangrove floristics and biogeography revisited: further deductions from biodiversity hot spots, ancestral discontinuities, and common evolutionary processes[M]// RIVERA-MONROY V H, LEE S Y, KRISTENSEN E, et al. Mangrove ecosystems: a global biogeographic perspective. Cham: Springer, 2017: 17-53.

100. DUKE N C, BALL M, ELLISON J. Factors influencing biodiversity and distributional gradients in mangroves[J]. Global Ecology and Biogeography Letters, 1998, 7(1): 27-47.

101. DUKES J S. Responses of invasive species to a changing climate and atmosphere[M]// Fifty Years of Invasion Ecology: The Legacy of Charles Elton, Oxford: Blackwell, 2011: 345-357.

102. ELLIS W L, BOWLES J W, ERICHSON A A, et al. Alteration of the chemical composition of mangrove (*Laguncularia racemosa*) leaf litter fall by freeze damage[J]. Estuarine, Coastal and Shelf Science, 2006, 68(1/2): 363-371.

103. ELLISON A M, BANK M S, CLINTON B D, et al. Loss of foundation species: consequences for the structure and dynamics of forested ecosystems[J]. Frontiers in Ecology and the Environment, 2005, 3(9): 479-486.

104. ELLISON A M, FARNSWORTH E J. Seedling survivorship, growth, and response to disturbance in Belizean mangal[J]. American Journal of Botany, 1993, 80 (10): 1137-1145.

105. ELLISON A M, FARNSWORTH E J. Simulated sea level change alters anatomy, physiology, growth, and reproduction of red mangrove (*Rhizophora mangle* L.)[J]. Oecologia, 1997, 112(4): 435-446.

106. ELLISON A M. Macroecology of mangroves: large-scale patterns and processes in tropical coastal forests[J]. Trees, 2002, 16(2/3): 181-194.

107. ELLISON A M, FARNSWORTH E J. The ecology of Belizean mangrove-root fouling communities. I. Epibenthic fauna are barriers to isopod attack of red mangrove roots [J]. Journal of Experimental Marine Biology and Ecology, 1990, 142(1/2): 91-104.

108. EMMETT-MATTOX S, CROOKS S. Special focus: coastal blue carbon[J]. Coastal Blue Carbon, 2014, 36(1): 5.

109. FAGHERAZZI S, BRYAN K R, NARDIN W. Buried alive or washed away: the challenging life of mangroves in the Mekong Delta[J]. Oceanography, 2017, 30(3): 48-59.

110. FAIRBANKS R G. A 17,000-year glacio-eustatic sea level record: influence of glacial melting rates on the Younger Dryas event and deep-ocean circulation[J]. Nature, 1989, 342(6250): 637-642.

111. FAN H, HE B, PERNETTA J C. Mangrove ecofarming in Guangxi Province China: an innovative approach to sustainable mangrove use[J]. Ocean and Coastal Management, 2013, 85:201-208.

112. FANG C, MONCRIEFF J B. The dependence of soil CO_2 efflux on temperature[J]. Soil Biology and Biochemistry, 2001, 33(2): 155-165.

113. FAO. Mangrove forest management guidelines[M]. Rome: FAO Forestry Paper 1994: 319.

114. FARNSWORTH E J, ELLISON A M, GONG W K. Elevated CO_2 alters anatomy, physiology, growth, and reproduction of red mangrove (*Rhizophora mangle* L.)[J]. Oecologia, 1996, 108(4): 599-609.

115. FARQUHAR G D, VON CAEMMERER S, BERRY J A. A biochemical model of photosynthetic CO_2 assimilation in leaves of C_3 species[J]. Planta, 1980, 149(1): 78-90.

116. FAZLIOGLU F, WAN J S H, CHEN L. Latitudinal shifts in mangrove species worldwide: evidence from historical occurrence records[J]. Hydrobiologia, 2020, 847(19): 4111-4123.

117. FEILD T S, BRODRIBB T. Stem water transport and freeze-thaw xylem embolism in

conifers and angiosperms in a Tasmanian treeline heath[J]. Oecologia, 2001, 127(3): 314-320.

118. FENG Z, UDDLING J, TANG H, et al. Comparison of crop yield sensitivity to ozone between open-top chamber and free-air experiments[J]. Global Change Biology, 2018, 24(6): 2231-2238.

119. FIELD C D. Impact of expected climate change on mangroves[C]//Asia-Pacific Symposium on Mangrove Ecosystems. Dordrecht: Springer, 1995: 75-81.

120. FORBES K, BROADHEAD J. The role of coastal forests in the mitigation of tsunami impacts[R]. Food and Agriculture Organization of the United Nations, 2007.

121. FOURQUREAN J W, SMITH T J, POSSLEY J, et al. Are mangroves in the tropical Atlantic ripe for invasion? Exotic mangrove trees in the forests of South Florida[J]. Biological Invasions, 2010, 12(8): 2509-2522.

122. FRIESS D A, KRAUSS K W, TAILARDAT P, et al. Mangrove blue carbon in the face of deforestation, climate change, and restoration[J]. Annual Plant Reviews Online, 2020a, 3(3): 427-456.

123. FRIESS D A, ROGERS K, LOVELOCK C E, et al. The state of the world's mangrove forests: past, present, and future[J]. Annual Review of Environment and Resources, 2019, 44: 89-115.

124. FRIESS D A, YANDO E S, ABUCHAHLA G M O, et al. Mangroves give cause for conservation optimism, for now[J]. Current Biology, 2020b, 30(4): R153-R154.

125. FRIESS D A. WATSON J G. Inundation classes, and their influence on paradigms in mangrove forest ecology[J]. Wetlands, 2016, 37(4): 603-613.

126. FRY B, CORMIER N. Chemical ecology of red mangroves, *Rhizophora mangle*, in the Hawaiian Islands[J]. Pacific Science, 2011, 65(2): 219-234.

127. FU H, WANG W, WANG M, et al. Differential in surface elevation change across mangrove forests in the intertidal zone[J]. Estuarine, Coastal and Shelf Science, 2018, 207: 203-208.

128. FURUKAWA K, WOLANSKI E. Sedimentation in mangrove forests[J]. Mangroves and Salt Marshes, 1996, 1(1): 3-10.

129. GAO Y, ZHOU J, WANG L, et al. Distribution patterns and controlling factors for the soil organic carbon in four mangrove forests of China[J]. Global Ecology and Conservation, 2019, 17: e00575.

130. GEIST H J, LAMBIN E F. Proximate causes and underlying driving forces of tropical deforestation tropical forests are disappearing as the result of many pressures, both local and regional, acting in various combinations in different geographical locations[J]. BioScience, 2002, 52(2): 143-150.

131. GIFFORD R M, BARRETT D J, LUTZE J L. The effects of elevated $[CO_2]$ on the C : N and C : P mass ratios of plant tissues[J]. Plant and Soil, 2000, 224(1): 1-14.

132. GILBERT G S, SOUSA W P. Host specialization among wood-decay polypore fungi in a Caribbean mangrove forest[J]. Biotropica, 2002, 34(3): 396-404.

133. GILBERT G S, MEJÍA-CHANG M, ROJAS E. Fungal diversity and plant disease in mangrove forests: salt excretion as a possible defense mechanism[J]. Oecologia, 2002, 132(2): 278-285.

134. GILMAN E L, ELLISON J, DUKE N C, et al. Threats to mangroves from climate change and adaptation options: a review[J]. Aquatic Botany, 2008, 89(2): 237-250.

135. GIRI C, OCHIENG E, TIESZEN L L, et al. Status and distribution of mangrove forests of the world using earth observation satellite data[J]. Global Ecology and Biogeography, 2011, 20(1): 154-159.

136. GISD. Global invasive species database of Invasive Species Specialist Group (ISSG)[EB/OL]. 2015. http://iucngisd.org/gisd/.

137. GIVNISH T J. Optimal stomatal conductance, allocation of energy between leaves and roots, and the marginal cost of transpiration[M]//GIVNISH T J. On the economy of plant form and function. Cambridge University Press, Cambridge, UK, 1986: 171-213.

138. GODOY M D P, LACERDA L D. Mangroves response to climate change: a review of recent findings on mangrove extension and distribution[J]. Anais da Academia Brasileira de Ciências, 2015, 87(2): 651-667.

139. GOMES N C M, CLEARY D F R, CALADO R, et al. Mangrove bacterial richness[J]. Communicative and Integrative Biology, 2011, 4(4): 419-423.

140. GRIIS. Global Register of Introduced and Invasive Species. http://www.griis.org.

141. GRÜTER D, SCHMID B, BRANDL H. Influence of plant diversity and elevated atmospheric carbon dioxide levels on belowground bacterial diversity[J]. BMC Microbiology, 2006, 6(1): 68.

142. GU X, FENG H, TANG T, et al. Predicting the invasive potential of a non-native mangrove reforested plant (*Laguncularia racemosa*) in China[J]. Ecological Engineering, 2019, 139: 105591.

143. GULMON S L, MOONEY H A. Costs of defense and their effects on plant productivity [C]//On the economy of plant form and function: proceedings of the Sixth Maria Moors Cabot Symposium, Evolutionary Constraints on Primary Productivity, Adaptive Patterns of Energy Capture in Plants, Harvard Forest, August 1983. Cambridge: Cambridge University Press, 1986.

144. GUO H, ZHANG Y, LAN Z, et al. Biotic interactions mediate the expansion of black mangrove (*Avicennia germinans*) into salt marshes under climate change[J]. Global

Change Biology，2013，19(9)：2765-2774.

145. HAMILTON S E，CASEY D. Creation of a high spatio-temporal resolution global database of continuous mangrove forest cover for the 21st century (CGMFC-21)[J]. Global Ecology and Biogeography，2016，25(6)：729-738.

146. HANSON P J，RIGGS J S，NETTLES IV W R，et al. Attaining whole-ecosystem warming using air and deep-soil heating methods with an elevated CO_2 atmosphere[J]. Biogeosciences，2017，14(4)：861-883.

147. HARRIS R M B，BEAUMONT L J，VANCE T R，et al. Biological responses to the press and pulse of climate trends and extreme events[J]. Nature Climate Change，2018，8 (7)：579.

148. HÄTTENSCHWILER S，GASSER P. Soil animals alter plant litter diversity effects on decomposition[J]. Proceedings of the National Academy of Sciences，2005，102(5)：1519-1524.

149. HAYDEN H L，MELE P M，BOUGOURE D S，et al. Changes in the microbial community structure of bacteria，archaea and fungi in response to elevated CO_2 and warming in an Australian native grassland soil[J]. Environmental Microbiology，2012，14(12)：3081-3096.

150. HE B，LAI T，FAN H，et al. Comparison of flooding-tolerance in four mangrove species in a diurnal tidal zone in the Beibu Gulf[J]. Estuarine，Coastal and Shelf Science，2007，74(1/2)：254-262.

151. HE Z，LI X，YANG M，et al. Speciation with gene flow via cycles of isolation and migration：insights from multiple mangrove taxa[J]. National Science Review，2019，6(2)：275-288.

152. HENDREY G R，ELLSWORTH D S，LEWIN K F，et al. A free-air enrichment system for exposing tall forest vegetation to elevated atmospheric CO_2[J]. Global Change Biology，1999，5(3)：293-309.

153. HICKEY S M，PHINN S R，CALLOW N J，et al. Is climate change shifting the poleward limit of mangroves? [J]. Estuaries and Coasts，2017，40(5)：1215-1226.

154. HIRAISHI T，KRUG T，TANABE K，et al. 2013 supplement to the 2006 IPCC guidelines for national greenhouse gas inventories：wetlands[R]. IPCC，Switzerland，2014.

155. HO H H，JONG S C. *Halophytophthora*，gen. nov.，a new member of the family Pythiaceae[J]. Mycotaxon，1990，36(2)：377-382.

156. HOCHARD J P，HAMILTON S，BARBIER E B. Mangroves shelter coastal economic activity from cyclones[J]. Proceedings of the National Academy of Sciences，2019，116 (25)：12232-12237.

157. HONG P，WEN Y，XIONG Y，et al. Latitudinal gradients and climatic controls on re-

production and dispersal of the non-native mangrove *Sonneratia apetala* in China[J]. Estuarine, Coastal and Shelf Science, 2021, 248: 106749.

158. HOWARD J, HOYT S, ISENSEE K, et al. Coastal blue carbon: methods for assessing carbon stocks and emissions factors in mangroves, tidal salt marshes, and seagrasses[M]. Conservation International, Intergovernmental Oceanographic Commission of UNESCO, International Union for Conservation of Nature, Arlington, Virginia, 2014.

159. HOWARD R J, STAGG C L, UTOMO H S. Early growth interactions between a mangrove and an herbaceous salt marsh species are not affected by elevated CO_2 or drought [J]. Estuarine, Coastal and Shelf Science, 2018, 207: 74-81.

160. HU L, LI W, XU B. Monitoring mangrove forest change in China from 1990 to 2015 using Landsat-derived spectral-temporal variability metrics[J]. International Journal of Applied Earth Observation and Geoinformation, 2018, 73: 88-98.

161. HU Z, VAN BELZEN J, VAN DER WAL D, et al. Windows of opportunity for salt marsh vegetation establishment on bare tidal flats: the importance of temporal and spatial variability in hydrodynamic forcing[J]. Journal of Geophysical Research: Biogeosciences, 2015, 120(7): 1450-1469.

162. HUTCHISON J, MANICA A, SWETNAM R, et al. Predicting global patterns in mangrove forest biomass[J]. Conservation Letters, 2014, 7(3): 233-240.

163. HYMUS G J, BAKER N R, LONG S P. Growth in elevated CO_2 can both increase and decrease photochemistry and photoinhibition of photosynthesis in a predictable manner. *Dactylis glomerata* grown in two levels of nitrogen nutrition[J]. Plant Physiology, 2001, 127(3): 1204-1211.

164. IPCC. Climate change 2013: The physical science basis[R]. Cambridge, New York: Cambridge University Press, 2013.

165. IPCC. Special report on global warming of 1.5℃ [M]. Cambridge: Cambridge University Press, 2018.

166. ISMAIL N, OKAZAKI K, OCHIAI C, et al. Livelihood changes in Banda Aceh, Indonesia after the 2004 Indian Ocean Tsunami[J]. International Journal of Disaster Risk Reduction, 2018, 28: 439-449.

167. JACOB M, VIEDENZ K, POLLE A, et al. Leaf litter decomposition in temperate deciduous forest stands with a decreasing fraction of beech (*Fagus sylvatica*)[J]. Oecologia, 2010, 164(4): 1083-1094.

168. JACOTOT A, MARCHAND C, ALLENBACH M. Increase in growth and alteration of C : N ratios of *Avicennia marina* and *Rhizophora stylosa* subject to elevated CO_2 concentrations and longer tidal flooding duration[J]. Frontiers in Ecology and Evolution, 2019, 7:98.

169. JACOTOT A，MARCHAND C，GENSOUS S，et al. Effects of elevated atmospheric CO_2 and increased tidal flooding on leaf gas-exchange parameters of two common mangrove species：*Avicennia marina* and *Rhizophora stylosa*［J］. Photosynthesis Research，2018，138(2)：249-260.

170. JENNERJAHN T C，GILMAN E，KRAUSS K W，et al. Mangrove ecosystems under climate change［M］//RIVERA-MONROY V H，LEE S Y，KRISTENSEN E，et al. Mangrove ecosystems：a global biogeographic perspective. Cham：Springer，2017：211-244.

171. JOHNSON H B，POLLEY H W，MAYEUX H S. Increasing CO_2 and plant-plant interactions：effects on natural vegetation［J］. Vegetatio，1993，104(1)：157-170.

172. KAIRO J G，WANJIRU C，OCHIEWO J. Net pay：economic analysis of a replanted mangrove plantation in Kenya［J］. Journal of Sustainable Forestry，2009，28(3/4/5)：395-414.

173. KAO W Y，SHIH C N，TSAI T T. Sensitivity to chilling temperatures and distribution differ in the mangrove species *Kandelia candel* and *Avicennia marina*［J］. Tree Physiology，2004，24(7)：859-864.

174. KAUR R，MALHOTRA S. Effects of invasion of *Mikania micrantha* on germination of rice seedlings，plant richness，chemical properties and respiration of soil［J］. Biology and Fertility of Soils，2012，48(4)：481-488.

175. KELLEWAY J J，SERRANO O，BALDOCK J A，et al. A national approach to greenhouse gas abatement through blue carbon management［J］. Global Environmental Change，2020，63：102083.

176. KHAN M N I，SUWA R，HAGIHARA A. Carbon and nitrogen pools in a mangrove stand of *Kandelia obovata*（S.，L.）Yong：vertical distribution in the soil-vegetation system［J］. Wetlands Ecology and Management，2007，15(2)：141-153.

177. KIRSCHBAUM M U F. Does enhanced photosynthesis enhance growth? Lessons learned from CO_2 enrichment studies［J］. Plant Physiology，2011，155(1)：117-124.

178. KIRWAN M L，GUNTENSPERGEN G R. Feedbacks between inundation，root production，and shoot growth in a rapidly submerging brackish marsh［J］. Journal of Ecology，2012，100(3)：764-770.

179. KIRWAN M L，MEGONIGAL J P. Tidal wetland stability in the face of human impacts and sea-level rise［J］. Nature，2013，504(7478)：53-60.

180. KIRWAN M L，MUDD S M. Response of salt-marsh carbon accumulation to climate change［J］. Nature，2012，489(7417)：550-553.

181. KIRWAN M L，MURRAY A B. A coupled geomorphic and ecological model of tidal marsh evolution［J］. Proceedings of the National Academy of Sciences，2007，104(15)：

6118-6122.

182. KOCH M S, CORONADO C, MILLER M W, et al. Climate change projected effects on coastal foundation communities of the greater everglades using a 2060 scenario: need for a new management paradigm[J]. Environmental Management, 2015, 55(4):1-19.

183. KOHLMEYER J. Marine fungi of Hawaii including the new genus *Helicascus*[J]. Canadian Journal of Botany, 1969, 47(9): 1469-1487.

184. KRAUSS K W, ALLEN J A, CAHOON D R. Differential rates of vertical accretion and elevation change among aerial root types in Micronesian mangrove forests[J]. Estuarine, Coastal and Shelf Science, 2003, 56(2): 251-259.

185. KRAUSS K W, ALLEN J A. Factors influencing the regeneration of the mangrove *Bruguiera gymnorrhiza* (L.) *Lamk*. on a tropical Pacific island[J]. Forest Ecology and Management, 2003, 176(1/2/3): 49-60.

186. KRAUSS K W, BARR J G, ENGEL V, et al. Approximations of stand water use versus evapotranspiration from three mangrove forests in southwest Florida, USA[J]. Agricultural and Forest Meteorology, 2015, 213: 291-303.

187. KRAUSS K W, LOVELOCK C E, MCKEE K L, et al. Environmental drivers in mangrove establishment and early development: a review[J]. Aquatic Botany, 2008, 89(2): 105-127.

188. KRAUSS K W, MCKEE K L, LOVELOCK C E, et al. How mangrove forests adjust to rising sea level[J]. New Phytologist, 2014, 202(1): 19-34.

189. KRAUSS K W, OSLAND M J. Tropical cyclones and the organization of mangrove forests: a review[J]. Annals of Botany, 2020, 125: 213-234.

190. LANGLEY J A, MCKEE K L, CAHOON D R, et al. Elevated CO_2 stimulates marsh elevation gain, counterbalancing sea-level rise[J]. Proceedings of the National Academy of Sciences, 2009, 106(15): 6182-6186.

191. LAMBERS H, OLIVERIRA R S. Plant physiological ecology [M]. Springer, New York, 2019.

192. LEAKEY A D B, AINSWORTH E A, BERNACCHI C J, et al. Elevated CO_2 effects on plant carbon, nitrogen, and water relations: six important lessons from FACE [J]. Journal of Experimental Botany, 2009, 60(10): 2859-2876.

193. LENSSEN G M, LAMERS J, STROETENGA M, et al. Interactive effects of atmospheric CO_2 enrichment, salinity and flooding on growth of C_3 (*Elymus athericus*) and C_4 (*Spartina anglica*) salt marsh species[M]//ROZEMA J, LAMBERS H, VAN DE GEIJN S C, et al. CO_2 and biosphere: advances in vegetation science. Vol 14. Dordrecht: Springer, 1993: 379-390.

194. LEWIS C J E, CARNELL P E, SANDERMAN J, et al. Variability and vulnerability of

coastal "blue carbon" stocks: a case study from southeast Australia[J]. Ecosystems, 2018, 21(2): 263-279.

195. LEWIS Ⅲ R R, MARSHALL M J. Principles of successful restoration of shrimp aquaculture ponds back to mangrove forests [C]//Programa resumes de Marcuba' 97 September 15/20, Palacio de Convenciones de La Habana, Cuba, 1997: 126.

196. LEWIS Ⅲ R R. Ecological engineering for successful management and restoration of mangrove forests[J]. Ecological Engineering, 2005, 24(4): 403-418.

197. LI F L, ZHONG L, CHEUNG S G, et al. Is *Laguncularia racemosa* more invasive than *Sonneratia apetala* in northern Fujian, China in terms of leaf energetic cost? [J]. Marine Pollution Bulletin, 2020, 152: 110897.

198. LI J, POWELL T L, SEILER T J, et al. Impacts of Hurricane Frances on Florida scrub-oak ecosystem processes: defoliation, net CO_2 exchange and interactions with elevated CO_2 [J]. Global Change Biology, 2007, 13(6): 1101-1113.

199. LI S B, CHEN P H, HUANG J S, et al. Factors regulating carbon sinks in mangrove ecosystems[J]. Global Change Biology, 2018, 24(9): 4195-4210.

200. LI X F, HAN C, ZHONG C R, et al. Identification of *Sphaeroma terebrans* via morphology and the mitochondrial cytochrome *c* oxidase subunit Ⅰ (CO Ⅰ) gene[J]. Zoological Research, 2016, 37(5): 307-312.

201. LIU H, MI Z, LIN L, et al. Shifting plant species composition in response to climate change stabilizes grassland primary production[J]. Proceedings of the National Academy of Sciences, 2018, 115(16): 4051-4056.

202. LIU K, LIU L, LIU H, et al. Exploring the effects of biophysical parameters on the spatial pattern of rare cold damage to mangrove forests[J]. Remote Sensing of Environment, 2014, 150: 20-33.

203. LIU W, ZHANG Y, CHEN X, et al. Contrasting plant adaptation strategies to latitude in the native and invasive range of *Spartina alterniflora*[J]. New Phytologist, 2020, 226 (2): 623-634.

204. LLOYD J, FARQUHAR G D. Effects of rising temperatures and [CO_2] on the physiology of tropical forest trees[J]. Philosophical Transactions of the Royal Society B: Biological Sciences, 2008, 363(1498): 1811-1817.

205. LOTFIOMRAN N, KÖHL M, FROMM J. Interaction effect between elevated CO_2 and fertilization on biomass, gas exchange and C/N ratio of European beech (*Fagus sylvatica* L.)[J]. Plants, 2016, 5(3): 38.

206. LOVELOCK C E, ADAME M F, BENNION V, et al. Sea level and turbidity controls on mangrove soil surface elevation change[J]. Estuarine, Coastal and Shelf Science, 2015a, 153, 1-9.

207. LOVELOCK C E，BALL M C，MARTIN K C，et al. Nutrient enrichment increases mortality of mangroves[J]. PLoS One，2009，4(5)：e5600.

208. LOVELOCK C E，CAHOON D R，FRIESS D A，et al. The vulnerability of Indo-Pacific mangrove forests to sea-level rise[J]. Nature，2015b，526(7574)：559-563.

209. LOVELOCK C E，DUARTE C M. Dimensions of blue carbon and emerging perspectives [J]. Biology Letters，2019，15(3)：20180781.

210. LOVELOCK C E，ELLISON. Vulnerability of mangroves and tidal wetlands of the Great Barrier Reef to climate change[M]//JOHNSON J E，MARSHALL P A. Climate change and the Great Barrier Reef：a vulnerability assessment. Australia：Great Barrier Reef Marine Park Authority and Australia Greenhouse Office，2007.

211. LOVELOCK C E，KRAUSS K W，OSLAND M J，et al. The physiology of mangrove trees with changing climate[M]//GOLDSTEIN G，SANTIAGO L. Tropical tree physiology. Tree Physiology，Vol 6. Cham：Springer，2016：149-179.

212. LOVELOCK C E. Soil respiration and belowground carbon allocation in mangrove forests[J]. Ecosystems，2008，11(2)：342-354.

213. LOWE S，BROWNE M，BOUDJELAS S，et al. 100 of the world's worst invasive alien species：a selection from the global invasive species database[M]. IUCN Species Survival Commission (SSC)，Invasive Species Specialist，Auckland，2000.

214. LU N H，HUANG Q Z，HE H，et al. First report of black stem of *Avicennia marina* caused by *Fusarium equiseti* in China[J]. Plant Disease，2014，98(6)：843-843.

215. LU W，CHEN L，WANG W，et al. Effects of sea level rise on mangrove *Avicennia* population growth，colonization and establishment：evidence from a field survey and greenhouse manipulation experiment[J]. Acta Oecologica，2013，49：83-91.

216. LU W，XIAO J，LIU F，et al. Contrasting ecosystem CO_2 fluxes of inland and coastal wetlands：a meta-analysis of eddy covariance data[J]. Global Change Biology，2017，23(3)：1180-1198.

217. LUGO A E，PATTERSON-ZUCCA C. The impact of low temperature stress on mangrove structure and growth[J]. Tropical Ecology，1977，18(2)：149-161.

218. LUGO A E，SNEDAKER S C. The ecology of mangroves[J]. Annual Review of Ecology and Systematics，1974，5(1)：39-64.

219. LUNA-VEGA I，ALCÁNTARA-AYALA O，CONTRERAS-MEDINA R，et al. Ecological niche modeling on the effect of climatic change and conservation of *Ternstroemia lineata* DC. (Ternstroemiaceae) in Mesoamerica[J]. Botany，2012，90(7)：637-650.

220. LUNSTRUM A，CHEN L. Soil carbon stocks and accumulation in young mangrove forests[J]. Soil Biology and Biochemistry，2014，75：223-232.

221. LUO Y，WAN S，HUI D，et al. Acclimatization of soil respiration to warming in a tall

grass prairie[J]. Nature, 2001, 413(6856): 622-625.

222. MACNAE W. A general account of the fauna and flora of mangrove swamps and forests in the Indo-West-Pacific region[J]. Advances in Marine Biology, 1969, 6: 105-270.

223. MACREADIE P I, ANTON A, RAVEN J A, et al. The future of blue carbon science [J]. Nature Communications, 2019, 10(1): 1-13.

224. MADRID E N, ARMITAGE A R, LÓPEZ-PORTILLO. *Avicennia germinans*（black mangrove）vessel architecture is linked to chilling and salinity tolerance in the Gulf of Mexico[J]. Frontiers in Plant Science, 2014, 5: 503.

225. MANEA A, GEEDICKE I, LEISHMAN M R. Elevated carbon dioxide and reduced salinity enhance mangrove seedling establishment in an artificial saltmarsh community[J]. Oecologia, 2020, 192(1): 273-280.

226. MANSOR M. A decade of mangrove recovery at affected area by the 2004 tsunami along coast of Banda Aceh city[C]//IOP Conference Series: Earth and Environmental Science. IOP Publishing, 2018, 126(1): 012121.

227. MASSEL S R, FURUKAWA K, BRINKMAN R M. Surface wave propagation in mangrove forests[J]. Fluid Dynamics Research, 1999, 24(4): 219.

228. MAZDA Y, MAGI M, IKEDA Y, et al. Wave reduction in a mangrove forest dominated by *Sonneratia* sp.[J]. Wetlands Ecology and Management, 2006, 14(4): 365-378.

229. MAZDA Y, WOLANSKI E, KING B, et al. Drag force due to vegetation in mangrove swamps[J]. Mangroves and Salt Marshes, 1997, 1(3): 193-199.

230. MCCOY E D, MUSHINSKY H R, JOHNSON D, et al. Mangrove damage caused by Hurricane Andrew on the southwestern coast of Florida[J]. Bulletin of Marine Science, 1996, 59(1): 1-8.

231. MCDONALD E P, ERICKSON J E, KRUGER E L. Research note: Can decreased transpiration limit plant nitrogen acquisition in elevated CO_2? [J]. Functional Plant Biology, 2002, 29(9): 1115-1120.

232. MCLVOR A L, MÖLLER I, SPENCER T, et al. Reduction of wind and swell waves by mangroves[R]. Natural Coastal Protection Series: Report 1. Cambridge Coastal Research Unit Working Paper 40. The Nature Conservancy and Wetlands International. 2012.

233. MCKEE K L, CAHOON D R, FELLER I C. Caribbean mangroves adjust to rising sea level through biotic controls on change in soil elevation[J]. Global Ecology and Biogeography, 2007, 16(5): 545-556.

234. MCKEE K L, MENDELSSOHN I A. Response of a freshwater marsh plant community to increased salinity and increased water level[J]. Aquatic Botany, 1989, 34(4): 301-316.

235. MCKEE K L, MENDELSSOHN I A. Root metabolism in the black mangrove (*Avicennia germinans* (L.) L): response to hypoxia [J]. Environmental and Experimental Botany, 1987, 27(2): 147-156.

236. MCKEE K L, ROOTH J E. Where temperate meets tropical: multi-factorial effects of elevated CO_2, nitrogen enrichment, and competition on a mangrove-salt marsh community[J]. Global Change Biology, 2008, 14(5): 971-984.

237. MCKEE K L. Biophysical controls on accretion and elevation change in Caribbean mangrove ecosystems[J]. Estuarine, Coastal and Shelf Science, 2011, 91(4): 475-483.

238. MCKEE K L. Growth and physiological responses of neotropical mangrove seedlings to root zone hypoxia[J]. Tree Physiology, 1996, 16(11/12): 883-889.

239. MCKEE K, ROGERS K, SAINTILAN N. Response of salt marsh and mangrove wetlands to changes in atmospheric CO_2, climate, and sea level[M]//MIDDLETON B A. Global change and the function and distribution of wetlands. Dordrecht, New York: Springer, 2012: 63-96.

240. MCKINNEY M L, LOCKWOOD J L. Biotic homogenization: a few winners replacing many losers in the next mass extinction[J]. Trends in Ecology and Evolution, 1999, 14 (11): 450-453.

241. MCLEOD E, CHMURA G L, BOUILLON S, et al. A blueprint for blue carbon: toward an improved understanding of the role of vegetated coastal habitats in sequestering CO_2[J]. Frontiers in Ecology and the Environment, 2011, 9(10): 552-560.

242. MCMILLAN C. Environmental factors affecting seedling establishment of the black mangrove on the central Texas coast[J]. Ecology, 1971, 52(5): 927-930.

243. MESSANA G, BARTOLUCCI V, MWALUMA J, et al. Preliminary observations on parental care in *Sphaeroma terebrans* Bate 1866 (*Isopoda Sphaeromatidae*), a mangrove wood borer from Kenya[J]. Ethology Ecology and Evolution, 1994, 6(sp1): 125-129.

244. MILBRANDT E C, GREENAWALT-BOSWELL J M, SOKOLOFF P D, et al. Impact and response of southwest Florida mangroves to the 2004 hurricane season[J]. Estuaries and Coasts, 2006, 29(6): 979-984.

245. MILES L, KAPOS V. Reducing greenhouse gas emissions from deforestation and forest degradation: global land-use implications[J]. Science, 2008, 320(5882): 1454-1455.

246. MÖLLER I, KUDELLA M, RUPPRECHT F, et al. Wave attenuation over coastal salt marshes under storm surge conditions[J]. Nature Geoscience, 2014, 7(10): 727-731.

247. MOORHEAD K K, BRINSON M M. Response of wetlands to rising sea level in the lower coastal plain of North Carolina[J]. Ecological Applications, 1995, 5(1): 261-271.

248. MORRIS J T, PORTER D, NEET M, et al. Integrating LIDAR elevation data, multi-spectral imagery and neural network modelling for marsh characterization[J]. Interna-

tional Journal of Remote Sensing, 2005, 26(23): 5221-5234.

249. MORRIS J T, SUNDARESHWAR P V, NIETCH C T, et al. Responses of coastal wetlands to rising sea level[J]. Ecology, 2002, 83(10): 2869-2877.

250. MORRIS J T. Ecological engineering in intertidial saltmarshes[J]. Hydrobiologia, 2007, 577: 161-167.

251. MURDIYARSO D, PURBOPUSPITO J, KAUFFMAN J B, et al. The potential of Indonesian mangrove forests for global climate change mitigation[J]. Nature Climate Change, 2015, 5(12): 1089-1092.

252. MYERS R K, VAN LEAR D H. Hurricane-fire interactions in coastal forests of the south: a review and hypothesis[J]. Forest Ecology and Management, 1998, 103(2/3): 265-276.

253. NAIDOO G, ROGALLA H, VON WILLERT D J. Gas exchange responses of a mangrove species, *Avicennia marina*, to waterlogged and drained conditions[C]. Asia-Pacific Conference on Science and Management of Coastal Environment. Dordrecht: Springer, 1997: 39-47.

254. NAIDOO G. Effects of flooding on leaf water potential and stomatal resistance in *Bruguiera gymnorrhiza* (L.) Lam[J]. New Phytologist, 1983, 93(3): 369-376.

255. NAIDOO G. Effects of waterlogging and salinity on plant-water relations and on the accumulation of solutes in three mangrove species[J]. Aquatic Botany, 1985, 22(2): 133-143.

256. NAKAMURA M. Fault model of the 1771 Yaeyama earthquake along the Ryukyu Trench estimated from the devastating tsunami[J]. Geophysical Research Letters, 2009, 36(19): L19307.

257. NASCIMENTO JR W R N, SOUZA-FILHO P W M, PROISY C, et al. Mapping changes in the largest continuous Amazonian mangrove belt using object-based classification of multisensor satellite imagery[J]. Estuarine, Coastal and Shelf Science, 2013, 117:83-93.

258. NEHRU P, BALASUBRAMANIAN P. Mangrove species diversity and composition in the successional habitats of Nicobar Islands, India: a post-tsunami and subsidence scenario[J]. Forest Ecology and Management, 2018, 427: 70-77.

259. NELLEMANN C, CORCORAN E, DUARTE C M, et al. Blue carbon: the role of healthy oceans in binding carbon. A rapid response assessment[M]. United Nations Environment Programme/Earthprint, 2009.

260. NICHOLLS R J, CAZENAVE A. Sea-level rise and its impact on coastal zones[J]. Science, 2010, 328(5985): 1517-1520.

261. ODUM W E, HEALD E J. Trophic analyses of an estuarine mangrove community[J]. Bulletin of Marine Science, 1972, 22(3): 671-738.

262. O'HALLORAN T L, LAW B E, GOULDEN M L, et al. Radiative forcing of natural forest disturbances[J]. Global Change Biology, 2012, 18(2): 555-565.

263. OLEXA M T, FREEMAN T E. A gall disease of red mangrove caused by *Cylindrocarpon didymum*[J]. Plant Disease Reporter, 1978, 62(4): 283-286.

264. OLEXA M T, FREEMAN T E. Occurrence of three unrecorded diseases on mangroves in Florida[M]//WALSE G E, SNEDAKER S C, TEAS H G. Occurrence of three unrecorded diseases on mangroves in Florida. 1975: 688-692.

265. OSLAND M J, DAY R H, HALL C T, et al. Mangrove expansion and contraction at a poleward range limit: climate extremes and land-ocean temperature gradients [J]. Ecology, 2017a, 98(1): 125-137.

266. OSLAND M J, DAY R H, HALL C T, et al. Temperature thresholds for black mangrove (*Avicennia germinans*) freeze damage, mortality and recovery in North America: refining tipping points for range expansion in a warming climate[J]. Journal of Ecology, 2020, 108(2): 654-665.

267. OSLAND M J, ENWRIGHT N, DAY R H, et al. Winter climate change and coastal wetland foundation species: salt marshes vs. mangrove forests in the southeastern United States[J]. Global Change Biology, 2013, 19(5): 1482-1494.

268. OSLAND M J, FEHER L C, GRIFFITH K T, et al. Climatic controls on the global distribution, abundance, and species richness of mangrove forests[J]. Ecological Monographs, 2017b, 87(2): 341-359.

269. OSLAND M J, FEHER L C, LÓPEZ-PORTILLO J, et al. Mangrove forests in a rapidly changing world: global change impacts and conservation opportunities along the Gulf of Mexico coast[J]. Estuarine, Coastal and Shelf Science, 2018, 214: 120-140.

270. OSORIO J A, WINGFIELD M J, ROUX J. A review of factors associated with decline and death of mangroves, with particular reference to fungal pathogens[J]. South African Journal of Botany, 2016, 103: 295-301.

271. OSTONEN I, PÜTTSEPP Ü, BIEL C, et al. Specific root length as an indicator of environmental change[J]. Plant Biosystems, 2007, 141(3): 426-442.

272. OUYANG X, GUO F, LEE S Y. The impact of super-typhoon Mangkhut on sediment nutrient density and fluxes in a mangrove forest in Hong Kong[J]. Science of the Total Environment, 2020, 766: 142637.

273. PARK R A, LEE J K, MAUSEL P W, et al. Using remote sensing for modeling the impacts of sea level rise[J]. World Resource Review, 1991, 3(2): 0-2.

274. PATHIKONDA S, ACKLEH A S, HASENSTEIN K H, et al. Invasion, disturbance, and competition: modeling the fate of coastal plant populations [J]. Conservation Biology, 2009, 23(1): 164-173.

275. PEGG K G, LI F. *Phytophthora* sp. associated with mangrove death in Central coastal Queensland[J]. Australasian Plant Pathology, 1980, 9(3):6-7.

276. PENG D, CHEN L, PENNINGS S C, et al. Using a marsh organ to predict future plant communities in a Chinese estuary invaded by an exotic grass and mangrove[J]. Limnology and Oceanography, 2018, 63(6): 2595-2605.

277. PERRY C L, MENDELSSOHN I A. Ecosystem effects of expanding populations of *Avicennia germinans* in a Louisiana salt marsh[J]. Wetlands, 2009, 29(1): 396-406.

278. PERRY D M. Effects of associated fauna on growth and productivity in the red mangrove[J]. Ecology, 1988, 69(4): 1064-1075.

279. PEZESHKI S R, DELAUNE R D, MEEDER J F. Carbon assimilation and biomass partitioning in *Avicennia germinans* and *Rhizophora mangle* seedlings in response to soil redox conditions[J]. Environmental and Experimental Botany, 1997, 37(2/3): 161-171.

280. PEZESHKI S R, DELAUNE R D, PATRICK JR W H. Differential response of selected mangroves to soil flooding and salinity: gas exchange and biomass partitioning[J]. Canadian Journal of Forest Research, 1990, 20(7): 869-874.

281. PHILLIPS R P, BERNHARDT E S, SCHLESINGER W H. Elevated CO_2 increases root exudation from loblolly pine (*Pinus taeda*) seedlings as an N-mediated response[J]. Tree Physiology, 2009, 29(12): 1513-1523.

282. PHUOC V L H, MASSEL S R. Experiments on wave motion and suspended sediment concentration at Nang Hai, Can Gio mangrove forest, Southern Vietnam[J]. Oceanologia, 2006, 48 (1): 23-40.

283. PIYAKARNCHANA T. Severe defoliation of *Avicennia alba* Bl. by larvae of *Cleora injectaria* Walker[J]. Journal of the Science Society of Thailand, 1981, 7(1): 33-36.

284. POLLEY H W, JOHNSON H B, MARINOT B D, et al. Increase in C_3 plant water-use efficiency and biomass over Glacial to present CO_2 concentrations[J]. Nature, 1993, 361 (6407): 61-64.

285. POORTER H, NAVAS M L. Plant growth and competition at elevated CO_2: on winners, losers and functional groups[J]. New Phytologist, 2003, 157(2): 175-198.

286. PORET N, TWILLEY R R, RIVERA-MONROY V H, et al. Belowground decomposition of mangrove roots in Florida coastal Everglades[J]. Estuaries and Coasts, 2007, 30 (3): 491-496.

287. POUNGPARN S, KOMIYAMA A, TANAKA A, et al. Carbon dioxide emission through soil respiration in a secondary mangrove forest of eastern Thailand[J]. Journal of Tropical Ecology, 2009, 25(4): 393-400.

288. PURNOBASUKI H, SUZUKI M. Aerenchyma formation and porosity in root of a mangrove plant, *Sonneratia alba* (Lythraceae)[J]. Journal of Plant Research. 2004, 117(6):

465-472.

289. QIAO H, LIU W, ZHANG Y, et al. Genetic admixture accelerates invasion via provisioning rapid adaptive evolution[J]. Molecular Ecology, 2019, 28(17): 4012-4027.

290. QUARTEL S, KROON A, AUGUSTINUS P G E F, et al. Wave attenuation in coastal mangroves in the Red River Delta, Vietnam[J]. Journal of Asian Earth Sciences, 2007, 29(4): 576-584.

291. RAMAKRISHNAN R, GLADSTON Y, KUMAR N L, et al. Impact of 2004 co-seismic coastal uplift on the mangrove cover along the North Andaman Islands[J]. Regional Environmental Change, 2020, 20(1): 6.

292. RAMLI S F, CAIHONG Z. National mangrove restoration project in Malaysia[J]. Journal of Environment and Earth Science, 2017, 7(11):119-125.

293. RAY R, CHOWDHURY C, MAJUMDER N, et al. Improved model calculation of atmospheric CO_2 increment in affecting carbon stock of tropical mangrove forest[J]. Tellus B: Chemical and Physical Meteorology, 2013, 65(1): 18981.

294. REEF R, FELLER I C, LOVELOCK C E. Nutrition of mangroves[J]. Tree Physiology, 2010, 30(9): 1148-1160.

295. REEF R, LOVELOCK C E. Historical analysis of mangrove leaf traits throughout the 19th and 20th centuries reveals differential responses to increases in atmospheric CO_2[J]. Global Ecology and Biogeography, 2014, 23(11): 1209-1214.

296. REEF R, SLOT M, MOTRO U, et al. The effects of CO_2 and nutrient fertilisation on the growth and temperature response of the mangrove *Avicennia germinans*[J]. Photosynthesis Research, 2016, 129(2): 159-170.

297. REEF R, SPENCER T, LOVELOCK C E, et al. The effects of elevated CO_2 and eutrophication on surface elevation gain in a European salt marsh[J]. Global Change Biology, 2017, 23(2): 881-890.

298. REEF R, WINTER K, MORALES J, et al. The effect of atmospheric carbon dioxide concentrations on the performance of the mangrove *Avicennia germinans* over a range of salinities[J]. Physiologia Plantarum, 2015, 154(3): 358-368.

299. REHM A, HUMM H J. *Sphaeroma terebrans*: a threat to the mangroves of southwestern Florida[J]. Science, 1973, 182(4108): 173-174.

300. RICHARDS D R, FRIESS D A. Rates and drivers of mangrove deforestation in Southeast Asia, 2000-2012[J]. Proceedings of the National Academy of Sciences, 2016, 113(2): 344-349.

301. RICHARDSON S J, HARTLEY S E, PRESS M C. Climate warming experiments: are tents a potential barrier to interpretation? [J]. Ecological Entomology, 2000, 25(3): 367-370.

302. ROBREDO A，PÉREZ-LÓPEZ U，DE LA MAZA H S，et al. Elevated CO_2 alleviates the impact of drought on barley improving water status by lowering stomatal conductance and delaying its effects on photosynthesis[J]. Environmental and Experimental Botany，2007，59(3)：252-263.

303. ROGERS K，KELLEWAY J J，SAINTILAN N，et al. Wetland carbon storage controlled by millennial-scale variation in relative sea-level rise[J]. Nature，2019，567(7746)：91-95.

304. ROSLEV P，KING G M. Regulation of methane oxidation in a freshwater wetland by water table changes and anoxia[J]. FEMS Microbiology Ecology，1996，19(2)：105-115.

305. ROSS M S，RUIZ P L，SAH J P，et al. Chilling damage in a changing climate in coastal landscapes of the subtropical zone：a case study from south Florida[J]. Global Change Biology，2009，15(7)：1817-1832.

306. ROSS P M，UNDERWOOD A J. The distribution and abundance of barnacles in a mangrove forest[J]. Australian Journal of Ecology，1997，22(1)：37-47.

307. ROVAI A S，RIUL P，TWILLEY R R，et al. Scaling mangrove aboveground biomass from site-level to continental-scale[J]. Global Ecology and Biogeography，2016，25(3)：286-298.

308. ROVAI A，TWILLEY R R，CASTAÑEDA-MOYA E，et al. Global controls on carbon storage in mangrove soil[J]. Nature Climate Change，2018，8(6)：534-538.

309. RYKBOST K A，BOERSMA L，MACK H J，et al. Yield response to soil warming：agronomic crops[J]. Agronomy Journal，1975，67(6)：733-738.

310. SAENGER P，BELLAN M F. The mangrove vegetation of the Atlantic coast of Africa：a review[J]. Université de Toulouse，Toulouse，1995.

311. SAENGER P，MOVERLEY J. Vegetative phenology of mangroves along the Queensland coastline [J]. Proceedings of Ecological Society of Australia，1985，13：257-265.

312. SAENGER P. Mangrove ecology，silviculture and conservation[M]. Berlin：Springer Science and Business Media，2013.

313. SAINTILAN N，KHAN N S，ASHE E，et al. Thresholds of mangrove survival under rapid sea level rise[J]. Science，2020，368(6495)：1118-1121.

314. SAINTILAN N，WILSON N C，ROGERS K，et al. Mangrove expansion and salt marsh decline at mangrove poleward limits[J]. Global Change Biology，2014，20(1)：147-157.

315. SAKAYAROJ J，PREEDANON S，SUETRONG S，et al. Molecular characterization of basidiomycetes associated with the decayed mangrove tree *Xylocarpus granatum* in Thailand[J]. Fungal Diversity，2012，56(1)：145-156.

316. SANDERS C J，SMOAK J M，WATERS M N，et al. Organic matter content and particle

size modifications in mangrove sediments as responses to sea level rise[J]. Marine Environmental Research, 2012, 77: 150-155.

317. SANDILYAN S, KATHIRESAN K. Mangrove conservation: a global perspective[J]. Biodiversity and Conservation, 2012, 21(14):3523-3542.

318. SASMITO S D, MURDIYARSO D, FRIESS D A, et al. Can mangroves keep pace with contemporary sea level rise? A global data review [J]. Wetlands Ecology and Management, 2016, 24(2):263-278.

319. SATUMANATPAN S, KEOUGH M J, WATSON G F. Role of settlement in determining the distribution and abundance of barnacles in a temperate mangrove forest [J]. Journal of Experimental Marine Biology and Ecology, 1999, 241(1): 45-66.

320. SCHOLANDER P F, VAN DAM L, SCHOLANDER S I. Gas exchange in the roots of mangroves[J]. American Journal of Botany, 1955, 42(1): 92-98.

321. SEMENIUK V. Predicted response of coastal wetlands to climate changes: a Western Australian model[J]. Hydrobiologia, 2013, 708(1):23-43.

322. SHANKAR V S, PURTI N, SINGH R P, et al. Secondary ecological succession of mangrove in the 2004 tsunami created wetlands of South Andaman, India[M]//SHARM A S. Mangrove Ecosystem Restoration. IntechOpen, 2020.

323. SHAVER G R, CANADELL J, CHAPIN F S, et al. Global warming and terrestrial ecosystems: a conceptual framework for analysis[J]. Bioscience, 2000, 50(10): 871-882.

324. SIDIK F, NEIL D, LOVELOCK C E. Effect of high sedimentation rates on surface sediment dynamics and mangrove growth in the Porong River, Indonesia[J]. Marine Pollution Bulletin, 2016, 107(1): 355-363.

325. SIPLE M C, DONAHUE M J. Invasive mangrove removal and recovery: food web effects across a chronosequence [J]. Journal of Experimental Marine Biology and Ecology, 2013, 448: 128-135.

326. SIPPO J Z, LOVELOCK C E, SANTOS I R, et al. Mangrove mortality in a changing climate: an overview[J]. Estuarine, Coastal and Shelf Science, 2018, 215: 241-249.

327. SKELTON N J, ALLAWAY W G. Oxygen and pressure changes measured in situ during flooding in roots of the Grey Mangrove *Avicennia marina* (Forssk.) Vierh[J]. Aquatic Botany, 1996, 54(2/3): 165-175.

328. SMITH K E, RUNION G B, PRIOR S A, et al. Effects of elevated CO_2 and agricultural management on flux of greenhouse gases from soil[J]. Soil Science, 2010, 175 (7): 349-356.

329. SNEDAKER S C, ARAÚJO R J. Stomatal conductance and gas exchange in four species of Caribbean mangroves exposed to ambient and increased CO_2[J]. Marine and Freshwater Research, 1998, 49(4): 325-327.

330. SONG J, WAN S, PIAO S, et al. A meta-analysis of 1,119 manipulative experiments on terrestrial carbon-cycling responses to global change[J]. Nature Ecology and Evolution, 2019, 3(9): 1309-1320.

331. SONG W, FENG J, KRAUSS K W, et al. Non-freezing cold event stresses can cause significant damage to mangrove seedlings: assessing the role of warming and nitrogen enrichment in a mesocosm study[J]. Environmental Research Communications, 2020, 2(3): 031003.

332. SPALDING M. World atlas of mangroves[M]. London: Routledge, 2010.

333. STEVENS F L, DALBEY N E. New or noteworthy Porto Rican fungi[J]. Mycologia, 1919, 11(1): 4-9.

334. STEVENS P W, FOX S L, MONTAGUE C L. The interplay between mangroves and saltmarshes at the transition between temperate and subtropical climate in Florida[J]. Wetlands Ecology and Management, 2006, 14(5): 435-444.

335. STOCKER G C. Report on cyclone damage to natural vegetation in the Darwin area after Cyclone Tracy 25 December 1974 [Northern Territory][R]. Leaflet NO. 127. Forestry and Timber Bureau (Canberra, Australia), 1976.

336. STUART S A, CHOAT B, MARTIN K C, et al. The role of freezing in setting the latitudinal limits of mangrove forests[J]. New Phytologist, 2007, 173(3): 576-583.

337. SU H R, HE H, HUANG Q Z, et al. First report of black spot of *Acanthus ilicifolius* caused by *Fusarium solani* in China[J]. Plant Disease, 2014, 98(10): 1438.

338. SUKARDJO S, ALONGI D M, KUSMANA C. Rapid litter production and accumulation in Bornean mangrove forests[J]. Ecosphere, 2013, 4(7): 1-7.

339. SUN L, ZHOU X, HUANG W, et al. Preliminary evidence for a 1000-year-old tsunami in the South China Sea[J]. Scientific Reports, 2013, 3: 1655.

340. SWEETMAN A K, MIDDELBURG J J, BERLE A M, et al. Impacts of exotic mangrove forests and mangrove deforestation on carbon remineralization and ecosystem functioning in marine sediments[J]. Biogeosciences, 2010, 7: 2129-2145.

341. SWALES A, REEVE G, CAHOON D R, et al. Landsacpe evolution of a fluvial sediment-rich *Avicennia marina* mangrove forest: insights from seasonal and inter-annual surface-elevation dynamics[J]. Ecosystems, 2019, 22: 1232-1255.

342. TATTAR T A, SCOTT D C. Dynamics of tree mortality and mangrove recruitment within black mangrove die-offs in Southwest Florida[R]. University of Massachusetts, 2004: 1-13.

343. TEAS H J, MCEWAN R J. An epidemic dieback gall disease of *Rhizophora* mangroves in the Gambia, West Africa[J]. Plant Diseases, 1982, 66(6): 522-523.

344. TEO S, ANG W F, LOK A F S L, et al. The status and distribution of the nipah palm,

Nypa fruticans wurmb(arecaceae), in Singapore[J]. Nature in Singapore, 2010, 3: 45-52.

345. TERRER C, VICCA S, STOCKER B D, et al. Ecosystem responses to elevated CO_2 governed by plant-soil interactions and the cost of nitrogen acquisition[J]. New Phytologist, 2018, 217(2): 507-522.

346. THIBODEAU F R, NICKERSON N H. Differential oxidation of mangrove substrate by *Avicennia germinans* and *Rhizophora mangle*[J]. American Journal of Botany, 1986, 73 (4): 512-516.

347. THIEL M. Reproductive biology of a wood-boring isopod, *Sphaeroma terebrans*, with extended parental care[J]. Marine Biology, 1999, 135(2): 321-333.

348. TIMMERMANN A . Detecting the nonstationary response of ENSO to greenhouse warming[J]. Journal of the Atmospheric Sciences, 1999, 56(14):2313-2325.

349. TOMLINSON P B. The botany of mangroves[M]. Cambridge: Cambridge University Press, 2016.

350. TURNER C E, CENTER T D, BURROWS D W, et al. Ecology and management of *Melaleuca quinquenervia*, an invader of wetlands in Florida, U.S.A.[J]. Wetlands Ecology and Management, 1997, 5(3): 165-178.

351. TURNER I M, GONG W K, ONG J E, et al. The architecture and allometry of mangrove saplings[J]. Functional Ecology, 1995, 9(2): 205-212.

352. TWILLEY R R, ROVAI A S, RIUL P. Coastal morphology explains global blue carbon distributions[J]. Frontiers in Ecology and the Environment, 2018, 16(9): 503-508.

353. VALIELA I, BOWEN J L, YORK J K. Mangrove forests: one of the world's threatened major tropical environments[J]. Bioscience, 2001, 51(10): 807-815.

354. VAN CLEVE K, DYRNESS C T, VIERECK L A, et al. Taiga ecosystems in interior Alaska[J]. Bioscience, 1983, 33(1): 39-44.

355. VAN WESENBEECK B K , BALKE T , VAN EIJK P , et al. Aquaculture induced erosion of tropical coastlines throws coastal communities back into poverty[J]. Ocean and Coastal Management, 2015, 116: 466-469.

356. VO-LUONG P, MASSEL S. Energy dissipation in non-uniform mangrove forests of arbitrary depth[J]. Journal of Marine Systems, 2008, 74(1/2): 603-622.

357. WALSH G E. Mangroves: a review[M]//REIMOLD R J, QUEEN W. Ecology of Halophytes. New York, London: Academic Press, 1974: 51-174.

358. WANG C, FENG Z, XIANG Z, et al. The effects of N and P additions on microbial N transformations and biomass on saline-alkaline grassland of Loess Plateau of Northern China[J]. Geoderma, 2014, 213: 419-425.

359. WANG F,SANDERS C J,SANTOS I R,et al. Global blue carbon accumulation in tidal

wetlands increases with climatic change[J]. National Science Review,2021,8:nwaa 296.

360. WANG G, GUAN D, XIAO L, et al. Ecosystem carbon storage affected by intertidal locations and climatic factors in three estuarine mangrove forests of South China[J]. Regional Environmental Change, 2019, 19(6): 1701-1712.

361. WANG S, DUAN J, XU G, et al. Effects of warming and grazing on soil N availability, species composition, and ANPP in an alpine meadow[J]. Ecology, 2012, 93(11): 2365-2376.

362. WANG W, FU H, LEE S Y, et al. Can strict protection stop the decline of mangrove ecosystems in China? From rapid destruction to rampant degradation[J]. Forests, 2020, 11(1): 55.

363. WANG W, XIAO Y, CHEN L, et al. Leaf anatomical responses to periodical waterlogging in simulated semidiurnal tides in mangrove *Bruguiera gymnorrhiza* seedlings[J]. Aquatic Botany, 2007, 86(3): 223-228.

364. WANG W, YOU S, WANG Y, et al. Influence of frost on nutrient resorption during leaf senescence in a mangrove at its latitudinal limit of distribution[J]. Plant and soil, 2011, 342(1/2): 105-115.

365. WARD R D, FRIESS D A, DAY R H, et al. Impacts of climate change on mangrove ecosystems: a region by region overview[J]. Ecosystem Health and Sustainability, 2016, 2 (4): e01211.

366. WATSON J G. Mangrove forests of the Malay Peninsula[M]. Malayan Forest Records. 1928, 6: 1-275.

367. WEBB E L, FRIESS D A, KRAUSS K W, et al. A global standard for monitoring coastal wetland vulnerability to accelerated sea-level rise[J]. Nature Climate Change, 2013, 3 (5): 458-465.

368. WHITEHEAD D, HOGAN K P, ROGERS G N D, et al. Performance of large opentop chambers for long-term field investigations of tree response to elevated carbon dioxide concentration[J]. Journal of Biogeography, 1995, 22(2/3): 307-313.

369. WHITTEN A J, DAMANIK S J. Mass defoliation of mangroves in Sumatra, Indonesia [J]. Biotropica, 1986, 18(2): 176.

370. WIER A M, TATTAR T A, KLEKOWSKI JR E J. Disease of red mangrove (*Rhizophora mangley*) in southwest Puerto Rico caused by *Cytospora rhizophorae* [J]. Biotropica, 2000, 32(2): 299-306.

371. WILKINSON L L. The biology of *Spaeroma terebrans* in Lake Pontchartrain, Louisiana with emphasis on burrowing[D]. New Orleans: University of New Orleans, 2004.

372. WOLANSKI E, ELLIOTT M. Estuarine ecohydrology: an introduction [M]. Elsevier, 2015.

373. WOODROFFE C D, GRINDROD J. Mangrove biogeography: the role of quaternary environmental and sea-level change[J]. Journal of Biogeography, 1991, 18(5): 479-492.

374. WOODROFFE C D, ROGERS K, MCKEE K L, et al. Mangrove sedimentation and response to relative sea-level rise[J]. Annual Review of Marine Science, 2016, 8: 243-266.

375. WOODROFFE C D. Changing mangrove and wetland habitats over the last 8000 years, northern Australia and Southeast Asia[J]. Northern Australia: Progress and Prospects, 1988, 2: 1-33.

376. WOODROFFE C D. Mangrove sediments and geomorphology[M]//ROBERTSON A, ALONGI D. Tropical mangrove ecosystems. Washington D.C. : American Geophysical Union, 1992: 7-41.

377. WORLD RESOURCES INSTITUTE. Millennium ecosystem assessment [M]. Washington, DC: Island Press, 2005.

378. WYLIE L, SUTTON-GRIER A E, MOORE A. Keys to successful blue carbon projects: lessons learned from global case studies[J]. Marine Policy, 2016, 65: 76-84.

379. XIAO Y, JIE Z, WANG M, et al. Leaf and stem anatomical responses to periodical waterlogging in simulated tidal floods in mangrove *Avicennia marina* seedlings[J]. Aquatic Botany, 2009, 91(3): 231-237.

380. XIE D, SCHWARZ C, BRÜCKNER M Z M, et al. Mangrove diversity loss under sea-level rise triggered by bio-morphodynamic feedbacks and anthropogenic pressures[J]. Environmental Research Letters, 2020, 15(11): 114033.

381. YANG Z, SONG W, ZHAO Y, et al. Differential responses of litter decomposition to regional excessive nitrogen input and global warming between two mangrove species[J]. Estuarine, Coastal and Shelf Science, 2018, 214: 141-148.

382. YE Y, GU Y T, GAO H Y, et al. Combined effects of simulated tidal sea-level rise and salinity on seedlings of a mangrove species, *Kandelia candel* (L.) Druce[J]. Hydrobiologia, 2010, 641(1): 287-300.

383. YE Y, TAM N F Y, WONG Y S, et al. Does sea level rise influence propagule establishment, early growth and physiology of *Kandelia candel* and *Bruguiera gymnorrhiza*? [J]. Journal of Experimental Marine Biology and Ecology, 2004, 306(2): 197-215.

384. YE Y, TAM N F Y, WONG Y S, et al. Growth and physiological responses of two mangrove species (*Bruguiera gymnorrhiza* and *Kandelia candel*) to waterlogging[J]. Environmental and Experimental Botany, 2003, 49(3): 209-221.

385. YEE S M. REDD and blue carbon: carbon payments for mangrove conservation[R]. MAS Marine Biodiversity and Conservation Capstone Project, UC San Diego, 2010.

386. YIN P, YIN M, CAI Z, et al. Structural inflexibility of the rhizosphere microbiome in mangrove plant *Kandelia obovata* under elevated CO_2 [J]. Marine Environmental Re-

search，2018，140：422-432.

387. YOUNG B M，HARVEY E L. A spatial analysis of the relationship between mangrove (*Avicennia marina* var. *australasica*) physiognomy and sediment accretion in the Hauraki Plains，New Zealand[J]. Estuarine，Coastal and Shelf Science，1996，42(2)：231-246.

388. YOUSSEF T，SAENGER P. Anatomical adaptive strategies to flooding and rhizosphere oxidation in mangrove seedlings[J]. Australian Journal of Botany，1996，44(3)：297-313.

389. ZAN Q J，WANG Y J，WANG B S，et al. The distribution and harm of the exotic weed *Mikania micrantha*[J]. Chinese Journal of Ecology，2000，19(6)：58-61.

390. ZENG J，ZHAO D Y，LIU P，et al. Effects of benthic macrofauna bioturbation on the bacterial community composition in lake sediments[J]. Canadian Journal of Microbiology，2014，60(8)：517-524.

391. ZHANG D，HUI D，LUO Y，et al. Rates of litter decomposition in terrestrial ecosystems：global patterns and controlling factors[J]. Journal of Plant Ecology，2008，1(2)：85-93.

392. ZHANG Y，HUANG G，WANG W，et al. Interactions between mangroves and exotic *Spartina* in an anthropogenically disturbed estuary in southern China[J]. Ecology，2012，93(3)：588-597.

393. ZHENG X，GUO J，SONG W，et al. Methane emission from mangrove wetland soils is marginal but can be stimulated significantly by anthropogenic activities[J]. Forests，2018，9(12)：738.

394. ZHONG C，LI D，ZHANG Y. Description of a new natural *Sonneratia* hybrid from Hainan Island，China[J]. PhytoKeys，2020，154：1-9.

395. ZHOU Z，YE Q，COCO G A. One-dimensional biomorphodynamic model of tidal flats：sediment sorting，marsh distribution，and carbon accumulation under sea level rise[J]. Advances in Water Resources，2016，93(B)：288-302.

396. ZHU X，MENG L，ZHANG Y，et al. Tidal and meteorological influences on the growth of invasive *Spartina alterniflora*：evidence from UAV remote sensing[J]. Remote Sensing，2019，11(10)：1208.

397. ZIMMERMANN M，MEIR P，BIRD M，et al. Litter contribution to diurnal and annual soil respiration in a tropical montane cloud forest[J]. Soil Biology and Biochemistry，2009，41(6)：1338-1340.

398. Zuo P，Zhao S，Liu C，et al. Distribution of *Spartina* spp. along China's coast[J]. Ecological Engineering，2012，40：160-166

中文参考文献

1. 安超. 海啸和海啸预警的研究进展与展望[J]. 中国科学:地球科学,2021,51(1):1-14.

2. 蔡立哲,许鹏,傅素晶,等. 湛江高桥红树林和盐沼湿地的大型底栖动物次级生产力[J]. 应用生态学报,2012,23(4):965-971.

3. 蔡如星,董聿茂,郑锋,等. 舟山海域蔓足类生态学研究[C]// 中国甲壳动物学会. 甲壳动物学论文集(第三辑). 青岛:青岛海洋大学出版社,1992:16-22.

4. 蔡如星,黄宗国,江锦祥. 福建沿海钻孔动物的调查研究[J]. 厦门大学学报(自然科学版),1962,9(3):189-205.

5. 蔡如星. 舟山及南麂海域蔓足类的生态及生物学研究[J]. 东海海洋,1995,13(1):29-38.

6. 曹亚蒙,王贝贝,李国亮,等. 加拿大一枝黄花凋落物浸提液对3种植物种子萌发的影响[J]. 安徽农业科学,2018,46(20):59-62.

7. 陈保瑜,宋悦,昝启杰,等. 深圳湾近30年主要景观类型之演变[J]. 中山大学学报(自然科学版),2012,51(5):86-92.

8. 陈卉. 中国两种亚热带红树林生态系统的碳固定、掉落物分解及其同化过程[D]. 厦门:厦门大学,2013.

9. 陈家辉. 水产养殖废水排放对红树林沉积物氧化亚氮(N_2O)通量的影响及机理研究[D]. 厦门:厦门大学,2019.

10. 陈坚,范航清,黎建玲. 广西北海大冠沙白骨壤树上大型固着动物的数量及其分布[J]. 广西科学院学报,1993,9(2):67-72.

11. 陈建华. 红树林人工造林经验初报[J]. 钦州林业科技,1986(2):22-27.

12. 陈杰,何飞,蒋昌波,等. 规则波作用下刚性植物拖曳力系数实验研究[J]. 水利学报,2017,48(7):846-857.

13. 陈杰,管喆,蒋昌波. 海啸波作用下泥沙运动:Ⅴ. 红树林影响下的岸滩变化[J]. 水科学进展,2016,27(2):206-213.

14. 陈鹭真,杜晓娜,陆銮眉,等. 模拟冬季低温和夜间退潮对无瓣海桑幼苗的协同作用[J]. 应用生态学报,2012,23(4):953-958.

15. 陈鹭真,卢伟志,林光辉,译. 滨海蓝碳:红树林、盐沼、海草床碳储量和碳排放因子评估方法[M]. 厦门:厦门大学出版社,2018:12.

16. 陈鹭真,王文卿,林鹏. 潮汐淹水时间对秋茄幼苗生长的影响[J]. 海洋学报(中文版),2005(2):141-147.

17. 陈鹭真,王文卿,张宜辉,等. 2008年南方低温对我国红树植物的破坏作用[J]. 植物生态学报,2010,34(2):186-194.

18. 陈鹭真,杨志伟,王文卿,等. 厦门地区秋茄幼苗生长的宜林临界线探讨[J]. 应用生态学报,2006,17(2):177-181.

19. 陈鹭真,郑文教,杨盛昌,等. 红树林耐寒性和向海性生态系列对气候变化响应的研究进展[J]. 厦门大学学报(自然科学版),2017,56(3):305-313.

20. 陈鹭真. 红树植物幼苗的潮汐淹水胁迫响应机制的研究[D]. 厦门:厦门大学,2005.

21. 陈秋夏,杨升,王金旺,等. 浙江红树林发展历程及探讨[J]. 浙江农业科学,2019,60(7):1177-1181.

22. 陈小勇,林鹏. 我国红树林对全球气候变化的响应及其作用[J]. 海洋湖沼通报,1999,(2):11-17.

23. 陈一宁,陈鹭真,蔡廷禄,等. 滨海湿地生物地貌学进展及在生态修复中的应用展望[J]. 海洋与湖沼,2020,51(5):1055-1065.

24. 陈颖,杨明柳,高霆炜,等. 广西团水虱的种类组成及其对红树林的生态效应初探[J]. 广西科学,2019,26(3):315-323.

25. 陈玉军,廖宝文,李玫,等. 高盐度海滩红树林造林试验[J]. 华南农业大学学报,2014,35(2):78-85.

26. 陈玉军,廖宝文,郑松发,等. 红树植物对不同海滩面高度的适应性研究[J]. 生态科学,2006,25(6):496-500.

27. 陈玉军,郑德璋,廖宝文,等. 台风对红树林损害及预防的研究[J]. 林业科学研究,2000,13(5):524-529.

28. 陈粤超. 湛江红树林保护区现状、存在问题与策略[J]. 林业科技管理,2004(2):35-36.

29. 陈长平,王文卿,林鹏. 盐度对无瓣海桑幼苗的生长和某些生理生态特性的影响[J]. 植物学通报,2000,17(5):457-461.

30. 陈志云,李东文,王玲,等. 广东省中山市2种红树林有害生物风险分析及防控策略[J]. 生物安全学报,2020,29(2):148-156.

31. 池立成. 红树林群落害虫种类调查和荔枝异形小卷蛾种群遗传分化的研究[D]. 厦门:厦门大学,2015.

32. 池伟,陈少波,仇建标,等. 红树林在低温胁迫下的生态适应性[J]. 福建林业科技,2008,35(4):146-148.

33. 戴建青,李军,李志刚,等. 红树林害虫海榄雌瘤斑螟防控技术研究[J]. 广东农业科学,2011,38(13):65-67.

34. 党金玲,杨小波,岳平,等. 外来入侵种飞机草的研究进展[J]. 安徽农业科学,2008,36(24):10539-10541.

35. 邓燕瑜. 增温和海平面上升对红树植物秋茄和拉贡木幼苗生长的影响[D]. 厦门:厦门大学,2013.

36. 邓自发,安树青,智颖飙,等. 外来种互花米草入侵模式与爆发机制[J]. 生态学报,2006,26(8):2678-2686.

37. 丁珌,黄金水,方柏州,等. 红树林丽绿刺蛾的抗逆性研究[J]. 林业科学,2003,39(S1):

198-202.

38. 丁珌,黄金水,吴寿德,等. 桐花树毛颚小卷蛾生物学特性及发生规律[J]. 林业科学,2004,40(6):197-200.

39. 丁珌. 福建红树林昆虫群落及主要害虫综合治理技术研究[D]. 福州:福建农林大学,2007.

40. 丁建清,解焱. 中国外来种入侵机制及对策[M]//汪松,谢彼德,解焱. 保护中国的生物多样性（二）. 北京:中国环境科学出版社,1996:107-128.

41. 丁一汇,任国玉,石广玉,等. 气候变化国家评估报告（Ⅰ）:中国气候变化的历史和未来趋势[J]. 气候变化研究进展,2006,2(1):3-8.

42. 董滢. 红树林生态系统 CO_2 通量及其对气候变化的响应[D]. 厦门:厦门大学,2020.

43. 范航清. 红树林[M]. 南宁:广西科学技术出版社,2018.

44. 范航清,陈坚,黎建玲. 广西红树林上大型固着污损动物的种类组成及分布[J]. 广西科学院学报,1993,9(2):58-62.

45. 范航清,黎广钊. 海堤对广西沿海红树林的数量、群落特征和恢复的影响[J]. 应用生态学报,1997,8(3):240-244.

46. 范航清,梁士楚. 中国红树林研究与管理[M]. 北京:科学出版社,1995.

47. 范航清,林鹏. 秋茄红树植物落叶分解的碎屑能量研究[J]. 植物学报,1994,36(4):305-311.

48. 范航清,刘文爱,曹庆先. 广西红树林害虫生物生态特性与综合防治技术研究[M]. 北京:科学出版社,2012.

49. 范航清,刘文爱,钟才荣,等. 中国红树林蛀木团水虱危害分析研究[J]. 广西科学,2014,21(2):140-146.

50. 范航清,莫竹承. 广西红树林恢复历史、成效及经验教训[J]. 广西科学,2018,25(4):363-371.

51. 范航清,邱广龙. 中国北部湾白骨壤红树林的虫害与研究对策[J]. 广西植物,2004,26(6):558-562.

52. 范航清,王文卿. 中国红树林保育的若干重要问题[J]. 厦门大学学报(自然科学版),2017,56(3):323-330.

53. 范航清,阎冰,吴斌,等. 虾塘还林及其海洋农牧化构想[J]. 广西科学,2017,24(2):127-134.

54. 范航清. 广西红树林害虫生物生态特性与综合防治技术研究[M]. 北京:科学出版社,2012.

55. 方镇福,黄文兰. 福建漳江口红树林病害初步调查[J]. 福建林业科技,2008,35(1):71-73.

56. 冯建祥,宁存鑫,朱小山,等. 福建漳江口本土红树植物秋茄替代互花米草生态修复效果定量评价[J]. 海洋与湖沼,2017,48(2):266-275.

57. 冯兆忠,徐彦森,尚博. FACE实验技术和方法回顾及其在全球变化研究中的应用[J]. 植物生态学报,2020,44(4):340-349.

58. 付小勇. 广州南沙湿地昆虫群落多样性及三种主要害虫生物学特性的研究[D]. 南昌:南昌大学,2013.

59. 傅海峰,陶伊佳,王文卿. 海平面上升对中国红树林影响的几个问题[J]. 生态学杂志,2014,33(10):2842-2848.

60. 傅勤. 中国红树林及其经济利用的研究[D]. 厦门:厦门大学,1993.

61. 龚尚鹏,陈杰,蒋昌波,等. 规则波作用下植物概化模型消波实验研究[J]. 水动力学研究与进展(A辑),2020,35(2):213-221.

62. 顾肖璇. 不同叶结构红树植物固碳能力比较:从叶片到植株[D]. 厦门:厦门大学,2019.

63. 郭旭东. 全球变化下外来红树植物无瓣海桑和本土红树植物秋茄的响应情况[D]. 厦门:厦门大学,2017.

64. 国家林业局. 中国湿地资源[M]. 北京:科学出版社,2015.

65. 国家林业局森林资源管理司. 全国红树林资源报告[R]. 2002.

66. 何斌源,赖廷和,陈剑锋,等. 两种红树植物白骨壤(*Avicennia marina*)和桐花树(*Aegiceras corniculatum*)的耐淹性[J]. 生态学报,2007,27(3):1130-1138.

67. 何斌源,赖廷和. 不同树龄桐花树茎上白条地藤壶分布特征的研究[J]. 海洋通报,2001,20(1):40-45.

68. 何斌源,莫竹承. 红海榄人工苗光滩造林的生长及胁迫因子研究[J]. 广西科学院学报,1995,11(3/4):37-42.

69. 何斌源. 全日潮海区红树林造林关键技术的生理生态基础研究[D]. 厦门:厦门大学,2009.

70. 何飞,陈杰,蒋昌波,等. 考虑根茎叶的近岸植物对海啸波消减实验研究[J]. 热带海洋学报,2017,36(5):9-15.

71. 何雪香,秦长生,廖仿炎,等. 印楝素农药与虫生真菌混用防治红树林鳞翅目害虫[J]. 生态科学,2009,28(4):318-323.

72. 胡亮,李鸣光,韦萍萍. 入侵藤本薇甘菊的耐盐能力[J]. 生态环境学报,2014,23(1):7-15.

73. 胡娜胥. 红树植物秋茄和无瓣海桑苗木对模拟增温和海平面上升的生理生态响应[D]. 厦门:厦门大学. 2016.

74. 胡荣,陈河,杨克学,等. 中国红树林新害虫柚木驼蛾的研究进展[J]. 中国森林病虫,2016,35(5):34-37.

75. 黄威民,周时强,李复雪. 福建红树林上钻孔动物的生态[J]. 台湾海峡,1996,15(3):305-309.

76. 黄玉猛,徐家雄,邱焕秀,等. 4种药剂对海榄雌瘤斑螟的防治效果差异分析[J]. 林业与环境科学,2019,35(1):6-10.

77. 黄泽余,周志权,黄平明,等. 广西红树林真菌病害调查初报[J]. 广西科学院学报,1997,13(4):42-46.

78. 黄泽余,周志权.广西红树林炭疽病研究[J].广西科学,1997,4(4):80-85.

79. 黄忠良,曹洪麟,梁晓东,等.不同生境和森林内薇甘菊的生存与危害状况[J].热带亚热带植物学报,2000,8(2):131-138.

80. 黄宗国,蔡如星.海洋生物及其防除[M].北京:海洋出版社,1984.

81. 纪燕玲,蔡选光,纪丹虹,等.粤东地区红树林主要害虫种类调查及危险性评价[J].中国森林病虫,2015,34(5):20-24.

82. 贾凤龙,陈海东,王勇军,等.深圳福田红树林害虫及其发生原因[J].中山大学学报(自然科学版),2001,40(3):88-91.

83. 江宝福.红树林考氏白盾蚧生物学特性和种群动态研究[D].福州:福建农林大学,2009.

84. 姜仲茂,管伟,丁功桃,等.不同光照和淹浸程度对木榄幼苗生长的综合效应[J].生态环境学报,2018,27(10):1883-1889.

85. 蒋国芳,周志权.钦州港红树林昆虫群落及其多样性初步研究[J].广西科学院学报,1996,12(3/4):50-53.

86. 蒋学建,罗基同,秦元丽,等.我国红树林有害生物研究综述[J].广西林业科学,2006,35(2):66-69.

87. 焦念志,梁彦韬,张永雨,等.中国海及邻近区域碳库与通量综合分析[J].中国科学:地球科学,2018,48(11):1393-1421.

88. 揭育泽,徐金柱,秦长生,等.广东省重要景观树种病虫害初步调查[J].广东林业科技,2015,31(2):130-135.

89. 金川.浙江人工红树对关键环境因子的生态响应研究[D].北京:北京林业大学,2012.

90. 秦卫华,王智,徐网谷,等.海南省3个国家级自然保护区外来入侵植物的调查和分析[J].植物资源与环境学报,2008(2):44-49.

91. 赖廷和,何斌源.木榄幼苗对淹水胁迫的生长和生理反应[J].生态学杂志,2007,26(5):650-656.

92. 黎磊,陈家宽.气候变化对野生植物的影响及保护对策[J].生物多样性,2014,22(5):549-563.

93. 李德伟,邓艳,常明山,等.赤眼蜂防治红树林害虫的释放技术研究[J].中国森林病虫,2016,35(4):34-35.

94. 李德伟,吴耀军,罗基同,等.广西北部湾桐花树毛颚小卷蛾生物学特性及防治[J].中国森林病虫,2010,29(2):12-14.

95. 李罡,昝启杰,赵淑玲,等.海榄雌瘤斑螟的生物学特性及Bt对其幼虫的毒力和防效[J].应用与环境生物学报,2007,13(1):50-54.

96. 李嘉仝,彭泰来.红树林湿地恢复研究进展[J].农村经济与科技,2020,31(16):49-50.

97. 李玫,廖宝文,管伟,等.广东省红树林寒害的调查[J].防护林科技,2009(2):29-31.

98. 李玫,廖宝文,章金鸿.我国红树林恢复技术研究概况[J].广州环境科学,2004,19(4):32-34.

99. 李伟华,韩瑞宏,高桂娟. 薇甘菊入侵对土壤微生物生物量和土壤呼吸的影响[J]. 华南师范大学学报(自然科学版),2008(3):95-102.

100. 李秀锋. 中国红树林团水虱生物学和行为学特性研究[D]. 广州:中山大学,2017.

101. 李屹,陈一宁,李炎. 红树林与互花米草盐沼交界区空间格局变化规律的遥感分析[J]. 海洋通报,2017,36(3):348-360.

102. 李元跃,段博文,陈融斌,等. 红树植物无瓣海桑北移种植的生长适应研究[J]. 泉州师范学院学报,2011,29(6):20-24.

103. 李云,郑德璋,陈焕雄,等. 红树植物无瓣海桑引种的初步研究[J]. 林业科学研究,1998a,11(1):42-47.

104. 李云,郑德璋,廖宝文,等. 红树林主要有害生物调查初报[J]. 森林病虫通讯,1997(4):12-14.

105. 李云,郑德璋,郑松发,等. 红树林海桑苗灰霉病研究初报[J]. 森林病虫通讯,1996(4):38-39.

106. 李云,郑德璋,郑松发,等. 人工红树林藤壶危害及防治的研究[J]. 林业科学研究,1998b,11(4):31-37.

107. 李志刚,戴建青,叶静文,等. 中国红树林生态系统主要害虫种类、防控现状及成灾原因[J]. 昆虫学报,2012,55(9):1109-1118.

108. 廖宝文,邱凤英,管伟,等. 尖瓣海莲幼苗对模拟潮汐淹浸时间的适应性研究[J]. 林业科学研究,2009,22(1):42-47.

109. 廖宝文,邱凤英,张留恩,等. 红树植物白骨壤小苗对模拟潮汐淹浸时间的生长适应性[J]. 环境科学,2010,31(5):1345-1351.

110. 廖宝文,郑德璋,郑松发,等. 我国华南沿海红树林造林现状及其展望[J]. 防护林科技,1996,29(4):30-34.

111. 廖宝文,郑松发,陈玉军,等. 红树林湿地恢复技术的研究进展[J]. 生态科学,2005,24(1):61-65.

112. 廖宝文,郑松发,陈玉军,等. 外来红树植物无瓣海桑生物学特性与生态环境适应性分析[J]. 生态学杂志,2004,26(1):10-15.

113. 林楠. 舟山地区红树植物秋茄移植技术研究[D]. 舟山:浙江海洋学院,2010.

114. 林鹏,傅勤. 中国红树林环境生态及经济利用[M]. 北京:高等教育出版社,1995.

115. 林鹏,沈瑞池,卢昌义. 六种红树植物的抗寒特性研究[J]. 厦门大学学报(自然科学版),1994,33(2):249-252.

116. 林鹏,韦信敏. 福建亚热带红树林生态学的研究[J]. 植物生态学与地植物学丛刊,1981,40(3):177-186.

117. 林鹏,谢绍舟,林益明,等. 福建漳江口红树林湿地自然保护区综合科学考察报告[M]. 厦门:厦门大学出版社,2001.

118. 林鹏,张宜辉,杨志伟. 厦门海岸红树林的保护与生态恢复[J]. 厦门大学学报(自然科学版),2005,44(S1):1-6.

119. 林鹏. 中国红树林生态系[M]. 北京:科学出版社,1997.

120. 林鹏. 中国东南部海岸红树林的类群及其分布[J]. 生态学报,1981,1(3):283-290.

121. 林鹏. 中国红树林湿地与生态工程的几个问题[J]. 中国工程科学,2003,5(6):33-38.

122. 林秋莲,顾肖璇,陈昕韡,等. 红树植物秋茄替代互花米草的生态修复评估:以浙江温州为例[J]. 生态学杂志,2020,39(6):1761-1768.

123. 林秀雁,卢昌义,王雨,等. 盐度对海洋污损动物藤壶附着红树幼林的影响[J]. 海洋环境科学,2006,25(S1):25-28.

124. 刘滨尔,廖宝文,方展强. 不同潮汐和盐度下红树植物幼苗秋茄的化学计量特征[J]. 生态学报,2012,32(24):7818-7827.

125. 刘洪滨,孙丽,何新颖. 山东省围填海造地管理浅探:以胶州湾为例[J]. 海岸工程,2010,29(1):22-29.

126. 刘亮. 北部湾沿海红树林造林宜林临界线研究[D]. 南宁:广西大学,2010.

127. 刘涛,刘莹,乐远福. 红树林湿地沉积速率对于气候变化的响应[J]. 热带海洋学报,2017,36(2):40-47.

128. 刘文爱,范航清. 广西红树林主要害虫及其天敌[M]. 南宁:广西科学技术出版社,2009.

129. 刘文爱,范航清. 桐花树新害虫褐袋蛾的研究[J]. 中国森林病虫,2011,30(4):8-9.

130. 刘文爱,李丽凤. 白骨壤新害虫柚木肖弄蝶夜蛾的生物特性及防治[J]. 广西科学,2017,24(5):523-528.

131. 刘文爱,薛云红,范航清. 红树林蚧虫的发生和扩散规律[J]. 中国森林病虫,2019,38(6):11-15.

132. 刘文爱,薛云红,王广军,等. 红树林顶级杀手:有孔团水虱的研究进展[J]. 林业科学研究,2020a,33(3):164-171.

133. 刘文爱,薛云红,甄文全,等. 植食性昆虫的组成和波动对红树林群落演替的影响[J]. 生态学杂志,2020b,39(6):1795-1805.

134. 卢昌义,林鹏. 秋茄红树林的造林技术及其生态学原理[J]. 厦门大学学报(自然科学版),1990,29(6):694-698.

135. 卢昌义,林鹏,王恭礼,等. 引种的红树植物生理生态适应性研究[J]. 厦门大学学报(自然科学版),1994,33(S1):50-55

136. 卢昌义,郑逢中,林鹏. 九龙江口秋茄红树林群落的凋落物量研究[J]. 厦门大学学报(自然科学版),1988,27(4):459-463.

137. 卢建平,蔡如星,钱周兴,等. 舟山海区几种藤壶的食性分析[J]. 东海海洋,1996,14(1):28-35.

138. 罗柳青,钟才荣,侯学良,等. 中国红树植物1个新记录种——拉氏红树[J]. 厦门大学学报(自然科学版),2017,56(3):346-350.

139. 罗忠奎,黄建辉,孙建新. 红树林的生态学功能及其资源保护[J]. 亚热带资源与环境学报,2007,2(2):37-47.

140. 毛子龙,赖梅东,赵振业,等.薇甘菊入侵对深圳湾红树林生态系统碳储量的影响[J].生态环境学报,2011,20(12):1813-1818.

141. 毛子龙,杨小毛,赵振业,等.深圳福田秋茄红树林生态系统碳循环的初步研究[J].生态环境学报,2012,21(7):1189-1199.

142. 苗春玲,廖宝文,朱宁华,等.珠海鹤洲北其他种入侵人工恢复红树林群落的季节动态[J].生态科学,2012,31(1):19-22.

143. 莫竹承,范航清,何斌源.红海榄人工幼苗藤壶分布特征研究[J].热带海洋学报,2003,22(1):50-54.

144. 莫竹承,梁士楚,范航清.广西红树林造林技术的初步研究[C]//范航清,梁士楚.中国红树林研究与管理.北京:科学出版社,1995:164-172.

145. 牛书丽,陈卫楠.全球变化与生态系统研究现状与展望[J].植物生态学报,2020,44(5):449-460.

146. 潘浩.红树林凋落物动态及其与气候因子之间的相关关系[D].厦门:厦门大学,2019.

147. 潘文,潘浩,林秋莲,等.九龙江口秋茄红树林凋落物年季动态及繁殖物候特征[J].厦门大学学报(自然科学版),2021,60(4):776-781.

148. 潘新春,黄凤兰,张继承.论海洋观对中国海洋政策形成与发展的决定作用[J].海洋开发与管理,2014,31(1):1-8.

149. 庞林.我区红树林面临锈病和松毛虫的危害[J].广西林业,1999(4):33.

150. 彭建.红树的盾蚧种类、数量动态及危害机制研究[D].厦门:厦门大学,2020.

151. 秦元丽,邓艳,常明山,等.桐花树毛颚小卷蛾防治试验[J].林业科技开发,2012,26(4):95-97.

152. 邱明红,王荣丽,丁冬静,等.台风"威马逊"对东寨港红树林灾害程度影响因子分析[J].生态科学,2016,35(2):118-122.

153. 邱勇,李俊,黄勃,等.影响东寨港红树林中光背团水虱分布的生态因子研究[J].海洋科学,2013,37(4):21-25.

154. 仇建标,黄丽,陈少波,等.强潮差海域秋茄生长的宜林临界线[J].应用生态学报,2010,21(5):1252-1257.

155. 沈瑞池.红树植物引种及其生态生理学适应性研究[D].厦门:厦门大学,1988.

156. 史小芳.红树植物秋茄叶片性状和光合能力的纬度差异[D].厦门:厦门大学,2012.

157. 宋红丽,刘兴土.围填海活动对我国河口三角洲湿地的影响[J].湿地科学,2013,11(2):297-304.

158. 苏会荣,何红,林巧玲,等.红树植物—白骨壤黑斑病病原菌的分离与鉴定[J].植物病理学报,2016,46(1):131-134.

159. 苏治南.红树林地埋管道原位生态养殖系统关键过程研究[D].南宁:广西大学,2020.

160. 孙丽,刘洪滨,杨义菊,等.中外围填海管理的比较研究[J].中国海洋大学学报(社会科学版),2010(5):40-46.

161. 谭芳林,游惠明,黄丽,等.秋茄幼苗对盐度-淹水双胁迫的生理适应[J].热带作物学报,2014,35(11):2179-2184.

162. 唐飞龙.虾池换塘外排废水和清塘直排污泥对秋茄幼苗的影响[D].厦门:厦门大学,2011.

163. 唐以杰,陈思敏,方展强,等.汕头3种人工红树林湿地大型底栖动物群落的比较[J].海洋科学,2016,40(9):53-60.

164. 唐以杰,方展强,钟燕婷,等.不同生态恢复阶段无瓣海桑人工林湿地中大型底栖动物群落的演替[J].生态学报,2012,32(10):3160-3169.

165. 田丹.广西英罗港红树林土壤 CH_4、CO_2 排放通量的研究[D].桂林:广西师范大学,2012.

166. 涂志刚,陈晓慧,吴瑞.海南省红树林自然保护区红树林资源现状[J].海洋开发与管理,2015,32(10):90-92.

167. 万方浩.生物入侵的影响及应对策略[C].第五届环境与发展中国(国际论坛),2009.

168. 王炳宇,杨珊,刘强,等.外来红树植物无瓣海桑和拉关木在海南东寨港的人工种植与自然扩散[J].生态学杂志,2020,39(6):1778-1786.

169. 王伯荪,王勇军,廖文波.外来杂草薇甘菊的入侵生态及其治理[M].北京:科学出版社,2004.

170. 王林聪,李志刚,李军,等.不同波长诱虫灯对红树林主要害虫的诱集作用[J].环境昆虫学报,2016,38(5):1028-1031.

171. 王林聪,王孟琪,杨琼,等.基于形态与分子数据鉴定海榄雌瘤斑螟[J].植物检疫,2020,34(1):14-17.

172. 王卿,安树青,马志军,等.入侵植物互花米草:生物学、生态学及管理[J].植物分类学报,2006,44(5):559-588.

173. 王文卿,林鹏.红树植物秋茄和红海榄叶片元素含量及季节动态的比较研究[J].生态学报,2001,21(8):1233-1238.

174. 王文卿,王瑁.中国红树林[M].北京:科学出版社,2007.

175. 王文卿,赵萌莉,邓传远,等.福建沿岸地区红树林的种类与分布[J].台湾海峡,2000,19(4):534-540.

176. 王萱,陈伟琪.围填海对海岸带生态系统服务的负面影响及其货币化评估技术的选择[J].生态经济,2009(5):48-51.

177. 吴浩,王文卿,贺林,等.华南地区滨海养殖过程中的氮磷释放通量初步估算[C]//中国第五届红树林学术会议论文摘要集.2011:1.

178. 吴卉晶,曾辉,昝启杰.薇甘菊入侵扩散机制研究进展与改进思考[J].热带亚热带植物学报,2010,18(1):101-108.

179. 吴寿德,方柏州,黄金水,等.红树林害虫:螟蛾生物防治技术的研究[J].武夷科学,

2002，18(00):116-119.

180. 吴庭天,丁山,陈宗铸,等．基于LUCC和景观格局变化的海南东寨港红树林湿地动态研究[J]．林业科学研究，2020，33(5):154-162.

181. 伍卡兰,彭逸生,陈耿,等．非潮汐淹水对白骨壤膜脂过氧化系统的影响[J]．环境科学与管理，2012，37(8):146-150.

182. 伍卡兰．红树植物对人工非潮汐淹水环境的适应性研究[D]．广州:中山大学，2010.

183. 向平,杨志伟,林鹏．人工红树林幼林藤壶危害及防治研究进展[J]．应用生态学报，2006，17(8):1526-1529.

184. 徐华林,刘赞锋,包强,等．八点广翅蜡蝉对深圳福田红树林的危害及防治[J]．广东林业科技，2013，29(5):26-30.

185. 徐家雄,林广旋,邱焕秀,等．广东桐花树群落上的柑橘长卷蛾研究[J]．广东林业科技，2008，24(4):15-20.

186. 许大全．光合作用学[M]．北京:科学出版社，2013.

187. 许少嫦,高亿波,林绪平,等．广东薇甘菊发生现状、防治和研究进展[J]．广东林业科技，2013，29(4):83-89.

188. 闫中正,王文卿,黄伟滨．红树胎生现象及其对潮间带生境适应性研究进展[J]．生态学报，2004，24(10):2317-2323.

189. 严涛,黎祖福,胡煜峰,等．中国沿海无柄蔓足类研究进展[J]．生态学报，2012，32(16):5230-5241.

190. 严涛,谢恩义,曹文浩,等．华南沿海4种主要污损生物幼虫和孢子的采集与培养技术[J]．热带海洋学报，2011，30(3):56-61.

191. 杨盛昌,林鹏,李振基,等．夜间低温对红树幼苗光合特性的影响[J]．厦门大学学报(自然科学版)，1999，38(4):137-142.

192. 杨盛昌,林鹏．潮滩红树植物抗低温适应的生态学研究[J]．植物生态学报，1998，22(1):61-68.

193. 杨盛昌,陆文勋,邹祯,等．中国红树林湿地:分布、种类组成及其保护[J]．亚热带植物科学，2017，46(4):301-310.

194. 杨盛昌,彭建,薛云红,等．中国红树林的害虫种类及其综合防治[J]．中国森林病虫，2020，39(1):32-41.

195. 杨盛昌．红树植物抗寒力测定及其抗低温适应性的生理生态学研究[D]．厦门:厦门大学，1990.

196. 叶勇,卢昌义,郑逢中,等．模拟海平面上升对红树植物秋茄的影响[J]．生态学报，2004，24(10):2238-2244.

197. 叶勇,谭凤仪,卢昌义．土壤结构与光照水平对秋茄某些生长和生理参数的影响[J]．植物生态学报，2001，25(1):42-49.

198. 于海燕,李新正．中国海域团水虱属一新种(甲壳纲:等足目:团水虱科)(英文)[J]．动物分类学报,2002,27(4):685-689.

199. 于晓梅,杨逢建.薇甘菊在深圳湾的入侵路线及其生态特征[J].东北林业大学学报,2011,39(2):51-52.

200. 昝启杰,王勇军,王伯荪,等.外来杂草薇甘菊的分布及危害[J].生态学杂志,2000,19(6):58-61.

201. 张飞萍,杨志伟,江宝福,等.红树林考氏白盾蚧的初步研究[J].福建林学院学报,2008,28(3):316-320.

202. 张飞萍.红树林考氏白盾蚧及人为干扰对毛竹林节肢动物群落共有种和自然控害效能影响的研究[D].厦门:厦门大学,2007.

203. 张留恩,廖宝文,管伟.模拟潮汐淹浸对红树植物老鼠簕种子萌发及幼苗生长的影响[J].生态学杂志,2011,30(10):2165-2172.

204. 张乔民,隋淑珍,张叶春等.红树林宜林海洋环境指标研究[J].生态学报,2001,21(9):1427-1437.

205. 张乔民,于红兵,陈欣树,等.红树林生长带与潮汐水位关系的研究[J].生态学报,1997,17(3):258-265.

206. 张文英.无瓣海桑害虫——迹斑绿刺蛾生物生态学特性研究[D].南宁:广西大学,2012.

207. 张阳,张华.珠海淇澳岛红树林湿地薇甘菊危害情况和发生因素研究[J].现代生物医学进展,2008,8(4):713-716.

208. 张杨.高位虾池清塘污染直排对秋茄红树林生态系统的影响[D].厦门:厦门大学,2011.

209. 张震,代宇雨,王一帆,等.入侵植物替代控制中土著种选择机制的研究[J].生物安全学报,2018,27(03):178-185.

210. 张中义,王英祥,刘云龙,等.园林花卉真菌病害研究[J].西南农业大学学报,1988,10(1):60-68.

211. 赵何伟.海桑属两种红树植物水分利用研究[D].厦门:厦门大学,2017.

212. 郑春芳,仇建标,刘伟成,等.强潮区较高纬度移植红树植物秋茄的生理生态特性[J].生态学报,2012,32(14):4453-4461.

213. 郑春芳,刘伟成,陈少波,等.短期夜间低温胁迫对秋茄幼苗碳氮代谢及其相关酶活性的影响[J].生态学报,2013,33(21):6853-6862.

214. 郑德璋,廖宝文,郑松发.红树林主要树种造林与经营技术研究[M].北京:科学出版社,1999.

215. 郑逢中,林鹏,卢昌义,等.福建九龙江口秋茄红树林凋落物年际动态及其能流量的研究[J].生态学报,1998,18(2):3-8.

216. 郑坚,王金旺,陈秋夏,等.几种红树林植物在浙南沿海北移引种试验[J].西南林学院学报,2010,30(5):11-17.

217. 郑松发,郑德璋,廖宝文,等.广东省潮间带污染与红树林造林[J].林业科学研究,1997,10(6):80-87.

218. 中国气象局气候变化中心. 中国气候变化蓝皮书(2020)[M]. 北京:科学出版社,2020.

219. 中华人民共和国自然资源部. 中国海平面公报[R]. 2019a. http://www.mnr.gov.cn/sj/ sjfw/hy/gbgg/zghpmgb/.

220. 中华人民共和国自然资源部. 中国海洋灾害公报[R]. 2019b. http://www.mnr.gov.cn/sj/ sjfw/hy/gbgg/zghyzhgb/.

221. 钟才荣,李诗川,杨宇晨,等. 红树植物拉关木的引种效果调查研究[J]. 福建林业科技, 2011,38(3):96-99.

222. 钟燕婷,张再旺,唐以杰,等. 淇澳岛两种红树林区大型底栖动物群落比较[J]. 生态科学, 2011,30(5):493-499.

223. 周青青,陈志力,辛琨. 我国红树林外来入侵现状研究综述[J]. 安徽农业科学,2010,38 (5):2662-2664.

224. 周时强,李复雪,林大鹏. 罗源清大官坂垦区附近海区附着生物生态研究[J]. 厦门大学学报(自然科学版),1989,28(S1):139-143.

225. 周时强,李复雪. 福建九龙江口红树林上大型底栖动物的群落生态[J]. 台湾海峡,1986, 5(1):78-85.

226. 周志权,黄泽余. 广西红树林的病原真菌及其生态学特点[J]. 广西植物,2001,21(2): 157-162.

227. 朱彪,陈迎. 陆地生态系统野外增温控制实验的技术与方法[J]. 植物生态学报,2020,44 (4):330-339.

228. 朱宏伟,郑松发,陈燕,等. 珠海淇澳岛主要红树林树种抗寒性研究[J]. 广东林业科技, 2015,31(2):41-46.